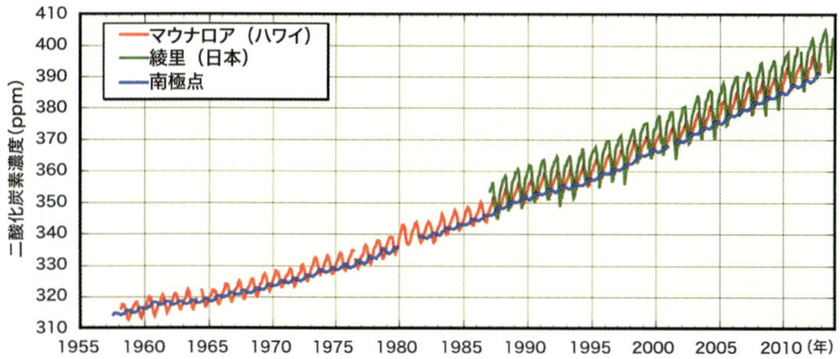

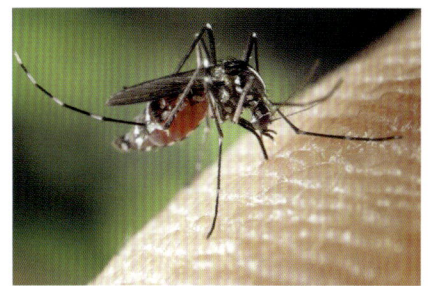

第1章 ヒト社会は環境に
　　　どのような影響を与えてきたか

↓図 1-7　アラル海の変化
左 1989 年，右 2014 年にアメリカ航空宇宙局が撮影。

図 1-11　大気中二酸化炭素濃度の経年変化
南極点以外では植物による二酸化炭素吸収量に季節変動が生じるため，1 年の中で二酸化炭素濃度が増減している。

図 1-12　ヒトスジシマカ

第3章　ヒトと小動物
　　　　─ヒトの活動によるチョウの分布の変化─

オオムラサキ　　　　　　ゴマダラチョウ

Geranium bronze

アカシジミ　　　　ウラナミアカシジミ　　　アオスジアゲハ

カバマダラ（左）とツマグロヒョウモン♀（中），同♂（右）　　オオウラギンヒョウモン　　オオルリシジミ

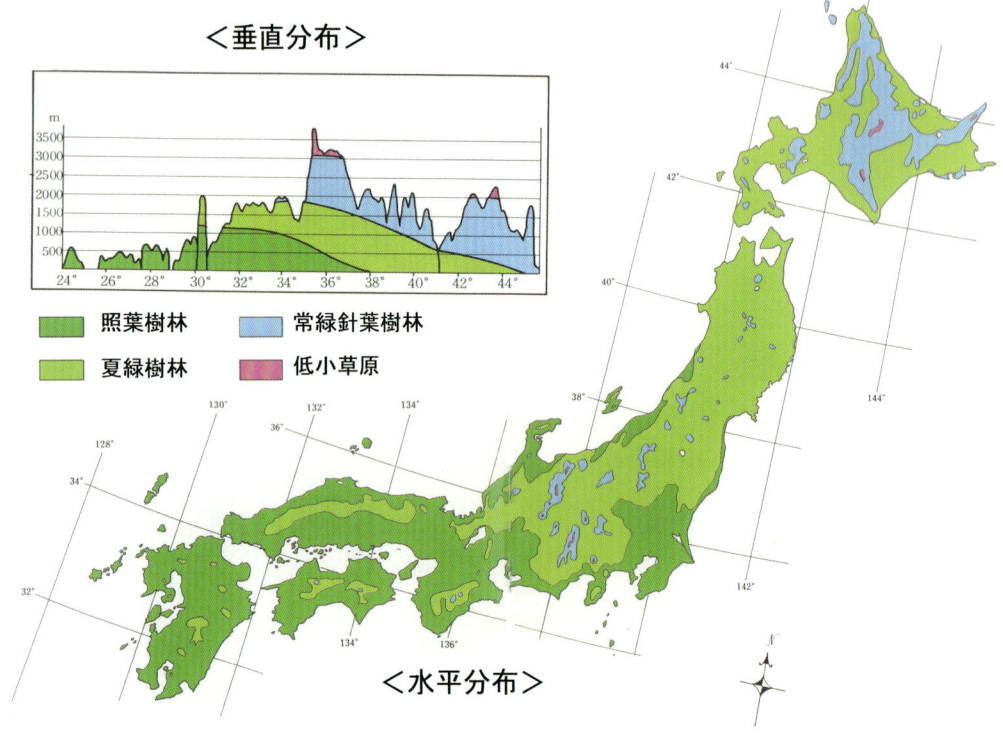

図 2-5　日本の植生の水平分布と垂直分布
中西ほか（1983）による。

第 2 章　植生と環境

図 2-7　スダジイ群団の群集の分布図
服部（2014）による。

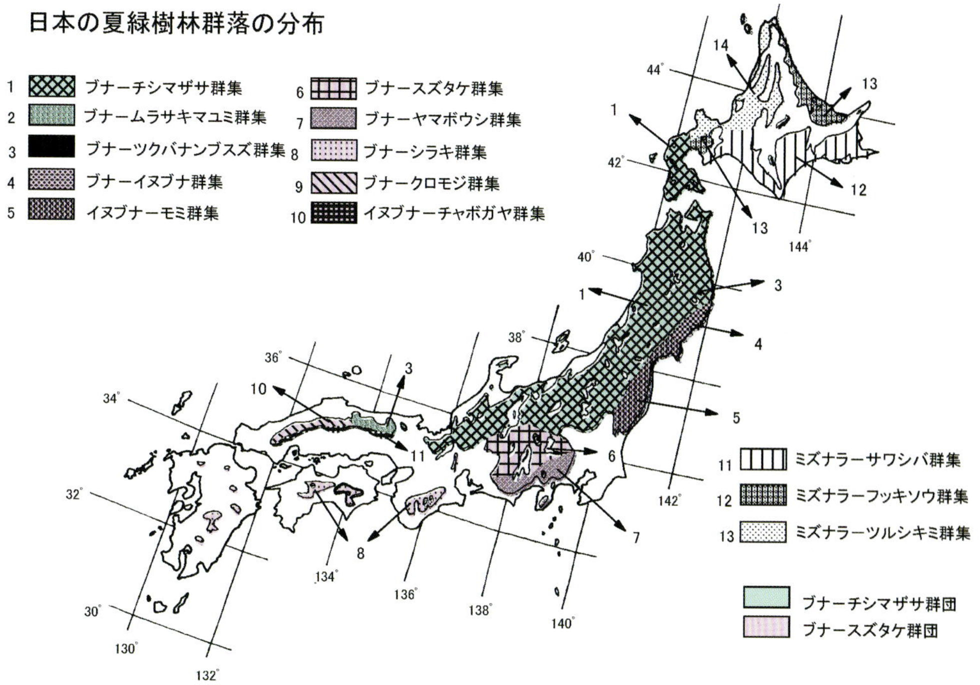

日本の夏緑樹林群落の分布
1 ブナーチシマザサ群集
2 ブナームラサキマユミ群集
3 ブナーツクバナンブスズ群集
4 ブナーイヌブナ群集
5 イヌブナーモミ群集
6 ブナースズタケ群集
7 ブナーヤマボウシ群集
8 ブナーシラキ群集
9 ブナークロモジ群集
10 イヌブナーチャボガヤ群集
11 ミズナラーサワシバ群集
12 ミズナラーフッキソウ群集
13 ミズナラーツルシキミ群集
ブナーチシマザサ群団
ブナースズタケ群団

図 2-9　ブナーササオーダーの群集の分布図

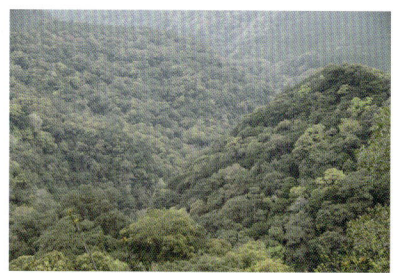

図 2-8　宮崎県綾町の照葉樹林

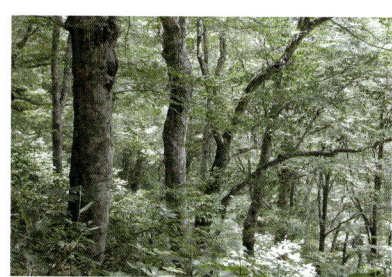

図 2-10　富山県立山のブナ林

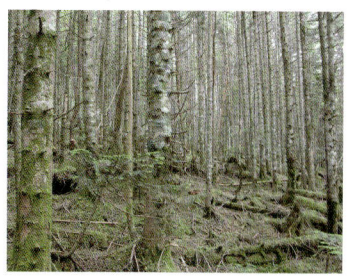

図 2-11　長野県八ヶ岳の亜高山針葉樹林

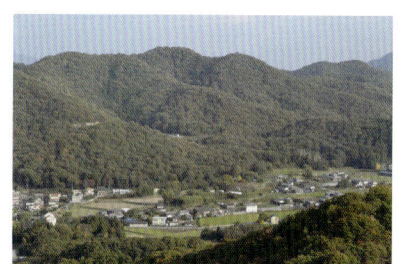

図 2-19　宝塚市西谷の里山林
コナラが優占している。

(°C)
Year
39
32
RCP2.6
RCP4.5
RCP6.0
RCP8.5

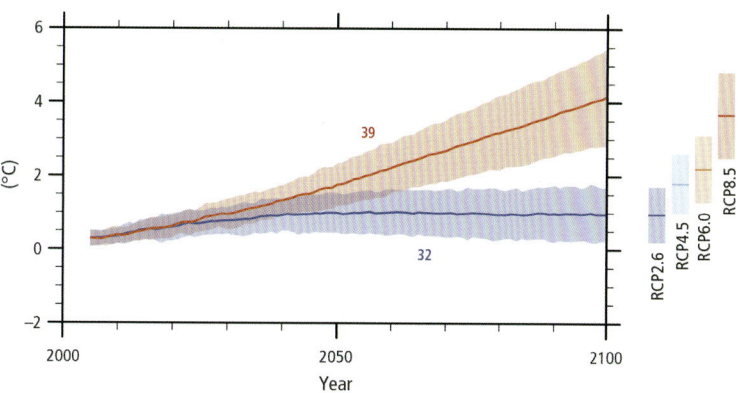

図 2-17　地球陸上の気温変動の予測
複数の気候予測モデルにもとづく 21 世紀における世界平均地上気温の経年変化の予測。1986 ～ 2005 年の平均を基準にした変動を示す。すべての RCP（代表濃度経路）シナリオに対して 2081 ～ 2100 年の平均がとる可能性の高い値の範囲を縦のカラーバーで，対応する中央値を水平線で示している。（http://www.ipcc.ch/report/graphics/index.php?t=Assessment%20Reports&r=AR5%20-%20Synthesis%20Report&f=SPM より）

第 6 章　環境の世紀を生きる市民の役割

図 6-4　千里第 4 緑地のヒメボタル
撮影：動物写真家 小原 玲氏。
2004 年 5 月 22 日撮影。

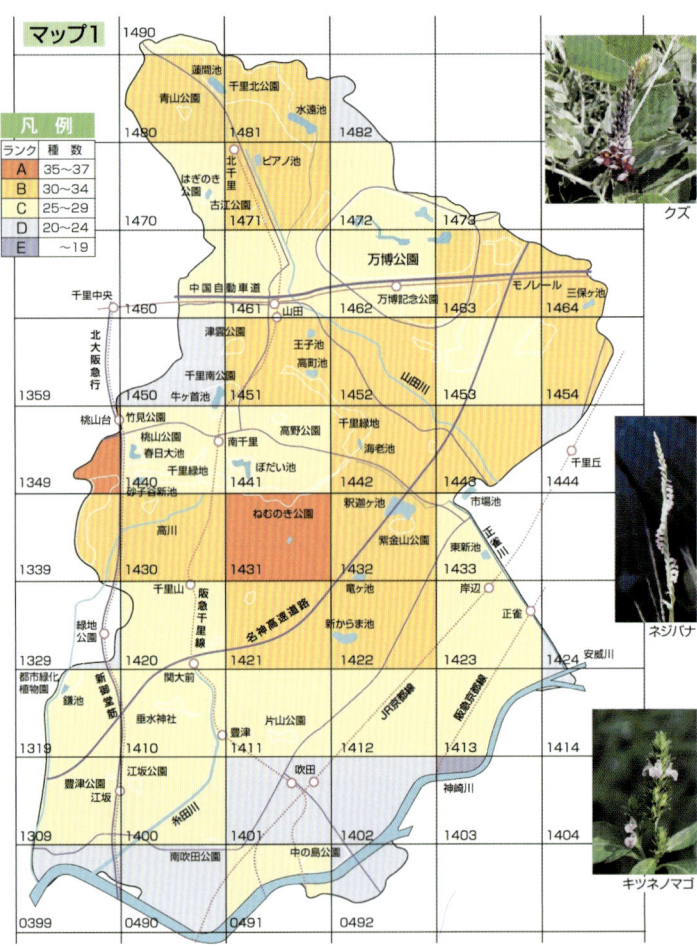

図 6-3　『吹田の野草マップ 2005 年』（部分）
　調査対象の 37 種のうち 1 区画に何種類確認できたかを示す。濃い橙色 (A) が最も多く、35 種から 37 種。紫色 (E) は 19 種以下である。多くの種が残っているのは林縁部と田んぼがあるところであった。

北千里にあるチガヤ草原（2013 年 6 月）

ヤマサギソウ

アイナエ

スズサイコ

イヌセンブリ

図 6-6　吹田の草原（上）と希少種（右）

ヒト社会と環境

――ヒトは環境とどのように向き合ってきたか――

吉田 宗弘 編著

古今書院

Interaction between Human Society and Global Environment

Munehiro YOSHIDA

Kokon-Shoin Publisher, Tokyo, 2015

まえがき

　関西大学では「知の探求」という科目群を共通教養教育の中に設定しており，本書はこの科目群の中に 2015 年度から再度開講される「環境と社会」のテキストとして作成されたものである。「環境と社会」は，関西大学生活協同組合の研究会が主体となって 2009 年から 2012 年の 4 年間にわたり時限的に開講されていたものであり，テキストとして『地球環境問題の基礎と社会活動』（古今書院，2009）を作成していた。したがって本書は「地球環境問題の基礎と社会活動」の改訂版としての側面を持っており，一部の章は「地球環境問題の基礎と社会活動」を改訂した内容になっている。ただし，木庭を編者とした前著においては「地球温暖化」をキーワードとしたが，吉田を編者とした今回は「ヒトと環境との関わり」をキーワードとしており，全面的に書き直した部分も少なくない。したがって，本書は『地球環境問題の基礎と社会活動』の続編と位置づけるのが妥当と思う。

　本書のキーワードを「ヒトと環境との関わり」としたのは，「環境と社会」という講義のタイトルに沿うには，特定の環境問題をとりあげるのではなく，環境とヒト社会との間の相互作用を歴史的経緯を含めて論じていくことが重要と考えたからである。

　第 1 章においては，環境という用語のもつ意味と地球誕生後の環境の変化に生物やヒト社会がどのように影響を与えてきたかを時系列的に論じた。第 2 章と第 3 章は，ヒトの活動が植物環境と動物環境に及ぼした影響を，前者は里山，後者はチョウの盛衰を題材に論じている。第 4 章では，エネルギー問題を，前著の編者でもあった木庭が自身の体験も踏まえて様々な角度で論じている。第 5 章と第 6 章は，前著の内容を改訂するかたちで，環境に関わる法制度と環境に関する市民活動を論じている。

　大学の講義は 1 コマ 90 分に過ぎない。各章において述べられている内容を講義時間内に網羅することは不可能である。受講生の諸君が講義の前後に各章を熟読されることを切に期待するものである。

　本書の副題は「ヒトは環境とどのように向き合ってきたか」とした。各章をお読みいただければ，この副題と内容が整合していることを理解いただけると思う。関西大学共通教養科目のテキストとして作成された本書であるが，一般の方が今日の環境問題を理解するのに役立つ内容も数多く含んでおり，受講生以外の方にも一読されることを強く勧めるものである。

　最後に本書の作成にあたられ，原稿の遅れを辛抱強くお待ちいただいた古今書院の原 光一氏と関 秀明氏に感謝したい。

編　者

目 次

まえがき

第 1 章　ヒト社会は環境にどのような影響を与えてきたか …………… 吉田宗弘　1
1.1　環境とは　1
1.2　生物による環境改変　3
1.3　灌漑と森林伐採による塩害と乾燥化　5
1.4　工業化による健康影響　9
1.5　地球環境問題　13
1.6　温暖化　16
　　むすび　21

第 2 章　植生と環境 ……………………………………………… 武田義明　25
2.1　植生と環境要因　25
2.2　日本の植生　28
2.3　植生遷移　36
2.4　生物多様性　38
2.5　人間によって作り出された植生　42

第 3 章　ヒトと小動物：ヒトの活動によるチョウの分布の変化 …………… 吉田宗弘　47
3.1　大学キャンパスでの調査から　47
3.2　チョウの生活史　48
3.3　温暖化の影響　50
3.4　チョウの性質の影響　53
3.5　モンシロチョウ属 3 種の盛衰　55
3.6　衰退する草原のチョウ　58
3.7　都市に適応したチョウ　59

第 4 章　戦後日本の一次エネルギーの経験的消費と
　　　　　　　　今後期待される倫理 ･････････････ 木庭元晴　63
　4.1　産業革命から現在までの化石燃料消費　63
　4.2　世界のエネルギー利用と経済（演習と解説）　64
　4.3　戦後 70 年日本の経済発展　71
　4.4　戦後 70 年日本のエネルギー利用　75
　4.5　一次エネルギー利用に関わる世界での日本の位置　80
　4.6　ドイツ，イタリア，日本の再生可能エネルギー生産の経過　87
　4.7　ドイツの脱原発の倫理　89

第 5 章　地球環境保護条約と国内環境法 ･･････････････････････ 竹下　賢　94
　5.1　地球環境保護の法制と課題　94
　5.2　地球環境条約と国内法による具体化　96

第 6 章　環境の世紀を生きる市民の役割 ･･････････････ 小田信子・喜田久美子　110
　6.1　市民の環境保全活動　110
　6.2　NPO 法人すいた市民環境会議　111
　6.3　環境の世紀を生きる市民の役割　129

第1章
ヒト社会は環境に どのような影響を与えてきたか

　ヒトはチンパンジーとの共通の祖先から分かれて以降，猿人，原人，旧人と呼ばれた時代も含めて，生存のために環境を改変しようとしてきた。初期のころはヒトの数がきわめて少なく，ヒトの活動が環境に与える影響はわずかであったため，一方的に環境がヒトに影響を及ぼした。しかし，現生人類であるホモ・サピエンスが誕生すると，人口が増え，文明が興隆した。その結果，ヒトの活動によって環境の変化が目に見える形で生じるようになった。文明が進行し，化石燃料を大量消費する産業革命が勃発すると，ヒトの活動による環境改変は加速した。環境の変化がヒトの生活に影響を及ぼすようになると，ヒトはようやく環境に意識を向け，これを適切に維持するための取り組みを開始した。

　この本は「環境とヒトの活動の関わり」を様々な立場から述べるものである。この章では，環境の定義，およびヒトの活動によって生じた環境問題について歴史的経緯を踏まえて述べる。

1.1　環境とは

1.1.1　環境の語源と主体－環境系

　「環境」は英語の environment の訳語であり，江戸時代以前の日本語には存在しない単語である。明治期，environment は最初に「まわり」と訳され，さらに「生物に影響を与える外的要因」を意味する生物学用語として「環象」と訳された。「環象」が「環境」に置き換わったのは 20 世紀に入ってからである。「環境」という語自体は，11 世紀に著された唐の正史である「新唐書」の中で「まわり」という意味で使われている。「環象」が造語であるのに対して，「環境」が漢籍中の語であったことが，置き換わりの理由かもしれない[1]。

　英語の environment の元は，フランス語の environnement であり，これらの単語の根幹に相当する environ には「取り囲む」という意味がある。さらにドイツ語の環境を表す Umwelt の Um にも周囲や取り巻きの意味がある。Environment が最初に「まわり」と翻訳されたことは当然のことといえる。一方，フランス語には environnement とは別に，環境を意味する milieu という単語があり，英語にも同じ綴りの単語が認められる。この単語は，mi（もとはラテン語の中心を意味する medius）と lieu（場所）によって成り立っており，「中心物とそれを取り囲むものすべて」と解釈される。Environmentの訳語として採用された「環象」は，周囲と対象を意味する漢字によって構成されており，milieu に対応している。

　フランス語の milieu や「環象」という単語からは，環境という概念が中心となる何かを必要とすることが理解できる。この中心になるものを「主体」という。環境は「主体」があって初めて存在可能である。このような環境に主体を求める考え方を「主体－環境系」という。「主体－環境系」において，環境は「主体」ごとに異なる。したがって，環境を論じる場合には「主体」を明確にしないと混乱を招く。現在のヒト社会では，「主

体」がヒトであることは自明とされる。しかし，自然保護の立場では，「主体」をヒト以外のもの，たとえばイリオモテヤマネコやジャイアントパンダなどにしている場合がある。また現実には難しいが，「主体」を地球上の全生物とする考え方もある。「主体」の異なるヒト同士が環境について議論をすると多くの場合は結論が出ない。当たり前であるが，ヒトとヒト以外の生物とでは，生存に好ましい環境が異なるからである。

「主体－環境系」では，「主体」と環境を区分している。日本では古来よりヒトを自然の一部とみなす傾向が強かったため，「主体－環境系」という概念そのものが存在しなかった。それゆえ，この概念がもたらされた明治期に新たな訳語を導入する必要があったといえる。

1.1.2 外部環境と内部環境

上で述べたように，環境とは主体（一般的にはヒト）を取り囲むものすべてを意味する。しかし，生理学では，主体であるヒトの体の中にも環境が存在すると考える。このような体の中の環境は「内部環境」と呼び，取り囲む方の環境である「外部環境」と区別する。

19世紀の中ごろ，フランスの生理学者クロード・ベルナールは，ヒトをはじめとする生物の内部環境は外部環境の影響から独立した存在であると提唱した。ベルナールの提唱した「内部環境の固定性」は，米国のウォルター・キャノンに受け継がれ，内部環境は外部環境が変化しても一定の状態に保たれるとする「内部環境の恒常性」，すなわちホメオスタシス（homeostasis）の原理へと発展した。ホメオスタシスの例として，食塩を大量に摂取しても血中ナトリウム濃度が一定範囲に維持されること，暑熱あるいは寒冷環境においても体温が一定範囲にあることなどがある。

外部環境が変化した場合，内部環境を一定範囲に維持するには，外部環境によって生じた変化を打ち消す機構の存在が必要である。生理学ではこ

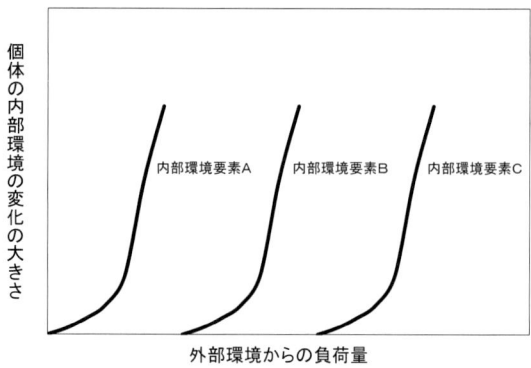

図1-1 外部環境からの負荷量と内部環境の変化量
外部環境からの負荷量がある値（閾値）を超えて大きくなると内部環境の変化量は一気に増大する。また，内部環境を構成する要素ごとに影響を受ける負荷量には違いがあるので，負荷量が大きくなるにつれて，影響を受ける内部環境要素が次々に変わっていく（このことを量－影響関係という）。

の機構をフィードバック[2]と呼び，研究課題としてきた。生理学はホメオスタシスのしくみの解明とともに発展したといえる。しかし，ホメオスタシスは万能ではない。外部環境からの負荷があまりにも過大になれば，ホメオスタシスは破綻する。病理学では，すべての疾患の病因はホメオスタシスの破綻としており，病気とはホメオスタシスが破綻した状態といえる。

図1-1は外部環境からの負荷量と内部環境を構成する要素の変化量との関係を示したものである。外部環境からの負荷があっても，内部環境中の各要素はフィードバック機構によって変化量をごくわずかにとどめ，ホメオスタシスを維持する。しかし，負荷がある量を超えると，変化量は一気に増大してホメオスタシスは破綻する。この変化量が一気に増加する瞬間の負荷量を閾値と呼ぶ。このような閾値を明らかにすることは，ヒトの健康を守るための許容値の設定に必須である[3]。

1.1.3 外部経済効果

ホメオスタシスの原理において，負荷を与えるのは常に外部環境であった。つまり，主体である

ヒトが外部環境に負荷を及ぼす状況は想定されていない。この生理学における力関係である「ヒト≪環境」という考えは一般社会にも広く浸透している。たとえば，水と空気に代表される環境は無尽蔵であり，無限に無料で利用することが可能と思われてきた。このため，経済学の領域においても，ヒトの活動に関する収支を検討するさいに，環境はいわゆる外部経済効果として計算の外に置かれていた。

しかし，「ヒト≪環境」という力関係は，主体が少数であり，かつ短い時間という制限の下では成立するが，主体がたとえばヒト社会という多数になり，かつ長い時間で見た場合には逆転することもある。生物が環境を変えたこと，あるいはヒト社会が環境を改変してきたことは，少し歴史を眺めれば簡単に気づくはずであるが，多くのヒトには想定外であった。経済学の計算の枠の中に環境が入っていなかったということは，環境の保全などを考えることが計算の枠を超えることを意味する。このため，長い間，環境保全と経済活動は対立する行動であった。

今日，環境のいくつかの要素は経済の枠の中に組み入れられており，多くの経済学者が環境問題に取り組んでいる。しかし，すべての環境要素を経済の枠の中に組み入れているかは疑問である。

1.2 生物による環境改変

上で述べたように，ヒトを含む生物と環境との関係は，少数個体，あるいは短時間という視点では，「生物≪環境」であるが，多数個体，長時間という視点でみれば逆転もありうる。ここでは，現在の地球の大気組成が太古の生物による改変の結果であることを述べる。

1.2.1 原始の地球

現在の地球の大気組成は，窒素78％，酸素21％であり，地球温暖化の原因として話題になる二酸化炭素の割合は0.03％に過ぎない。しかし，数十億年前の誕生直後の原始地球の大気は，二酸化炭素，窒素，水蒸気で占められており，酸素をほとんど含んでいなかった。数億年が経過して地球が冷えると，大気中の水蒸気は水となり，海が形成された。この海には水に可溶な無機塩類だけでなく，様々な有機物質が溶けていた。有機物質の起源に関しては，小惑星や隕石などの天体物質に含まれていたという説や，紫外線，落雷などの物理的刺激によって地球上で生成したとする説があり，結論は出ていない。しかし，約40億年前の海には，生命の材料となる有機物質が存在しており，その中から，タンパク質や核酸などを薄い膜で囲み自己増殖する生命体である古細菌が形成された。初めての生命体が形成された時点においても，大気の主成分は窒素と二酸化炭素であり，酸素はほとんど存在していない。古細菌は，硫化水素や自然に生成した有機物質をエネルギー源として利用した。このようなエネルギー源となる物質は海底火山の熱水噴出口付近に偏在していたため，古細菌の分布も拡大することがなかった。

1.2.2 生物による環境改変のはじまり

今から約35億年前に，光のエネルギーを利用して二酸化炭素から有機物質を合成する光合成細菌が誕生した。光合成細菌は自らが合成した有機物質を分解してエネルギーを産生できたため，次第にその分布を拡大した。やがて，光合成において水を利用し，二酸化炭素からブドウ糖を生産するシアノバクテリア（藍藻）が誕生する。藍藻は光合成のプロセスで水を分解するため，廃棄物として酸素が生成した。藍藻の分布が拡大するにつれて，酸素の生成量も膨大な量になったと想像できる。こうして生成した酸素は，まず海水中の鉄を酸化し，酸化鉄として沈殿させた。海水中で酸化する相手を失った酸素は海水に溶け込み，海水中の酸素濃度を上昇させた。海水の酸素濃度が飽和すると，酸素は大気にあふれ出し，大気中の酸

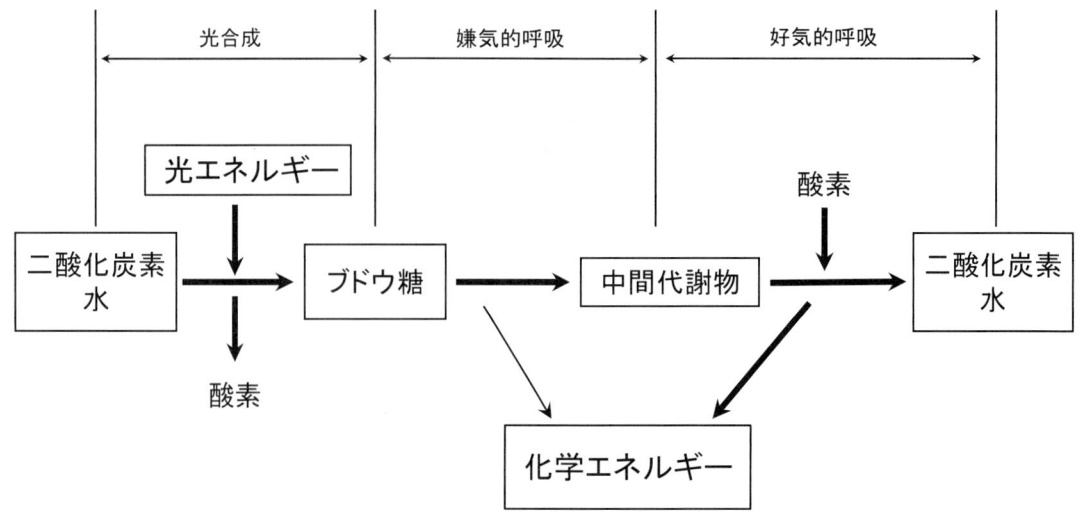

図 1-2 光合成と呼吸におけるブドウ糖の生成と分解
好気的呼吸では嫌気的呼吸の 20 倍近い化学エネルギーが発生する。生物は光合成によってブドウ糖に蓄えられた光エネルギーを呼吸という分解反応を介して化学エネルギーに変換して利用している。

素濃度が上昇し始めた。藍藻という生物の繁栄が大気中酸素濃度の上昇という環境改変を招いたのである。

1.2.3 大気組成の安定化

初期の生命体は、嫌気的呼吸（酸素を使わずに有機物を分解すること）によってエネルギーを獲得していた。嫌気的呼吸では図 1-2 のように有機物（例としてブドウ糖を示す）の分解は不十分である。約 20 数億年前、藍藻の作用によって大気中酸素濃度が数％程度に上昇したころ、海には嫌気性生命体の排出物や多くの微生物の遺骸に由来する様々な有機物質が蓄積していた。このような有機物質は酸素を用いて水と二酸化炭素にまで分解すれば、大量のエネルギーが得られる。やがて、有機物質と酸素を利用する生命体が登場した。すなわち、酸素を使って有機物質を分解する好気的呼吸によってエネルギーを獲得する好気性細菌である。好気的呼吸によるエネルギー産生量は、嫌気的呼吸の場合に比較して 20 倍近くになる。つまり、好気性の生命体は、エネルギー効率という点において嫌気性の生命体を大きく凌いでいた。

ここまで述べてきた生命体は原核生物といい、遺伝、光合成、エネルギー産生（呼吸[4]）などに関係する物質が溶けている液体（細胞質）をひとつの膜で囲んでいる。これに対して、遺伝子を核という小さな袋に入れて細胞質から隔離し、全体を膜で囲む生命体は真核生物という。好気性生物が誕生した約 20 億年前には、このような真核生物も登場していた。真核生物はエネルギー源である有機物質を大量に膜の内側に取り込むため、原核生物よりも大きくなった。やがて、真核生物は好気性細菌を膜の内側にミトコンドリアとして取り込むことによって、エネルギー効率を高めることに成功した。また、一部の真核生物は好気性細菌だけでなく、光合成を行っていた生命体（藍藻）をも葉緑体として取り込み、自ら光のエネルギーを使って有機物質を生産するようになった。光合成細菌も取り込んだ真核生物が植物、好気性細菌のみを取り込んだ真核生物が動物の起源である。なお、ここで説明した原核生物と真核生物を図 1-3 に示した。

好気性細菌の登場は、光合成によって生じた酸素をふたたび二酸化炭素に戻すシステムが生じた

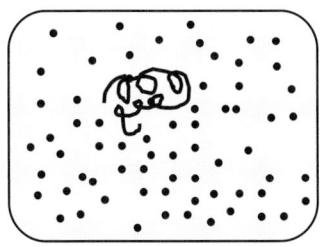
原核生物（DNAは栄養物質と同じ袋に入っている）

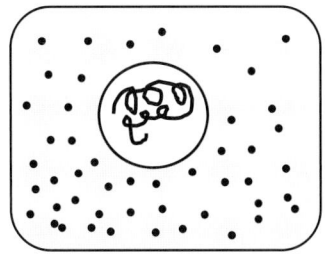
真核生物（DNAは核という別の小さな袋に入っている）

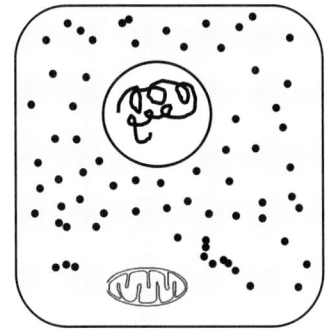
好気性細菌をミトコンドリアとして取り込んだ
真核生物（動物の起源）

好気性細菌に加えて藍藻を葉緑体として取り込んだ
真核生物（植物の起源）

図 1-3　原核生物と真核生物

ことを意味する。すなわち藍藻の登場以降，増加の一途であった大気中の酸素に減少のベクトルが加わったのである。しかし，実際は植物の光合成による酸素の放出量が好気性呼吸による酸素消費量を上まわっていたため，酸素濃度は現在と同水準の大気中 20％程度にまで上昇を継続した。光合成による酸素の放出と好気的呼吸による酸素消費の収支がゼロとなり，大気中酸素濃度がほぼ一定となったのは様々な動物が出現した数億年前である。この時期，二酸化炭素も光合成による固定と好気的呼吸による放出の収支がゼロとなり，大気中濃度はほぼ一定になったと考えられる。原始地球の大気に存在した二酸化炭素の大半は，光合成によって有機物質に変化して植物をはじめとする生命体の一部となり，それらの多くは化石（石炭や石油）として地中に眠ることになった。こうして，今日の安定した大気組成が完成したのである。

1.3 灌漑と森林伐採による塩害と乾燥化

1.3.1 生態系

　ある環境のもとでは，様々な生物種が相互に関係しながら生存している。このような生物種間の相互関係を生態系という。生態系では，特定種の増減が生態系の破壊につながることがある。森の植物，シカ，オオカミの関係を例として取り上げる。

　草食動物であるシカは森の植物を食糧とする。一方，オオカミはシカを捕食する。オオカミが増加してシカを食い尽くすと，オオカミは食べるものがなくなり，やがて滅亡する。逆に何らかの理由でオオカミが滅亡して，シカだけになった場合，シカは増加する。やがて増加したシカは森の植物を食い尽くし，森は消滅して禿げ山が残る。この状態になるとシカは食べるものがなくなり，やがて滅亡する。つまり，森の植物，シカ，オオカミ

という生態系は，オオカミがシカの一定数を間引くことによって維持されている．植物の生育速度がシカによる食害を上まわっていれば森は維持でき，オオカミによる間引きがシカの頭数を減じない範囲であれば，シカとオオカミも個体数を維持できる．

上の例は，生物による環境資源の利用が過度になると，環境が改変され，結果として生物自体の滅亡につながることを意味している．

1.3.2 メソポタミア

ヒトは生存のために意図的に環境改変を行ってきた．しかし，このような環境改変が最終的に地域の居住環境を悪化させた事例は多い．まず，メソポタミアにおける灌漑の影響を紹介する．

図 1-4 の地図に示したチグリス川とユーフラテス川にはさまれたメソポタミア地方は「肥沃な三日月地帯」といわれる沖積平野であり，農業発祥の地である．両川は水源地帯の雪解けにより定期的に増水し，上流の肥沃な土壌を沖積平野に運んでいた．気候が湿潤な北部では森林も形成されており，紀元前 8,000 年頃からは原始的な農耕と牧畜が行われていた．紀元前 5,000 年頃になると，農耕や牧畜を行う人々が南下を始めた．気温が高く，降水量の少ない南部では，農耕の維持に灌漑が必要であった．やがて灌漑と農業技術の進歩によって主産物である小麦の収穫量は増加し，人口が増加した．そして人々は特定の場所に集中し，都市が生まれ，紀元前 3,500 年頃にはメソポタミア文明として繁栄した．乾燥した土地では移動が容易であることも，北部ではなく南部で都市文明が成立した要因と考えられる．

図 1-4 メソポタミア地方
ウィキペディアフリー百科事典「メソポタミア」に掲載されている地図（ファイル名：Assyria map.png）を 2015 年 4 月 10 日にダウンロードし，地名を書き加えた．

ところが，紀元前2,500～2,000年頃，地球規模での気象変動が起こり，北部地域では寒冷化，南部地域ではさらなる乾燥化が進行した。南部の年間降水量は現在のバグダッドと同様の200 mm未満になったと推定される。南部地域は灌漑によってこの乾燥化に対応し，しばらくは小麦収穫量を維持した。しかし，紀元前2,000年頃から塩害が発生する。灌漑により河川から引き込んだ水は土中の塩分を溶かし出す。さらに，文明につきものの巨大建造物の資材用に北部の森林を伐採したため，これらの地域の塩分濃度の高い土壌も灌漑水に流れ込んだ。乾燥した土地ゆえに太陽光の直射を受けて水は蒸発し，灌漑水の塩分濃度はさらに上昇した。農業用水は出口がないので，灌漑を行う場合に排水が不十分であると灌漑水中の塩分が次第に農地に蓄積する。こうして「肥沃な三日月地帯」は塩害のため農耕に不適な場所に変貌し，小麦の収穫量は最盛期の4分の1にまで減少した。牧草の回復を上まわる過剰な牧畜が農耕地域周辺の砂漠化を助長し，さらに文明末期の騒乱によって排水設備が破壊されたことも加わって，チグリス川とユーフラテス川流域の農耕と文明は衰退していった。古代メソポタミアにおける農耕の衰退は，乾燥地域における灌漑がもたらす影響を雄弁に物語っている。

1.3.3　製鉄の影響

毎年，桜の季節になると中国大陸から黄砂が日本各地に飛来する。黄砂の供給源は，図1-5に示すように黄河の上流に位置し，行政的には山西省，陝西省，寧夏回（ウイグル）族自治区，甘粛省，内モンゴル自治区にまたがる黄土高原である。古代，この黄土地帯は広く森林に覆われていた。殷王朝の時代（紀元前17～11世紀），黄河流域に位置する山西省と陝西省は大部分が森林地帯で，アジアゾウなどの大型動物も生息していた[5]。

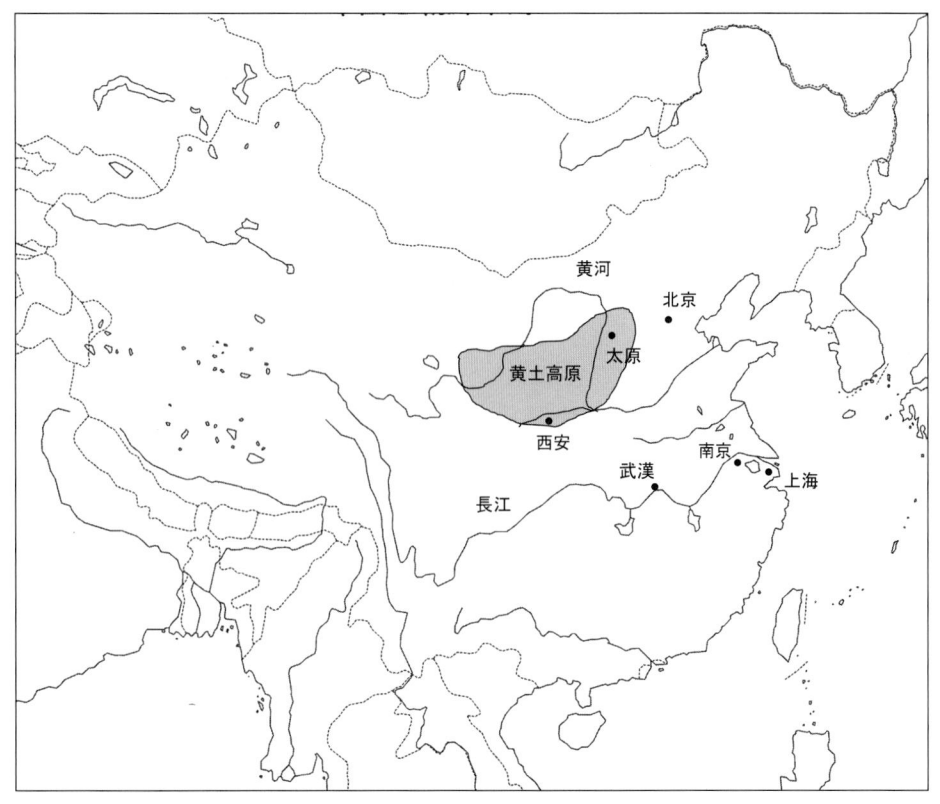

図1-5　中国黄土高原の位置

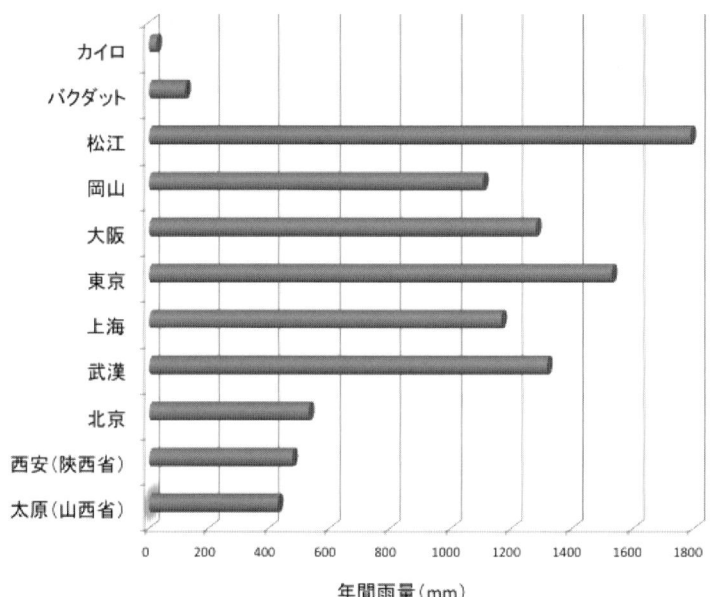

図 1-6　日本と中国の都市の年間降水量
各都市の降水量は 20 世紀後半から 21 世紀の約 30 年間の平均値（都市によって対象となっている年度が異なる）。出典：世界気象機関（国連）の World Weather Information Service または気象庁 HP（各地の平年値）。

殷とこれに続く周王朝の前半（いわゆる西周時代：紀元前 11 世紀～ 8 世紀）は青銅器文明の時代であり，銅などを溶かす燃料を得るために相当な伐採が行われていた。しかし，周代前半までの伐採は森林の回復力の範囲であり，黄土高原の森林の占有率は依然として 50％ 以上であった。黄土高原をはじめとする中国の森林が大規模に消滅するのは鉄製武器の大量生産が行われた春秋戦国時代（紀元前 8 ～ 3 世紀）からである。この時代，諸国は人口増に対応するため，森を開いて農地を作り，灌漑を盛んに行った。さらに鉄製の道具が普及し，製鉄用の燃料を得るために大規模に森林を伐採した。とくに戦国時代（紀元前 5 ～ 3 世紀）以降の伐採は森林の回復力を大きく上まわっていたため，森は一気に禿げ山と化し，中流域を平原，上流域を黄砂で覆われた乾燥地に変貌させた。周代前半に 50％ を超えていた黄河流域の森林率は 5％ 程度となり，現在へと引き継がれている。

このような製鉄による森林伐採は日本でも行われた。砂鉄を用いるたたら製鉄が盛んに行われた近世以前の中国山地では禿げ山となった地域も多かった。しかし，中国黄河流域とは異なり，現在の中国山地は森林が回復している。その理由は，計画的伐採に加えて，降水量が多いことにある。図 1-6 は，日本と中国の諸都市の年間降水量を比較したものである。黄河流域の西安，太原，北京の年間降水量は約 500 mm であるが，日本諸都市の年間降水量は 2 倍以上の 1,000 ～ 2,000 mm の範囲にあり，中国長江流域の上海や武漢と同程度である[6]。この降水量の多さ，さらにこれを利用した水田という農業形態が，日本をはじめとするアジア温帯地域において，森林を維持し，農地の乾燥化と塩害を防いだといえる。

1.3.4　アラル海

乾燥地域における灌漑が環境を破壊する事例は 20 世紀以降でも発生している。アラル海は，カザフスタンとウズベキスタンの国境をまたぐ地域にあり，1960 年代までは約 68,000 km^2 の世界第 4 位の面積を誇る湖だった。アラル海の水源は，

パミール高原からのアムダリア川，天山山脈からのシムダリア川であり，雪解け水が豊富に流れ込んでいた。しかし，1960年代に旧ソビエト連邦が綿花栽培のためにアムダリア川流域で大規模な灌漑工事を行うと，同川の水がアラル海に到達しなくなり，とくに1990年代後半以降には面積の急激な縮小と塩分濃度の急上昇が生じた。図1-7（口絵参照）に示すように，現在，アラル海は小さな複数の湖に寸断された状態であり，アメリカ航空宇宙局は「ほぼ消滅」と表現している。面積の縮小と塩分濃度の上昇は，砂漠化の進行，多くの生物の死滅，漁業などの産業の衰退や廃村を起こし，砂嵐や塩害による健康被害や植生破壊は現在も継続している。アラル海の消滅は20世紀最大の環境破壊といわれる。アラル海はメソポタミアに近接しているが，古代の教訓がまったく生かされていないことは驚きである[7]。

1.4 工業化による健康影響

1.4.1 産業革命と石炭

産業革命とは18世紀半ばから19世紀にかけての産業形態の変化と，それに伴う社会構造の変化をさす。産業形態の変化が工場制機械工業の導入によって生じたため，工業化と表現することも多い。環境の視点に立った場合，産業革命は化石燃料，とくに石炭の大量消費に伴う大気汚染の進行という負の側面を有する。

産業革命発祥の地である英国において，中心となった産業は紡績業と製鉄業であった。製鉄業では，17世紀まで燃料に木材を使用していたが，18世紀に入ると豊富に産する石炭を用いる方法が開発された。石炭を用いる製鉄法は技術改良が図られ，やがて良質の鋼鉄が製造されるようになる。一方，石炭採掘の副産物として大量の地下水が噴出したため，地下水を処理する目的で蒸気機関が開発された。蒸気機関が動力源へと改良され，工場の機械化，蒸気船，蒸気機関車などへ応用さ

れると，石炭の消費量は飛躍的に増大した。

1.4.2 亜硫酸ガス

石炭はイオウや窒素分を含んでおり，燃やすと亜硫酸ガスや窒素酸化物が発生する。また，不完全燃焼した場合には，一酸化炭素や煤も発生する。ロンドンなど英国の諸都市では，産業革命以前の10世紀頃から家庭において暖房用燃料として石炭が用いられており，煤煙が霧に混じって地表に滞留するため，14世紀以降には石炭使用禁止令を出すほどに大気汚染が問題化していた。産業革命の進行による石炭の大量消費によって大気汚染はさらに深刻化した。とくに冬季には煤煙（smoke）と霧（fog）の滞留は顕著であり，スモッグ（smog）という合成語が誕生した。

ロンドンでは19世紀半ばから20世紀半ばまでの100年間に約10回の大規模なスモッグ（図1-8）の発生があった。最も大きいのは1952年の12月5日から10日にかけて発生したものである[8]。この約1週間，寒波に襲われたロンドンでは，多くの市民が大量の石炭を暖房に使ったことなどに

図1-8 ロンドンのスモッグ
ウィキペディアフリー百科事典「ロンドンスモッグ」に掲載されていた写真（ファイル名:Nelson's Column during the Great Smog of 1952.jpg）を2015年4月30日にダウンロードしたものを転載。

よって，主に亜硫酸ガスと煤塵とからなる煤煙が大量に発生した。この煤煙は地表近くに滞留して濃縮され，強酸性の霧を形成した。亜硫酸ガスと浮遊煤塵の濃度は平常時の数倍に達したと報告されており，地域によっては自分の足元も見えないほどに視界も低下した。スモッグは建物内にも侵入し，住民の眼や呼吸器官の粘膜を痛めつけた。その結果，老人と子どもを中心に気管支炎などで12,000人以上の死者が出た。

亜硫酸ガスによる健康被害は日本でも発生した。第二次大戦後，急速に工業化が進展した日本では，石油の精製工場と石油を原料として利用する化学工場とからなる石油化学コンビナートが四日市市などに建設された。石油の精製過程やイオウ分の多い重油の燃焼においては亜硫酸ガスが大量に発生する。1960年代，四日市コンビナートの風下地域において四日市喘息と呼ばれる呼吸器疾患の急増が認められ，1,000人を超える死者が出た。三重大学らの詳細な調査により，亜硫酸ガスと喘息発生との因果関係が立証され，裁判によって四日市コンビナート企業の有罪が確定している。

現在，工場や火力発電所からの亜硫酸ガスについては，厳しい排出基準が設定されている。さらに日本では，排煙の脱硫技術も進展しており，亜硫酸ガスによる大気汚染はほぼ解決できている。

1.4.3　鉱毒

古代よりヒトは有用な金属を含む鉱物を採掘して精錬してきた。精錬工程で出る煤煙や廃水は重金属，硫化物，イオウ酸化物を含んでおり，鉱毒の名称で河川や土壌を汚染した。とくに重金属の多くは低濃度であっても有害であり，飲料水や農作物をとおして周辺住民の健康に影響を与えた。

日本における鉱毒被害としては足尾銅山鉱毒事件が有名である。群馬県との県境に近い栃木県足尾町（現在は日光市）の渡良瀬川上流にある足尾銅山は，明治時代において，日本の銅産出量の約4分の1を占める鉱山であった。精錬時に発生する煤煙中の亜硫酸ガスが溶解した酸性の雨は，鉱山周辺の植生を破壊して禿げ山化を招き，さらに渡良瀬川に流出した廃水中の重金属（主体は銅イオン）が流域住民の健康に多大な影響を及ぼした。禿げ山化によって土壌の保水力が低下し，大雨のたびに重金属汚染土壌が流出したことも被害を拡大した。1901年には，煙害のために足尾町に隣接する松木村，久蔵村，仁田元村，そして1906年には谷中村が廃村となっている[9]。被害の全貌は明確でないが，奈良時代から存在していた松木村が19世紀後半の銅山の本格操業開始後わずか20年で廃村に追い込まれている。当初，政府は足尾銅山の鉱毒を言論封殺で臨んだ。しかし，1901年12月，地元選出の衆議院議員田中正造が，足尾における鉱毒の実態を明治天皇に直訴した。直訴自体は失敗だったが，その内容は広く世間の知るところとなり，政府もようやく，鉱山内での煙害・廃水対策と渡良瀬川の改修工事を主体にした鉱毒対策をとり始めた。しかし，鉱毒被害は収まらなかった。足尾銅山は1973年に採鉱が停止され，1998年には精錬事業も事実上停止されたが，2011年に発生した東日本大震災における土壌流出によって，渡良瀬川下流から基準値を超える鉛が検出されている。

日本での鉱毒による健康被害としては富山県神通川流域で発生したイタイイタイ病も有名である。岐阜県神岡鉱業所の廃水中に含まれていた重金属の一種であるカドミウムが，神通川流域を汚染し，飲料水や農作物を通じてこれを摂取したヒトに腎機能異常と骨軟化症を特徴とする疾患を発症させた。発症患者では骨がもろくなり，わずかな負荷で骨折が起こった。イタイイタイ病の原因に関して，栄養障害説なども提示されたが，1950年代以降に，開業医であった荻野昇をはじめとする多くの研究者らの調査・研究によって，カドミウムの慢性中毒であることが疫学的に立証された。動物実験による再現がなく，世界に類似症例もないため，カドミウム中毒ではないとする主張

が今なお存在するが[10]，厚生省は1968年に「イタイイタイ病の本態は神岡鉱業所から排出されたカドミウムの慢性中毒による骨軟化症である」と断定している。イタイイタイ病の名前は，患者が「痛い，痛い」と訴えることに由来するが，現在では外国の辞書にも採用されている。

1.4.4 石油消費と大気汚染

第二次世界大戦後，それまで灯油やガソリンに限定されていた石油の用途が，化学製品の原料，火力発電所の熱源へと拡大された。さらにモーターリゼーションの進展により，軽油やガソリンの需要も急激に増加した。世界の原油生産量は，戦前の1923年において約300万バレル/日に過ぎなかったが，50年後の1973年には5,000万バレル/日を超えた[11]。2014年には世界中で約9,000万バレル/日の原油が消費されている。日本における石油の用途は，熱源40％，動力源40％，化学製品の原料20％であり，8割が燃やされている。

石油の主成分は炭化水素であるが，イオウや窒素化合物も含んでいる。このような不純物は，精製したガソリンや灯油には少なく，重油や残油に多い。このため，工場や火力発電所において，重油などを燃料として用いると，石炭同様に亜硫酸ガスや窒素酸化物が発生する。一方，精製度の高いガソリンなどを高温・高圧下で燃やすと，空気中の窒素と酸素が反応して窒素酸化物が生成する。すなわち，動力源としてガソリンを用いる自動車の排気ガス中には窒素酸化物が含まれる。これらのことは，日本のように工場・火力発電所の排ガス対策が進んでいる国においては，大気汚染の主因が自動車由来の窒素酸化物になることを意味する。自動車の排気ガスに対して，日本は厳しい排出基準を設けており，国産車の窒素酸化物排出量はきわめて低水準である。日本の大気中の窒素酸化物濃度については，20世紀の終わりころまでは自動車台数の増加のために大幅な改善が認められなかったが，近年では環境基準の達成率も100％に近づいており，ようやく改善されてきた。

窒素酸化物は水に溶解すると強い酸性を示すことから，亜硫酸ガス同様に気管支炎や喘息などの呼吸系疾患を引き起こすことが容易に想像できるが，阪神高速道路を通過する自動車の排気ガスを視野に入れた西淀川公害訴訟[12]において，窒素酸化物を呼吸系疾患の原因とすることは認められなかった。窒素酸化物を原因物質とすることに司法・行政が躊躇する背景には，自動車産業が日本経済の基幹であることと関係があるのかもしれない。

窒素酸化物は，ガソリンなどに由来する揮発性の炭化水素類との間で，太陽光線を受けて光化学反応を起こし，光化学オキシダントと総称される刺激性の酸化物質を生成する。光化学オキシダントを中心とする刺激性物質が浮遊している状態を光化学スモッグと呼び，米国では1940年代からその存在が知られていた。光化学スモッグは眼や呼吸器の粘膜を刺激し，炎症を起こす。また，農作物にも被害を与える。日本における光化学スモッグによる健康被害が初めて発生したのは1970年であり，それ以降，各地で光化学スモッグの発生が報告されている。

化石燃料の不完全燃焼によって発生する煤（すす）は様々な有機物質を吸着する。煤の粒子が小さいと空中に浮遊し，大気汚染の原因となる。このような小さな粒子状物質は英語でparticulate matterといい，PMと省略される。PMは粒子の大きさによって，PM10（粒子径が概ね10µm以下），浮遊粒子状物質（粒子径が6.5〜7.0µm），PM2.5（粒子径が概ね2.5µm以下，微小粒子状物質）などに分類される。ヒトがPMを吸入すると，一定割合で呼吸器の奥深くに侵入し，気道粘膜や肺胞内に蓄積する。PMは様々な有機物質を吸着しており，物理的，化学的にこれらの組織に影響を与えて，呼吸系疾患やアレルギー疾患を起こすとともに，感染症に対する抵抗力を弱める。また，ヒト

での証明はされていないが，発がん性もあるといわれる。近年の日本では，中国大陸で生成し，飛来するPM2.5の影響が懸念されている。

1.4.5 化学発がんと内分泌撹乱物質

石炭と石油は燃料としての用途に加え，様々な化学物質の合成原料としても有用である。合成された化学物質はヒトの生活を豊かにしたが，健康に悪影響を及ぼすものも少なくなかった。合成化学物質の多くは水に溶けにくい性質をもつ。このような物質はそのままの形態では尿に排泄できないため，肝臓などで代謝（一種の化学変化）を受ける。このような代謝プロセスにおいて，化学物質は肝臓をはじめとする種々の臓器の細胞や遺伝子に損傷を与え，様々な健康障害を引き起こす。このような健康障害の中でも，がんの発生はもっとも深刻なものといえる。

1775年，英国の外科医であったパーシヴァル・ポットはロンドンの煙突掃除人に陰嚢がんの多いことを報告し，煤の中に含まれる化学物質がその原因だと推論した。その後，日本の病理学者であった山極勝三郎は，ウサギの耳にコールタールを3年以上にわたって塗擦することにより人工がんの発生に成功している。現在，化学物質による発がんは，化学物質またはその代謝物が遺伝子に損傷を与えるために起こる現象と理解されている。

人工的に合成された化学物質だけでなく，アフラトキシンに代表されるカビ毒，ワラビに含まれるプタキロサイドなどの天然物，物が燃えた時に発生するベンツピレン，ヒ素などの無機物質などにも発がん性のあることが判明している。世界保健機関は，ヒトに対する発がん性物質として95種，発がん性の疑いのある化学物質として約300種をあげている。これらの化学物質による発がんの多くは，産業現場での曝露に起因する職業病的なものである。ただし，ヒ素については，井戸水を介して発展途上国の一般住民に多数のがん患者を発生させている。

化学物質の曝露量と影響の大きさをみた場合，慢性影響は急性影響よりも低用量で発生し，慢性影響の中でも発がん性や催奇形性[13]のような遺伝子を介した影響は肝臓障害などの直接影響よりも低用量で発生する。これらの影響は，化学物質の曝露を受けた個体に生じる健康障害である。ところが以下に紹介する化学物質の影響は，個体への直接作用ではなく，発がんよりもさらに低用量で起こるといわれるものである。

ダイオキシンは，ベトナム戦争において米国がジャングルを消滅させる目的で散布した枯れ葉剤の主成分であり，のちに奇形児や多くのがんを発生させた。この物質が，超低用量で動物の生殖行動に異常を起こすという報告が提出されている。動物の生殖行動を制御しているのは性ホルモンである。ダイオキシンは化学構造が性ホルモンに似ているため，性ホルモンが関わる系に拮抗的に作用して，正常な生殖行動を妨げる。性ホルモンの正常な作用が損なわれて，オスとメスの性周期がずれれば，動物の生殖行動は成立しない。その結果，次世代は誕生せず，種は滅亡する。このような生殖行動に影響を及ぼす性ホルモン様物質を内分泌撹乱物質という。内分泌撹乱物質は環境ホルモンとも呼ばれ，無責任な大衆紙が草食系男子の増加や少子化の原因であるとセンセーショナルに紹介したため，一般にも大きな関心を集めた[14]。しかし，河川水の性ホルモン活性を測定して活性をもった物質を追跡すると，ヒト（女性）の尿にわずかに排泄されている性ホルモンそのものであることが判明している。つまり，ダイオキシンなど，合成化学物質の示す性ホルモン活性は，ヒトが排泄している性ホルモンそのものの作用にはるかに及ばない。大豆中のイソフラボンのように多少影響を与えている性ホルモン様物質も存在するが，少なくとも合成化学物質の性ホルモン活性に関しては実害を懸念する水準ではないと考えられている。

1.4.6 公害

これまで述べてきたように，1950年以降の日本経済の復興期においては，大気汚染による四日市喘息，鉱毒によるイタイイタイ病，化学工場の廃液中の有機水銀による水俣病など[15]，企業活動に伴う環境汚染によって特定地域の住民に重篤な健康障害が発生した。また，万葉集でも有名な富士川河口の田子の浦では，製紙工場のパルプ廃液に由来するヘドロの蓄積が生じ，港湾機能の低下，悪臭，景観破壊などの問題が発生した[16]。このような企業などの事業活動がもたらす環境と健康への影響は，環境という公共財と人々の健康を維持する公衆衛生活動を害するものであったことから，「公害」という呼称が定着した[17]。

1960年代に入ると，政府も環境対策を求める世論に押されるかたちで，1964年に公害対策推進連絡会議を設置し，さらに1967年に公害対策基本法を公布・施行した。この法では，公害を「事業活動やその他の人の活動に伴って生ずる相当範囲にわたる大気汚染，水質汚濁，土壌汚染，騒音，振動，地盤沈下および悪臭により，人の健康または生活環境に被害が生ずること」と定義していた。この定義は，公害対策基本法を引き継いだ環境基本法でも採用されている。ただし，環境基本法施行後，一般には上記7種を「典型7公害」と称しており，公害の範囲は拡大している。

公害は，都市化や工業化に伴う環境汚染が自然および生活環境を侵害した結果，地域住民に健康障害や生活困難が生じる現象であり，社会的災害である。公害は原因の特定が可能であり，監督者である行政の責任が問われることも多い。しかし，1993年の公害対策基本法の廃止と環境基本法の施行に象徴されるように，「公害」の名称を冠した行政組織，研究機関，法令などは次々に「環境」の名称を冠したものに変更されている。公害問題は解決し，今後は地球環境問題に取り組むというのが，行政の姿勢のようにみえる。しかし，PM2.5にみられるように，大気汚染は依然として未解決の問題であり，公害による健康障害に苦しむヒトも多数存在している。世界に目を向ければ，鉱毒や工場廃液による健康障害も多発している。このように公害はいまだに解決していない問題であることを認識する必要がある。

1.5 地球環境問題

1.5.1 総論：公害との違い

環境問題の中には，問題の発生源や被害が広範囲にわたるため，地球規模での対応が必要なものがある。酸性雨，オゾン層破壊，地球温暖化などが該当し，地球環境問題と呼ばれる。公害と地球環境問題の間には以下の違いがある。

公害では原因物質がヒトの健康に直接影響を及ぼしていたが，地球環境問題では比較的無害なガス状物質が環境を改変し，生態系を介してヒトの健康や生活に影響を与える。また，公害では加害者と被害者の関係が明瞭であり，補償を行うべき主体を特定することが可能であるが，地球環境問題においては，発生源（加害者）と影響を受けるヒト（被害者）が曖昧であり，場合によっては加害者と被害者が重なることもある。さらに，公害は被害を受ける地域が限定されており，一般のヒトはニュースの中の出来事と認識するが，地球環境問題ではすべてのヒトに影響が及ぶため，当事者意識を常に持つことが要求される。

この節では，地球環境問題の中から，酸性雨とオゾン層破壊をとりあげ，地球温暖化については次節で述べることにする。

1.5.2 酸性雨

大気汚染物質である窒素酸化物や亜硫酸ガスは水に溶けると強い酸性を示す。大気汚染が原因でpHが5.6以下になった雨を酸性雨と呼ぶ[18]。酸性雨の存在が明らかになったのは産業革命下の英国であったが，これは局地的な問題であった。酸性雨が地球環境問題として初めて意識されたの

は，1950年代の北欧においてである。すなわち，1950年代のはじめ，スカンジナビア半島において，湖沼での魚の死滅や教会のブロンズ像の腐食などが多発した。いずれも酸性の雨が関わっていることが明白であったことから，発生源の特定が試みられ，欧州中部から運ばれてきた大気汚染物質が原因だと判明した。すなわち，産業革命以降，石炭を大量消費した英国やドイツ，さらに第二次世界大戦後は東欧諸国において亜硫酸ガスや窒素酸化物が大量に発生し，これが気流に乗って北欧地域で酸性の雨を降らせたのである。

酸性雨の影響としては，森林の立ち枯れ，土壌や湖沼の酸性化，魚をはじめとする水生生物の死滅，屋外にあるブロンズ像や大理石建造物の腐食などがあげられる。ギリシアのパルテノン神殿なども酸性雨の影響によって崩壊の危機にあるとされる。

日本では1973～75年に関東地方に酸性度の強

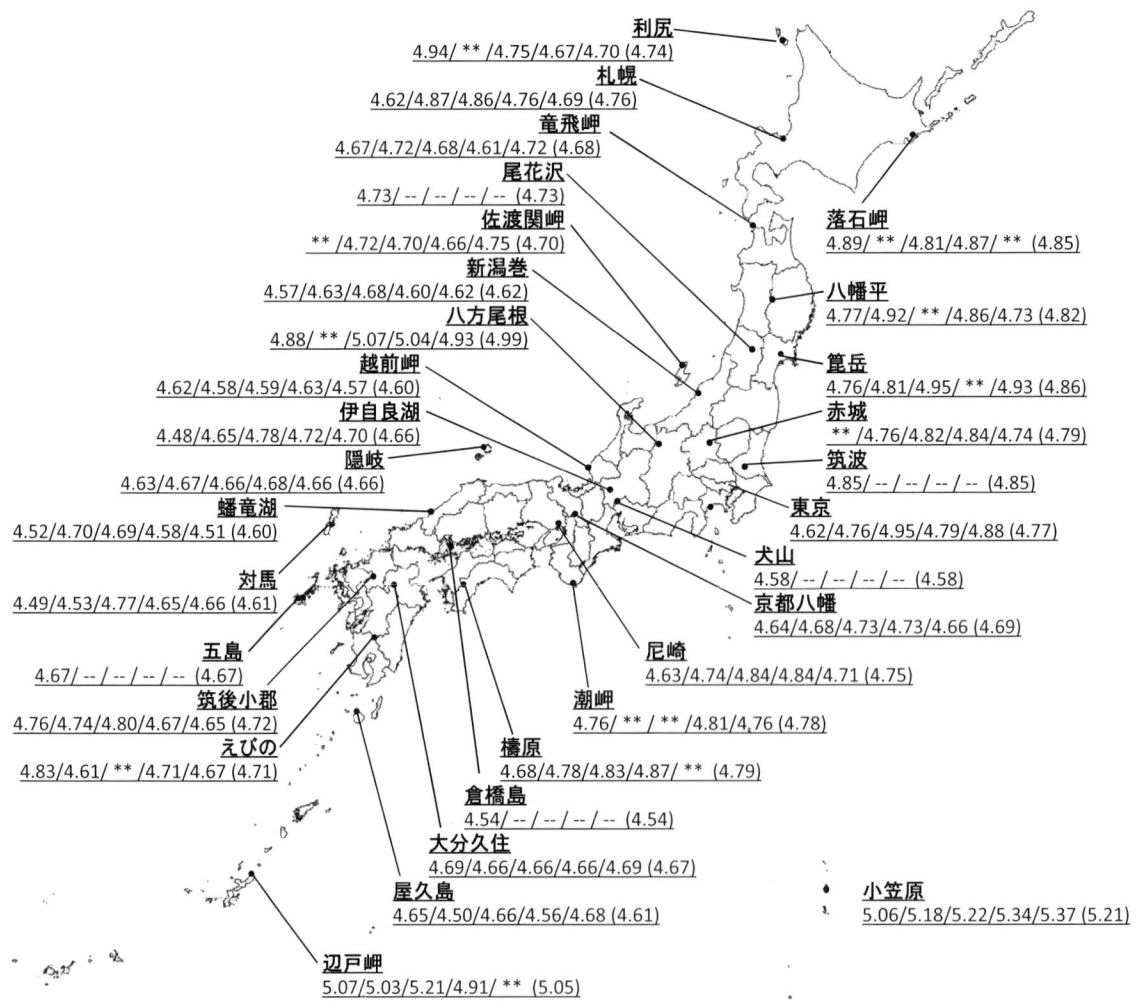

図1-9　日本の酸性雨の現状

環境省HP（平成24年度酸性雨調査結果：http://www.env.go.jp/air/acidrain/monitoring/h24/index.html 中の雨水のpH分布図（平成20年度～24年度）より。数値は，平成20年度/21年度/22年度/23年度/24年度（5年間平均値）を示す。各年度の平均値は降水量加重平均により求めた。―は測定せず，**は当該年平均値が有効判定基準に到達しなかったために棄却されたことを示す。尾花沢，筑波，犬山，倉橋島，五島は平成20年度末で測定を休止している。

い pH 2 の雨が降り，多くの人に目の痛みなどの健康被害が発生した。環境省では酸性雨について生態系への影響も含めて継続的な調査を行っている[19]。この調査によれば，2008（平成 20）～ 2012（平成 24）年度に全国約 30 か所で採取された雨水の pH の 5 年間全国加重平均値は 4.72 であり，図 1-9 に示すように各調査地点の年度ごとの平均 pH もすべて 5.6 を下まわっている。生態系への影響として，顕著ではないが，福井県の夜叉ヶ池など一部地域において，土壌，湖沼，河川の pH の経年的低下が認められている。また，磐梯朝日，大山隠岐，十和田八幡平，吉野熊野では，樹木の枝の成長異常，落葉率と葉色の変化などが認められるが，森林全体の衰退には至っていないとしている。

日本の酸性雨には，国内で発生する自動車からの排気ガス中の窒素酸化物と中国大陸から飛来する亜硫酸ガスの双方が関わっている。なお，関東平野を囲む日光連山や赤城山では首都圏の大気汚染に起因する酸性の霧のために樹木の立ち枯れが目立つと指摘されているが，科学的な検証は行われていない。日本における酸性雨の生態系への影響は諸外国のように顕在化はしていないが，徐々に進行していることは確実である。

1.5.3 オゾン層破壊

高度約 10 km までの対流圏の外側に位置する高度約 10 ～ 50 km の層を成層圏という。成層圏の中で，高度 20 ～ 25 km の部分はオゾン濃度が高いため，オゾン層と呼んでいる。オゾンは酸素原子が 3 つ結合した構造をとっており，紫外線を作用させると容易に分解する。医療器具を紫外線で殺菌していることでわかるように，太陽から照射される紫外線（UV）は生物にとって有害である。紫外線は波長によって，UV-A（400 ～ 315 nm），UV-B（315 ～ 280 nm），UV-C（280 nm 未満）に分類され，波長が短いほどエネルギーが大きく，生物にとって有害である。オゾン層の存在が，地球上でのヒトを含む生物の生存を保障している。すなわち，最も低波長の UV-C は大気中のオゾンや酸素によって完全に吸収され，地表に届くことはない。中間の波長をもつ UV-B もそのほとんどがオゾン層によって吸収されるが，その一部は地表に到達し，皮膚の炎症やがんの原因となる。

1990 年代半ば以降，成層圏のオゾン全量が，1980 年代以前に比較して，約 4％減少していることが判明した。成層圏におけるオゾンの減少は一律でなく，穴のような低濃度の空間が間欠的に出現していた。このような間欠的に出現する低オゾン濃度の空間をオゾンホールと呼ぶ。オゾンホールは南半球に偏在しており，その下の地表には有害な UV-B が到達する。このため，南半球に位置するオーストラリアでは，皮膚がんや白内障患者の増加が認められた。成層圏におけるオゾン減少の原因物質として同定されたのが，構造中にフッ素や塩素を含む有機化合物のクロロフルオロカーボン，ハイドロフルオロカーボンなどのいわゆるフロン類であった。フロン類は，冷蔵庫などの冷媒として開発され，後には精密機械の洗浄剤としても使用された。フロン類は化学的，熱的に安定であるため，引火性が低く，健康への影響もほとんどない。つまり，安全な化学物質としてもてはやされた。しかし，大気中に放出されたフロン類は空気よりも軽いため，成層圏に到達してオゾンと反応し，これを分解していたのである。

フロン類がオゾン層を破壊することが判明後，先進各国は討議を重ね，オゾン層を破壊するおそれのある物質を指定し，これらの物質の製造，消費および貿易の規制を目的としたモントリオール議定書を 1987 年に採択した。この議定書により，先進国は 1996 年，開発途上国は 2015 年までにフロン類の大半を全廃し，フロン類の代替物質として当面使用が認められている代替フロンについても，先進国は 2020 年，開発途上国は原則的に 2030 年までに全廃することが求められている。

モントリオール議定書の発効により成層圏のオ

ゾン全量の減少は止まり，オゾンホールの出現も減った。しかし，現在でも成層圏のオゾン全量は1980年代以前に比較すると2～3％減少した状態であり，南半球におけるオゾンホールの出現もなくなってはいない。

1.6 温暖化

産業革命以降の化石燃料の大量消費の結果，強い温室効果を有する二酸化炭素の大気中濃度が上昇し，地球温暖化が進行しているといわれる。しかし，1万年以上のスケールでみた場合，地球の気温変動は激しく，氷河期の存在も知られている。

この節では，まず非人為的な気温変動を述べ，次いで人為的な気温変動とその影響・対策について解説する。

1.6.1 縄文遺跡と地名
：自然現象としての気候変動

図1-10は南極大陸のボストーク基地の氷床分析の結果から推定される過去45万年間の気温，大気中二酸化炭素濃度，塵濃度の変化を示すものである。南極大陸の気温が現在に比較して+2～-8℃の範囲で周期的に変動してきたこと，気温の変化と大気中二酸化炭素濃度の変化がほぼ同調していること，低温期において塵濃度が上昇してい

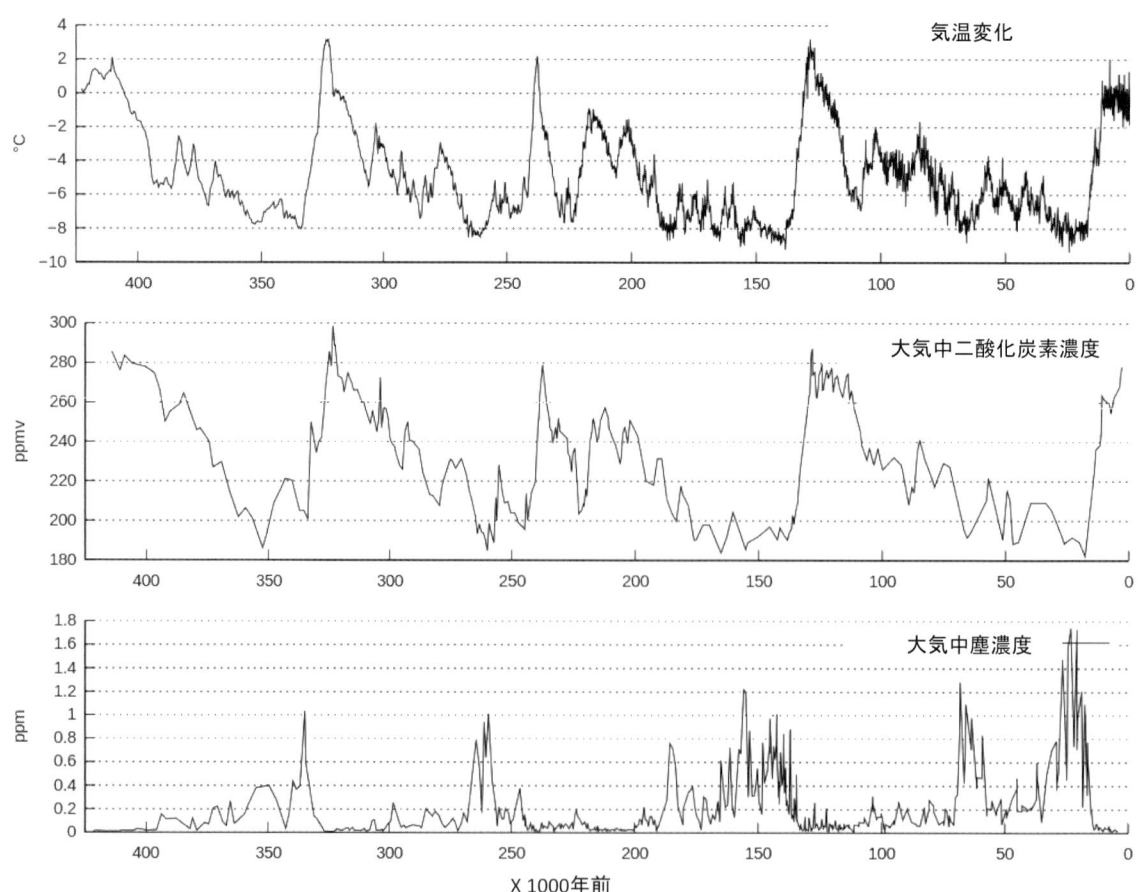

図1-10 南極ヴォストーク基地の氷床分析から推定される過去45万年間の気温，二酸化炭素濃度，塵濃度の変化

ウィキペディアフリー百科事典「氷床コア」に掲載されていた写真に掲載されている図のsvg画像（ファイル名：Vostok Petit data.svg）を2015年3月30日にダウンロードし，日本文を書き加えて作成した。

ることが読みとれる。このような気温と二酸化炭素濃度が周期的に変動していることの理由や機構について諸説あるが，結論は得られていない[20]。

有史時代以降にも気候変動はしばしば生じた。青森県には三内丸山遺跡という国内最大級の縄文時代の集落跡が存在する。この遺跡は紀元前3,500〜2,000年前のものとされている。縄文時代において，このような大規模集落が北日本にあり，クリやマメ類の栽培まで行われていたことは，当時の気候が今よりも相当温暖であったことを物語っている。前述のメソポタミア地域での気候変動(寒冷化)の時期と三内丸山の終焉時期が近いことから，紀元前2,500〜2,000年の頃に，地球全体に及ぶ大規模な寒冷化があったと想像できる。

地質学的には，縄文時代の日本では，現在よりも海水面が平均で2〜4 m高い縄文海進という現象が生じており，年平均気温が今より1〜2℃高かったことが証明されている。温暖化のピークは紀元前4,000年頃と推定されており，寒冷化が生じるまでの期間に上記の三内丸山のような縄文遺跡が北日本に存在したことも納得できる。縄文海進の時期，大阪湾(古大阪湾)は大阪平野の奥深く生駒山西麓あたりまで入り込み，上町台地が半島のように突き出ていたと想像されている。京都と大阪の中間に位置する枚方(ひらかた)付近には干潟が広がっていたと考えられており，枚方の地名も平らな潟(＝平潟)，もしくは白波の立つ潟(＝白潟(しらかた))が語源といわれている。大阪市やその周辺に存在する南方，豊津，豊崎などの地名も古大阪湾のなごりと推定できる。

1.6.2 温室効果ガスによる人為的な温暖化

大気を構成する気体分子は地表から放射された赤外線の一部を吸収し，そのエネルギーを大気圏より内側に蓄積して気温を上昇させる。この作用を温室効果という。地球に大気が存在しない場合，地表温度は約 −20℃になると算定されており，現実の地表の平均気温(約15℃)とは大きな差がある。この差は大気の保温効果によって熱が大気中に留まるために生じており，保温効果の相当部分が温室効果によってもたらされている。温室効果は気体の種類によって強弱があり，水蒸気，二酸化炭素，メタンガスなど，いわゆる温室効果ガスと呼ばれるものが強い作用をもつ。現在の気候を維持している温室効果への寄与度を気体別にみると，水(水蒸気・雲)が90％以上，二酸化炭素が数％とする推定が多い。しかし，水蒸気は一時的に増減したとしても，蒸発や降水などによって元の濃度に戻るため，気温の変動要因としては大きくない。図1-10のように，気温と大気中二酸化炭素濃度との間に同調性が認められることから，気温変動に最も寄与する温室効果ガスは二酸化炭素であるとみなされている。

産業革命以降の化石燃料の消費は，太古に植物が光合成によって固定した二酸化炭素を再び大気中に放出する行為である。このため，大気中の二酸化炭素濃度は図1-11(口絵参照)に示すように明らかに増加している。1960年から2010年にかけての二酸化炭素濃度の上昇は約80 ppmであり，これを図1-10に当てはめると，南極においては10℃の気温上昇が生じても不思議ではないことになる。ただし，雲や化石燃料消費のさいに発生する煤塵などが太陽光を遮蔽して気温を下げるため，実際の気温上昇はそれほど大きくはならない。それでも全地球の平均気温は，過去100年間に約0.5℃上昇しており，気候変動に関する政府間パネル(Intergovernmental panel on climate change：IPCC)は，2100年には現在よりも約2℃上昇すると予測している。

1.6.3 都市の温暖化(ヒートアイランド現象)

表1-1は，日本の大都市の1931年から2010年までの気温変化の100年換算値を非都市化地域と比較したものである。いずれの測定値においても上昇が認められ，その傾向は大都市において顕著である。また大都市では，とくに最低気温の上昇

表 1-1 全国主要都市と中小都市の気温変化の比較

	8月			2月		
	日平均	日最高	日最低	日平均	日最高	日最低
札　幌	1.2	-0.3	2.8	3.5	1.4	6.1
仙　台	0.6	-0.2	1.1	3.3	1.8	4.0
東　京	1.7	0.8	2.5	4.6	2.5	6.0
横　浜	1.5	1.4	2.0	4.1	3.7	4.8
名古屋	2.4	0.9	3.3	3.7	2.1	4.6
京　都	2.4	0.9	3.3	3.3	1.8	4.2
大　阪	2.5	2.4	3.7	3.9	3.6	4.2
福　岡	2.4	1.4	3.8	4.0	3.0	5.6
中小都市*	0.9	0.4	1.3	2.3	1.9	2.4

対象期間は1931〜2010年で100年あたりに換算した変化量（℃）で表示している。
* 網走，寿都，根室，石巻，山形，水戸，銚子，伏木，長野，飯田，彦根，境，浜田，宮崎，多度津，名瀬，石垣島の平均値。
気象庁のHP（http://www.data.jma.go.jp/cpdinfo/himr_faq/02/qa.html：ヒートアイランド現象に関する知識）から抜粋した。

が目立つ。大阪市や東京都において，夏季に気温が25℃以上の熱帯夜が延々と継続することや，冬日（最低気温が0℃未満の日）が激減したことと整合している。大都市を含む地域の気温の分布を描くと，等温線が都市を中心にして閉じており，まるで周辺から浮いた島のように見える。このため，このような都市の温暖化をヒートアイランド現象という。地球温暖化のところで，100年間の平均気温の上昇は全地球平均で約0.5℃と記したが，東京や大阪での年平均気温の上昇は3〜4℃に及んでおり，都市の温暖化は地球温暖化をはるかに凌ぐものである。

ヒートアイランド現象の原因として最初にあげられるのは，地表の被覆の人工物化である。土や植物は，水の蒸発をとおして熱を放出（蒸発潜熱という）するので気温を低下させるが，アスファルトなどにはこの機能がない。しかも，アスファルトやコンクリートは比熱容量が大きいため，昼間の熱を蓄えて夜間に放出する。さらに木造建築が減少することも地表を人工物で被覆するのと同じ作用を起こす。

一方，都市や都市周辺の各所で起こる人工排熱の増加も著しい。かつては工業地域からの排熱の寄与が大きかったが，現在では自動車，空調機器，照明器具，情報機器などからの排熱も無視できない。省エネルギー化により個々の排熱量は削減されているが，人口増加，産業の発展，機器の普及が全体の排熱量を押し上げている。この点は，自動車からの窒素酸化物総排出量がなかなか減少しなかったのと同じである。

さらに，都市の高密度化の影響もある。建物の高密度化や高層化が進むと，天空率[21]が低下して夜間の放射冷却が弱まり，気温の低下が緩やかになる。また，新たに建設された中層建築物や高層建築物が地上付近の風の流れを遮断し，熱の拡散や建物内の換気を弱める場合もある。

対策としては，様々なかたちでの緑化，建築物への保水性材料の使用や道路の透水・保水性舗装などが考えられる。とくに緑化に関しては，街路樹や公園緑地の拡大だけでなく，建物の屋上や壁面の緑化，さらには路面電車の軌道敷の芝生などによる緑化なども試みられている[22]。また，効果は低いといわれるが，散水や打ち水の実施なども一般家庭に呼びかけられている。ヒートアイランド現象は都市化と密接に関わっており，対策を散発的にばらばらに行っても効果は見込めない。建物の配置や道路の設計などに関して，ヒートアイランド現象を防止する視点に立った都市計画が望

まれる。

1.6.4 温暖化の気象や自然環境への影響

2007 年に作成された IPCC の第 4 次報告書（4th assessment report：4AR）では，地球温暖化の気象や自然環境に及ぼす影響として，気温や海水温の上昇，海水面の上昇，異常気象の増加，海流や気流の変化，生態系や植生の変化などをあげている。異常気象とは，30 年に 1 度程度の頻度で発生する現象とされているが，近年の日本では気温の国内史上最高値の更新や竜巻の発生頻度の増加などが報告されている。また，真夏日（気温 30℃以上の日）の増加や日雨量 100 mm 以上の豪雨の頻度も増加している。気温や海水温の上昇が大気中の水蒸気を増やし，結果として降水量が増加すると考えられている。

日雨量 100 mm 以上の豪雨の多くは，梅雨末期に南方から湿舌と呼ばれる湿った空気が前線上に流れ込み，積乱雲が次々に発生することにより生じていた。ところが，近年，とくに夏季の都市部において，時間雨量 100 mm を超える雨が 10 km 四方ほどの狭い範囲で短時間降る現象が多発している。このような局地性の短時間集中豪雨は，俗に「ゲリラ豪雨」と呼ばれており，都市部に大きな被害を与えている。ゲリラ豪雨の発生にはヒートアイランド現象が強く関わっている可能性が高いが，その発生メカニズムは不明であり，予測も困難である。

温暖化が海水面の上昇を招くことは，縄文海進など，歴史を振り返れば容易に予測できる。温暖化による海水面上昇の原因は，海水の熱膨張であり，次いで南極とグリーンランド氷床の融解である[23]。近年の測定結果は，4AR での予測値を超える 3 mm/ 年以上の海水面上昇を示しており，今世紀中にメートル単位の海水面上昇が起こる可能性が指摘されている。海水面上昇は，ベネチアなどの海抜が低い都市，大洋上の小さな島国などでは深刻な問題である。とくに，南太平洋のエリス諸島にあるツバル共和国では，海水面上昇による国土の水没が差し迫った問題となっており，集団移住が計画されている[24]。

1.6.5 温暖化が生物の分布とヒトの健康に及ぼす影響

4 AR では，温暖化が生物多様性に与える影響として，今後平均気温が 2～3℃上昇した場合には，地球上の生物種の 20～30％において絶滅リスクが高まり，生物多様性が低下すると推定している。このよう温暖化がもたらす生物多様性への影響には，直接的なものと間接的・複合的なものがある。直接的な事例としては，温暖化による気候条件の変化が，その条件に適応してきた生物の分布に影響を与える場合が想定できる。たとえば，幼虫や蛹で越冬していた昆虫は，温暖化によって越冬前に成虫段階に達した場合，越冬できずに死滅するだろう。また，間接的・複合的事例としては，動物が依存する植物種の分布変化，温暖化による侵入種の分布拡大などの影響をあげることができる。なお，温暖化に伴う動物の分布変化として，チョウにおける事例を第 3 章で紹介しているので参照されたい。

温暖化はヒトの健康にも影響を及ぼす。気温上昇がもたらす直接的な影響として，熱中症の増加が考えられる。熱中症は，平均気温で 30℃，最高気温で 35℃を超えると，発生数が大幅に増加するが，熱帯・亜熱帯地域よりも，冷房設備が普及していない温帯・亜寒帯地域が高気温になった場合に多発する。事実，2003 年 6～8 月にヨーロッパを襲った 40℃を超す熱波は，高齢者を中心に 5 万人以上の死亡者を出した。

World Health Organization（世界保健機関：WHO）は「地球温暖化が今のペースで進めば，熱中症だけではなく，コレラなどの経口感染症，マラリア，デング熱などの蚊が媒介する感染症がより深刻化する」と警告している。マラリアは，蚊がマラリア原虫をヒトからヒトへ媒介することで発生する

感染症である。日本に分布する蚊の中で，マラリアを媒介する能力をもつのはシナハマダラカとコガタハマダラカである。ただし，症状の重いマラリア[25]を媒介するコガタハマダラカは宮古・八重山諸島にのみ分布している。温暖化はこのコガタハマダラカの分布域を沖縄本島から九州南部，四国の太平洋地域に拡大させる可能性がある。また，マラリア原虫の活性化と蚊の成虫寿命の観点から，温暖化によるマラリア患者増加メカニズムとして，以下のことが考えられている。患者から吸血したことによって媒介蚊に侵入した直後のマラリア原虫は不活性であるため，マラリア患者から吸血した直後の蚊に刺されても感染はしない。言い換えると，マラリア原虫が蚊の体内侵入後一定期間（約10日）が経過し，活性化されている場合にのみ感染が成立する。媒介蚊の成虫寿命は1〜2週間なので，マラリアを媒介する能力のある蚊の割合は相当低いと考えられる。ところが温暖化が進行すると，蚊の体内でのマラリア原虫の成長が速くなり，短期間で活性化する。また媒介蚊の寿命も延長する。すなわち，マラリアを媒介する能力をもつ蚊の割合は増加する。以上のことを考慮すると，温暖化が進行すると，国外でマラリアに感染した患者が帰国し，その患者から夏季に局地的にマラリアが流行する可能性があるといえる。

事実，マラリアではないが，米国では「西ナイル熱」という日本脳炎に類似した蚊の媒介する感染症が1999年に侵入し，その後大小の流行を繰り返している。また，2014年の夏に東京都内ではデング熱の国内感染例が確認され，東京都の代々木公園に生息しているヒトスジシマカ（図1-12，口絵参照）の体内からデング熱ウイルスが検出された。デング熱を媒介するヒトスジシマカの分布は年平均気温11℃以上の地域とほぼ一致しており，1950年頃までは関東地方が分布の北限だったが，現在は温暖化の影響で岩手・秋田県のほぼ全域と青森県の一部でも定着が確認されている。このままのペースで気温上昇が続くと，今世紀末には北海道全域にヒトスジシマカの分布が広がると予測されている。

1.6.6　エネルギー問題に収斂した温暖化対策

述べてきたように，地球環境問題には地球温暖化以外にも酸性雨やオゾン層破壊などが含まれている。また，環境問題＝地球環境問題ではなく，大気汚染や公害といったやや古典的な課題も決して解決されていない。さらに都市部の温暖化には地球温暖化よりもヒートアイランド現象の寄与が大きい。にもかかわらず地球温暖化問題が環境問題の中心になっている理由は，他の課題がヒトの努力によって解決可能であるのに対して，地球温暖化問題の原因が化石燃料の消費というエネルギー問題，すなわちヒトの活動そのものに起因するからであろう。

大気汚染の主因となる窒素酸化物はエネルギー消費に伴う副産物であり，これを除く技術の開発によって解決可能である。しかし，地球温暖化の主因とされる二酸化炭素は，化石燃料という現在の最大のエネルギー源そのものから生じており，その排出量削減の実現には全世界的な取り組みが必要である。このような観点に立って，二酸化炭素排出量を削減するために生まれたのが，1997年12月の第3回気候変動枠組条約締約国会議（地球温暖化防止京都会議，COP3: 3rd Conference of Parties to the United Nations Framework Convention on Climate Change）で採択された京都議定書（正式名称は，気候変動に関する国際連合枠組条約の京都議定書）である。京都議定書とは，二酸化炭素など6種の温室効果ガスについて，先進国における1990年を基準とした発生削減率を国別に定め，共同で約束期間内に目標値を達成することを定めたものである。具体的には，2008年から2012年までの期間中に，先進国全体の温室効果ガス6種の合計排出量を1990年に比べて少なくとも5％削減することを目的と定め，日本には

2012年度までに6%削減することを求めていた。

2008年度から2012年度の日本国内の温室効果ガス排出量の平均は，1990年に対して1.4%上まわっていた。しかし，吸収源活動という名目で，森林による二酸化炭素吸収量を排出量削減に加えることが認められ，さらに1990年以降に実施した植林だけではなく，「既存」の森林を「適切に管理」すればその分の吸収量も削減量に上乗せできるようになったことから，1990年に対して-8.2%となっており，数値的には目標を達成している。

京都議定書には吸収源活動に加えて，排出量を金銭的に取り引きできるなど，様々な抜け道が認められていた。さらにエネルギー使用というヒトの活動の抑制につながる取り決めであるため，政治的な思惑が相当に入り乱れていた。このため，とくに米国，および産業界からの批判はきわめて大きい。それでも環境問題に対する全世界的な取り決めとして象徴的なものであり，今後もその精神を受け継ぐことが望まれている。なお，2012年12月にカタールのドーハで開催された京都議定書第8回締約国会合（CMP8: 8th Conference of the Parties serving as the Meeting of the Parties to the Kyoto Protocol）において，2013年から2020年までの8年間を第二約束期間とすること，排出量を1990年の水準から少なくとも18%削減することなどを盛り込んだ京都議定書の改正案が採択された。しかしこの改正の発効には締約国の4分の3以上が受諾する必要があるが，2013年11月現在4か国しか受諾していない。なお，日本は第二約束期間の数値目標を定めていない。

地球環境問題を環境問題の中心に位置づけたことにより，環境問題はエネルギー問題にすり替えられるようになった。このため化石燃料を使わない新エネルギーの開発こそが環境問題解決の切り札とされている。太陽光，風力，地熱，天然ガス，バイオ燃料，水素などが候補として脚光を浴びている。しかし，とくに日本は，太陽光，風力，地熱などの自然エネルギーを化石燃料にかわるものとして真剣に検討しているとはいい難い。政府や財界は，福島原子力発電所事故があったにもかかわらず，原子力を現実性のあるエネルギー源として，今後も安易に使い続ける方針のようである。環境問題をエネルギー問題に収斂し，価値観を変えることなく，既存の技術力の延長線上でのみで解決しようとすることには大きな問題があるように思える。

むすび

1962年に出版されたレイチェル・カーソンの著書『沈黙の春』は，DDT（Dichloro-diphenyl-trichloroethane）など，主に農薬として使用されている化学物質の危険性を，鳥のさえずりの聞こえない春の情景を通して訴えた作品である。この書籍は，著者の真の思いとはやや離れて，DDTの世界的な禁止運動のきっかけとなった。しかし，DDTの使用を全面禁止したところ，多くの発展途上国では有力な殺虫剤を失うことになり，激減していたマラリア患者の急増という事態が生じた。たとえば，スリランカでは，1948年から1962年までDDTの定期散布を行い，年間マラリア患者数を数十人にまで激減させることに成功していたが，DDT禁止のわずか5年後には年間250万のマラリア患者が生じた。DDT使用禁止によって，世界全体では年間1000万人以上がマラリアに罹患したといわれる[26]。この事態に対処するため，2006年にWHOは，マラリア制圧のためにDDTの屋内噴霧を進めることを発表した。DDTの再使用によって，たとえば南アフリカでは，マラリアの罹患率と死亡率がいずれも約8分の1にまで低下している。

DDTはもともとハエや蚊などの衛生害虫の駆除を目的とした殺虫剤であり，屋内散布という限定的な使用を前提としたものであった。衛生害虫に対する効果はきわめて大きく，たとえばイタリアのシチリア島ではDDT屋内散布によってマラ

リアの撲滅に成功している。このような殺虫剤を農薬として空中散布したことが環境問題を引き起こした原因である。つまり，DDTによる環境問題は，DDT自身ではなく，その誤った使い方により発生したといえる。現在，DDTは屋内散布においても，蚊が壁面にとまる性質のあることを考慮し，壁面にのみ散布するといったきわめて限定的な使用を実施しており，使用量も最低限にとどめられている。

「沈黙の春」や「奪われし未来」などの出版物は，環境問題の存在を指摘し，環境と人間とのかかわりを再認識させることに有効であった。しかし，100億に迫ろうとしている世界人口を養うには，これまでに開発してきた化学物質，エネルギー源，構造物などを利用し続ける必要がある。上記のDDTとマラリアに関する一連の出来事は，ヒトが開発した物質や技術の利用に関して大きなヒントを与えている。すなわち，新たな物質やシステムに関しては，それらが環境に与える影響を，事前・事後をとおして検証し，失敗に気付いた場合には，たとえ一時的な不便が生じたとしても，直ちにそれを改める勇気とシステムを構築することが必要である。また，大多数の人々が快適な生活を切望していることを念頭に置き，化学物質や新技術を頭ごなしに否定することも避けなければならない。今日の環境問題の解決には，先入観にとらわれることなく，現実を正確に分析し，科学的事実のもとに多数の人々の叡智を結集することが重要なのである。

[吉田宗弘]

注
1) 欧米の新たな概念を日本に導入するさいに，漢籍中の語を用いた例として，食べ物とヒトの関係を意味する「栄養」が『晋書』から拾われている。
2) 厳密には「負のフィードバック機構」という。このフィードバック機構において，生体が外部環境に対して反発する力のことを「ストレス」という。ただし，今日では，外部環境からの負荷そのものをストレスと呼ぶことの方が圧倒的に多い。
3) 閾値をそのまま許容値にするという意味ではない。通常は，個人差などの様々な要因を考慮した安全率を加味して許容値を設定している。また，発がん物質など，いくつかの環境要素には，閾値が存在しないので環境からの負荷はゼロにすべきとする考え方もある。
4) 化学物質を分解してエネルギーを取り出すことを「呼吸」という。一般には「息をする」ことを「呼吸」ということが多いので，「息をする」，すなわち，大気とのやりとりの部分を「外呼吸」，エネルギーを産生する部分を「内呼吸」と区分する。
5) 殷の遺跡発掘においてアジアゾウの骨格が発見されている。ゾウの棲息には広大な森が必要であることから，かつて森林地帯であったことの証明でもある。
6) このような降水量の多さが稲作の継続を保障した。しかし，中国の歴代統一王朝は明を除いていずれも黄河流域を発祥地としている。メソポタミア文明が湿潤な北部ではなく，乾燥した南部で発生したことでもわかるように，乾燥した平原においてヒトの移動が容易であることが都市や強大な国家の形成に影響しているのかもしれない。
7) 驚くべきことであるが，旧ソビエト連邦政府の一部は，灌漑がアラル海の消滅につながることを理解していたといわれている。「アラル海に水が無駄に注いでいる」という意見すらあったそうである。アラル海の縮小に際して，周辺の旧ソビエト連邦諸国が静観・放置していたのは，灌漑がアラル海の消滅につながるという予想を共有・肯定していたことを反映しているのかもしれない（地田徹朗：『スラブ研究』, No 56, 2~36 (2009)）。
8) ロンドンスモッグ事件といわれる。
9) 谷中村が田中正造の出身地であるため，この廃村は政治的なものといわれている。
10) 疫学調査からはイタイイタイ病の主因がカドミウムであることは明白であるが，疫学を科学と認めないヒトが一部に存在している。カドミウムを実験動物に投与すると，骨への影響が出る前に腎臓障害で死亡することが多く，イタイイタイ病を再現できない。イタイイタイ病の再現を求めることは人体実験を要求することを意味しており，暴論といえる。
11) バレル（barrel）とはヤード・ポンド法における容積の単位であり，原油や石油製品の計量において用いられている。1バレル＝158.987 294 928リットル。語源は樽である。米国の油田においてこの容積の鍊樽に石油を入れて運搬していたことに由来している。
12) 1960~70年代にかけて，大阪市西淀川区において，周辺の工場からの亜硫酸ガス，阪神高速道路通過車両からの排気ガスなどの影響で，喘息など呼吸系疾患者が多発した。1975年に，患者から，周辺企業，国，阪神道路公団に対して，損害賠償，大気汚染物質（亜硫酸ガス，窒素酸化物，浮遊粒子状物質）排出差し止めを要求する訴訟が起こされた。損害賠償は認められ

が，窒素酸化物を原因物質とすることや差し止め請求は認められなかった．差し止め請求に関しては，沿道環境の整備を骨子とする和解が成立している．
13) 化学物質が生物の発生段階において奇形を生じさせる性質・作用のこと．
14) 内分泌撹乱物質の存在については，シーア・コルボーンらが著した「奪われし未来（長尾 力訳）増補改訂版，翔泳社，2001」によって一般社会に広く浸透した．
15) 四日市喘息，イタイイタイ病，水俣市周辺と新潟県阿賀野川河口部の水俣病を四大公害という．
16) 当時，ヘドロから誕生した怪獣「ヘドラ」がゴジラと対決する映画まで製作された．
17) 公害という用語は，明治10年代の大阪府の大気汚染規制のための府令にはじめて認められる．ただし，この場合の公害は「公益」の反対概念であり，現在の公害とはやや異なる意味を持っている．
18) 空気中の二酸化炭素が飽和点まで水に溶けるとpHは5.6になる．つまり，雨水のpHが5.6以下であれば二酸化炭素以外の大気汚染物質が原因といえる．また，火山活動で排出される亜硫酸ガスも酸性雨をもたらすが，地球環境問題として酸性雨を扱う場合は自然現象としての酸性雨は省いている．
19) 環境省：越境大気汚染・酸性雨長期モニタリング報告書（平成20〜24年度）
20) 気温の変化には大気中二酸化炭素濃度だけでなく，太陽活動，火山噴火，海塩粒子，土壌性の塵の発生量などが関わっている．地球温暖化のストーリーに従うと，二酸化炭素濃度の変化が原因で気温変化が結果ということになるが，以下のような逆の考え方も成立する．温度が低いと気体の液体への溶解性は高まることから，気温が下がると大気中の二酸化炭素の海水への溶解量が増える．その結果，大気中の二酸化炭素濃度は低下する．ただし，海水への溶解度の変化で説明できるのは大気二酸化炭素濃度の変化量として10 ppm程度である．大気中二酸化炭素濃度の変化には，海洋プランクトン量の変化など，生物的な要因が関わるとする説も有力である．
21) 地上から空を見上げた時の空の割合のことである．
22) 広場を安易に人工芝で覆うことは都市の温暖化を促進する行為である．
23) アルキメデスの法則で証明されているように，海に浮かんでいる海水・氷山・流水の融解は海面の上昇に影響しない．
24) ツバルの水没には，地域的な要因（地盤沈下，サイクロン，サンゴ礁の衰退，キング・タイドと呼ばれる大潮など）が相当に関わっており，地球規模の要因（地球温暖化と海水面上昇）の寄与は大きくないといわれている．
25) マラリア原虫は複数種存在している．マラリア患者の赤血球内で原虫が増殖し，赤血球を破壊するときに高熱が生じる．種類ごとに原虫の増殖速度が異なるため症状（とくに発熱の周期）が異なる．たとえば，比較的症状が軽い三日熱マラリア（シナハマダラカが媒介）では48時間ごとに高熱が生じる．コガタハマダラカが媒介するのは熱帯熱マラリアと呼ばれ，原虫の増殖速度が一定していないため，高熱が継続する．
26) マラリア患者が再び増加したのはDDTに耐性をもつ蚊の出現，抗マラリア薬に耐性を持つ原虫の出現が主な理由とする意見もある．

参考にした書籍，文献，ウェブサイト

・市川 厚監修，福岡伸一監訳：『マッキー生化学第4版』化学同人，2010.
・植田和弘・落合仁司・北畠佳房・寺西俊一：『環境経済学』有斐閣ブックス，1991.
・宇沢弘文：『地球温暖化を考える』岩波新書，1995.
・汪 義翔：『麗澤大学経済社会総合研究センター Working Paper』，No 28「中国の環境問題を考える」2〜17，2008.
・尾島俊雄：『ヒートアイランド』東洋経済新報社，2002.
・角山 栄：『産業革命の群像』清水新書，1984.
・神馬征峰編著：『公衆衛生─健康支援と社会保障制度〈2〉』医学書院，2015.
・神岡浪子：『日本の公害史』世界書院，1987.
・河村 武・岩城英夫編集：『環境科学I 自然環境系』朝倉書店，1988.
・環境省：『越境大気汚染・酸性雨長期モニタリング報告書（平成20〜24年度）』，2014.
・経済産業省資源エネルギー庁：エネルギー白書HTML版 第2部 エネルギー動向 第2章 国際エネルギー動向 第2節 一次エネルギーの動向，2014. http://www.enecho.meti.go.jp/about/whitepaper/2014html/2-2-2.html（2015年4月4日アクセス）
・国土交通省近畿地方整備局：大阪湾環境データベース http://kouwan.pa.kkr.mlit.go.jp/kankyo-db/intro/detail_p07.html（2015年3月28日アクセス）
・国立環境研究所：大気汚染の健康影響研究 http://www.nies.go.jp/kanko/kankyogi/21/12-13.html（2015年4月12日アクセス）
・国立環境研究所："つながる ひろがる"環境情報メディア 環境展望台「地球の成り立ちと気候変動」http://tenbou.nies.go.jp/learning/note/theme1_1.html（2015年3月29日アクセス）
・国立環境研究所地球環境センター編著：『ココが知りたい地球温暖化』成山堂，2009.
・国立環境研究所地球環境センター編著：『地球温暖化の事典』丸善，2014.
・木庭元晴編著：『地球環境問題の基礎と社会活動』古今書院，2009.
・小林登志子：『シュメル ─ 人類最古の文明』中公新書，

2005.
- 小松寿雄・鈴木英夫編:『新明解語源辞典』,三省堂,2011.
- 佐藤仁彦編:『生活害虫の事典』朝倉書店,2003.
- シーア・コルボーン他（長尾力訳）:『奪われし未来』翔永社,1997.
- 総合地球環境学研究所編:『地球環境学事典』弘文堂,2010.
- 地田徹朗:『スラブ研究』No 56, 2~36, 2009.
- 鈴木継美・大塚柳太郎編集:『環境．その生物学的評価』篠原出版,1980.
- ソニア・シャー（夏野徹也訳）:『人類五十万年の闘い．マラリア全史』太田出版,2015.
- 特定非営利法人気候ネットワーク:『ドーハ会議（COP18/CMP8）の結果と評価』,2015年4月28日にhttp://www.kikonet.org/theme/archive/kokusai/COP18/COP18result.pdfよりダウンロード
- 特別史跡 三内丸山遺跡のウェブサイト http://sannaimaruyama.pref.aomori.jp/about/index.html （2015年3月31日アクセス）
- 中村運:『新・細胞の起源と進化』培風館,2006.
- 畑朋郎・向井嘉之:『イタイイタイ病とフクシマ』梧桐書院,2014.
- 早田宰:『早稲田社会科学総合研究』,3 (3), 65~72, 2000.
- 丸山茂徳・磯村行雄:『生命と地球の歴史』岩波新書,2005.
- 安田喜憲:『気候変動の文明史』NTT出版,2004.
- 吉田克己:『四日市公害．その教訓と21世紀への課題』柏書房,2002.
- レイチェル・カーソン（青樹築一訳）:『沈黙の春』[新装版]新潮社,2001.
- 以上に加えてウィキペディアフリー百科事典の以下の項目についても参考にした（アクセス期間：2015年3月15日～5月1日）。ただし書かれている内容に関しては他の資料においても確認するように努めた。『IPCC第4次評価報告書』,『足尾銅山鉱毒事件』,『アラル海』,『オゾン層』,『京都議定書』,『産業革命』,『地球史年表』,『ツバル』,『ヒトスジシマカ』,『ヒートアイランド』,『水床コア』,『メソポタミア』,『藍藻』,『ロンドンスモッグ』。

口絵の出典
- アラル海：ウィキペディアフリー百科事典「アラル海」 http://ja.wikipedia.org/wiki/%E3%82%A2%E3%83%A9%E3%83%AB%E6%B5%B7 に掲載されている写真（ファイル名：AralSea1989 2014.jpg, 元ファイルはアメリカ航空宇宙局（NASA）によって作成されたもの）を2015年3月30日にダウンロードしたものである。
- 大気中二酸化炭素濃度の変化：全国地球温暖化防止活動センターのウェブサイト http://jccca.org/chart/chart01_05.html から2015年3月31日にダウンロードしたもので,出典は気象庁の気候変動監視レポート2013である。
- ヒトスジシマカ：ウィキペディアフリー百科事典「ヒトスジシマカ」 http://ja.wikipedia.org/wiki/%E3%83%92%E3%83%88%E3%82%B9%E3%82%B8%E3%82%B7%E3%83%9E%E3%82%AB に掲載されている写真（ファイル名：Aedes albopictus on human skin.jpg, 元の写真ファイルはCenters for Disease Control and Prevention's Public Health Image Library の ID 1969）を2015年4月21日にダウンロードしたものである。

第2章
植生と環境

　植生とはある地域を覆っている植物の総体で植物群落ともいう。植物群落は1種類から構成されていることもあるが，多くの場合，数種から数十種で構成されている。植物は，環境に対してある程度の幅をもって生育できる。この生育できる範囲を耐性域と呼んでいる。環境の連続した変化を環境傾度と呼んでおり，湿性から乾性，土壌pHがアルカリ性から酸性，降水量が少雨から多雨など多くの傾度が存在し，植物はこの環境傾度に沿って分布量を増やしたり，減らしたりしている。植物群落は，これらの環境傾度 (environmental gradient) に沿った植物の重なりであると考えることができる。逆に考えると，植物群落はこれらの環境の総体を表していると考えられる。

　植物群落は環境の影響を受けて成立しているが，一方で，環境にも作用している（図 2-1）。植物群落が発達することによって蒸散作用が高まり，空中に水蒸気が増え降雨につながる。さらに，蒸散作用で周辺の気温を低下させ，地域の気象にも影響を与える。また，地表面を覆うことによって土砂の流出を防ぎ，地形を安定させる。

2.1　植生と環境要因

2.1.1　気候的要因

　植物群落に大きな影響を与えている一つには気候的要因があげられる。植物が光合成をするためには光，水，温度が必要であるが，気候によって

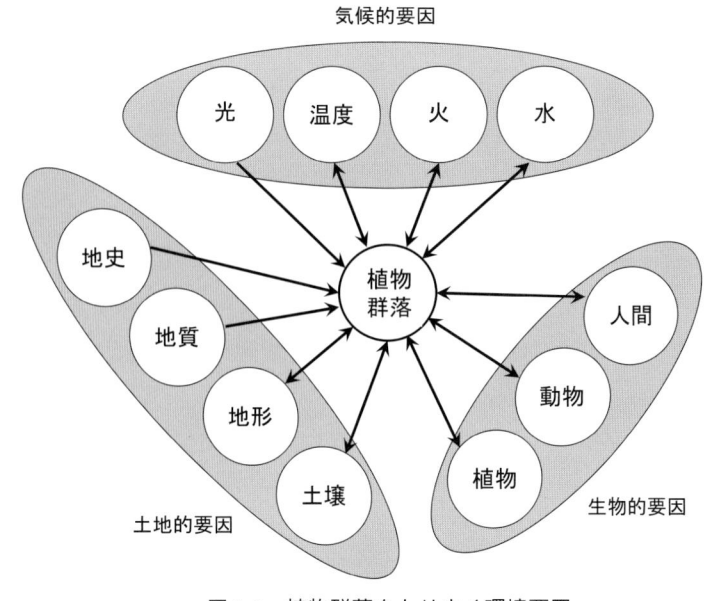

図 2-1　植物群落をとりまく環境要因

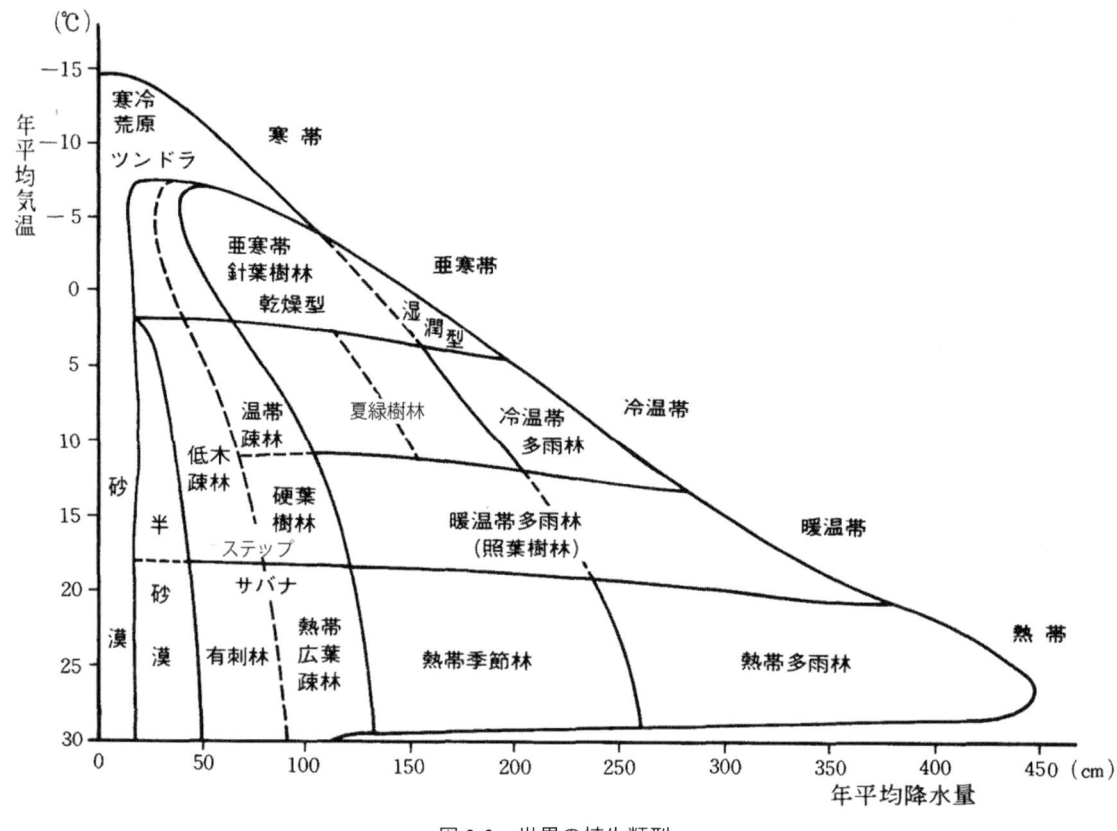

図 2-2 世界の植生類型
中西ほか（1983）より（一部改変）。

とくに，水，温度は大きく左右される。世界の植生は大まかには気温と降水量によって左右される（図2-2）[1, 2]。気候は，地球上の地理的位置や地形によって変化し，赤道付近は年中日射量が多いので気温は高い。逆に極地は季節によって日射量が変わり，季節による気温差が大きい。また，大陸では海岸地域で雨量が多く，内陸部で雨量が少なくなる傾向にある。降水量が少なくなると森林の発達が悪くなり，疎林や低木林となり，さらに草原へと代わる。極端に雨が少なくなると植物の生えない砂漠となる。降雨の少ない乾燥地帯ではしばしば野火が発生し，植生が大きく損なわれる。一方で，オーストラリアのあるユーカリ林は火事があることによって更新することが知られており，火事に適応したものである。また，北米のコントルタマツ（*Pinus contorta*）は，山火事があることで松かさが熱で開き，種子を散布することが知られている。

2.1.2 土地的要因

地形によって，気候も変化する。日本列島の本州では中央に脊梁山脈があり，北側では冬期の積雪量が多く，植生にも大きな影響を与えている。ユーラシア大陸ではヒマラヤ山脈があることで南側はモンスーンの影響を受け，降水量が多くなり森林が発達するが，北側では乾燥し，半砂漠状態になる。また，山地では標高が上がるにつれ気温が下がり，それに伴って植生も変化する。また，南斜面と北斜面では日射量が異なり，南斜面では気温が上がり，乾燥気味となる。一方，北斜面はその逆となる。

土壌の基になる岩石は母岩と呼ばれ，地質が異

なるとそれに由来する土壌の性質も異なる。土壌は岩石が風化して小さな粒子となったものを植物の遺体に由来する有機物がのりの役割を果たし，団粒状になったものである。蛇紋岩や石灰岩などのように風化しにくく土壌ができにくい母岩もある。このような場所に特有の植物があり，蛇紋岩地帯ではトサミズキ，ナンブイヌナズナなどが，石灰岩地帯にはイワシモツケ，クモノスシダなどが特徴的に見られる。

2.1.3 生物的要因

植物は光合成をするために光を必要とするが，同じ場所に生えると競争が起きる。それが異なる種の場合もあるが同種の場合もある。同種の場合，光，水，養分要求が同じであるので，競争はより厳しいものとなる。逆に，高木がある程度の光を遮ることによって林内に日陰を好む植物が生育できる。たとえば，照葉樹林ではホソバカナワラビ，ヤブコウジ，アリドオシなどの日陰を好む植物が生育している。また，枯れた木や落ち葉が腐植を形成することで，ギンリョウソウやムヨウランなどの腐生植物が生育できる。

土壌に溜まった腐植を分解し，再び植物が使える栄養分にするのに，土壌昆虫，菌類，微生物が大きな役割を果たしている。植物には窒素が必要であるが，そのままの状態では吸収することができない。植物遺体が分解してアンモニア態窒素になるが，それに硝化細菌が働いて硝酸塩となり，植物が吸収できる形になる。また，マメ科やカバノキ科などでは根粒菌と共生し，根粒菌が窒素を直接固定し，植物が利用できる形にしている。

顕花植物の中には昆虫や動物によって花粉を媒介されているものがあり，これらの助けがなければ繁殖できない。とくに昆虫は作物の受粉にも貢献しており，我々人間にも大いに役に立っている。

近年，日本ではニホンジカの数が増えており，植生に大きな影響を与えている。一部の林では林床の植物が食害されほとんどなくなり，林の更新が阻害されたり，土壌流出がしたりする場所も出てきている。

植生に最も大きな影響を与えているのは人間で，熱帯多雨林の大部分が伐採されたり，日本でも林のほとんどが二次林や人工林となったりしている。

2.1.4 生理的最適域と生態的最適域

植物はある環境傾度に沿って生育しているが，最も分布量の多い範囲を生理的最適域と呼んでいる。しかし，他の植物との競争などでそれがずれることがある。その場合の最適域を生態的最適域と呼んでいる。その場合，生理的最適域が狭くなる場合，環境傾度のどちらかに押しやられる場合，傾度の両側に押しやられる場合などがある（図2-3）。

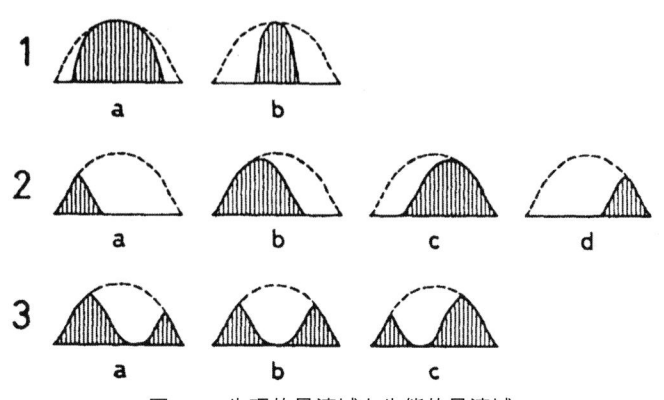

図2-3 生理的最適域と生態的最適域
Mueller-Dombois and Ellenberg（1974）より。

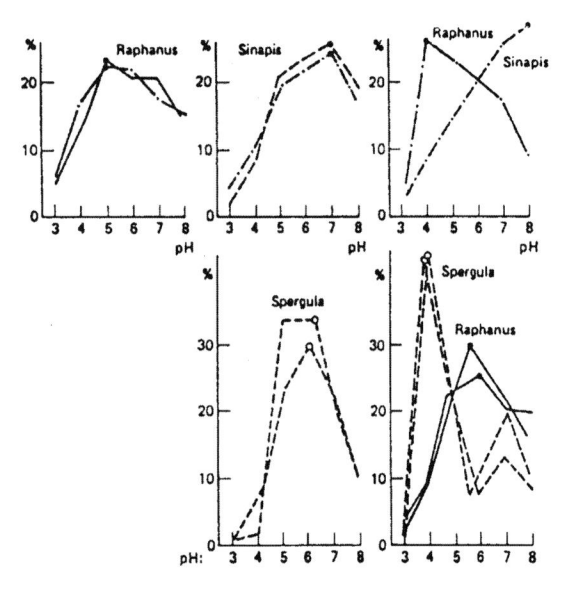

図 2-4　生理的最適域と生態的最適域に関する実験
Mueller-Dombois and Ellenberg (1974) より。

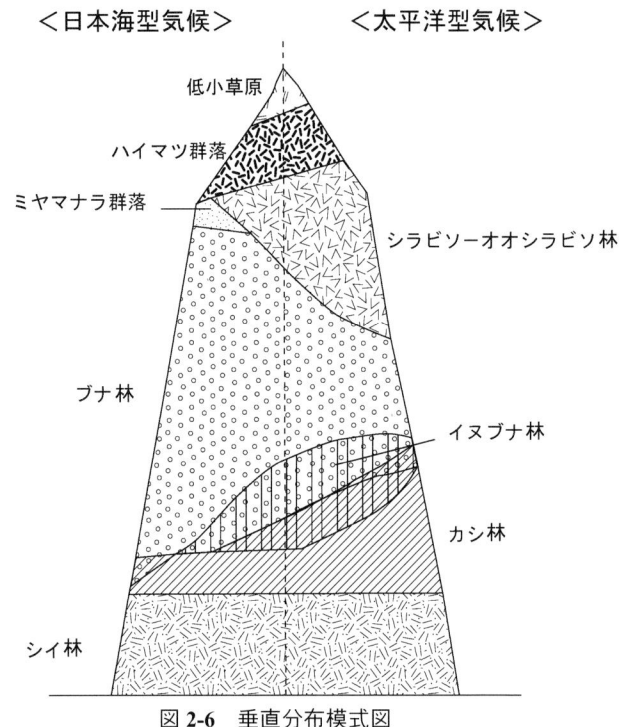

図 2-6　垂直分布模式図

実験的に確かめられた例があり，畑の雑草であるセイヨウノダイコン (*Raphanus raphanistrum*) とノハラガラシ (*Sinapis arvensis*) は単独で栽培するとそれぞれpH5とpH7で最適な生育を示すが，同時に栽培するとセイヨウノダイコンは酸性側に，ノハラガラシはアルカリ性側にずれる。また，オオツメクサ (*Spergula arvensis*) とセイヨウノダイコンを一緒に栽培するとオオツメクサは酸性側にずれる（図2-4）[3]。

2.2　日本の植生

2.2.1　水平分布（図2-5，口絵参照）

植生の水平的な広がりを水平分布と呼んでおり，その広がりと共に環境が変われば植生も変化する。緯度が上がるにつれて気温が下がるので，気候帯も変化し，南から熱帯 (tropical zone)，温帯 (temperate zone)，亜寒帯 (boreal zone)，寒帯 (arctic zone) へと移り変わる。温帯は暖温帯 (warm temperate zone) と冷温帯 (cool temperate) の2つにわけられる。大陸では海岸から内陸に行くにつれて乾燥し，植生も森林から草原，砂漠へと変化するが，日本列島は幅が狭いので，そのような変化はほとんどない。

日本列島の気候帯は南から北へ暖温帯，冷温帯，亜寒帯と変化し，熱帯，寒帯には属さない。日本の植物群落は相観的にはシイ類やカシ類が優占する照葉樹林，ブナやミズナラが優占する夏緑樹林，シラビソ，オオシラビソ，エゾマツなどが優占する常緑針葉樹林，矮性低木や多年生低茎草本が優占する低小草原に区分することができる。暖温帯は照葉樹林に，冷温帯は夏緑樹林に，亜寒帯は常緑針葉樹林に，低小草原は高山帯に相当する。

2.2.2　垂直分布

植生の垂直的な広がりを垂直分布と呼んでいる。標高が100m上がるにつれて気温は0.6℃〜1℃下がるため，植生も変化する。垂直的な植生帯を下から低地帯 (lowland zone)，山地帯 (montane zone)，亜高山帯 (subalpine zone)，高山帯 (alpine

表2-1 水平分布と垂直分布の対応表

気候帯 (水平分布)	垂直分布	相観的植生帯	優占種	植物社会学的体系
寒帯	高山帯	低小草原		ミネズオウ－エイランタイクラス ヒゲハリスゲ－カラフトイワスゲクラスなど
亜寒帯	亜高山帯	常緑針葉樹林	ハイマツ シラビソ・オオシラビソ	シラビソ－コケモモクラス
冷温帯	山地帯	夏緑林	ブナ・ミズナラ	ブナクラス
暖温帯	低地帯	照葉樹林	スダジイ・ウラジロガシ など	ヤブツバキクラス

zone）と呼んでいる。相観的な植生帯は照葉樹林，夏緑樹林，常緑針葉樹林，低小草原へと水平分布と同じように変わっていく（表2-1）。しかし，水平分布と異なるのは，垂直分布はその地域の植物相（フロラ）に影響される。たとえば，本州の亜高山帯の常緑針葉樹林はシラビソ，オオシラビソが優占しているが，北海道ではこれらの種は分布しておらず，エゾマツやトドマツに変わる。また，本州山地帯の夏緑樹林はブナが優占するが，北海道渡島半島黒松内以北には，ブナが分布していないため，その低地帯はミズナラが優占する。

図2-6は本州の垂直分布模式図である。低地帯はシイ類・カシ類照葉樹林となり，山地帯ではブナが優占する夏緑樹林となる。亜高山帯はシラビソ，オオシラビソが優占する常緑針葉樹林となり，その上部にハイマツ群落が存在する。さらに，その上部は高山帯で低小草原が発達する。太平洋側と日本海側では垂直分布で違いが見られる。日本海側では冬期の降雪量が多く，また，やや気温が低いため，照葉樹林の上限は太平洋側より低くなる。一方，ブナ林は太平洋側より，分布の幅が広くなり，低標高から高標高まで見られる。さらに，亜高山帯ではシラビソ，オオシラビソ林は見られなくなり，代わりに夏緑低木のミヤマナラ群落が発達する。逆に，太平洋側ではブナ林の分布が狭くなり，シラビソ，オオシラビソ林の分布の幅が広がる。また，カシ林とブナ林の境にイヌブナ林が発達する。

クイズ
1. 世界の植生分布について最も大きな影響を与えている要因について述べなさい。
2. 水平分布と垂直分布の違いを述べなさい。
3. 日本の植生の垂直分布の特徴について述べなさい。

2.2.3 植物群落の区分

植物群落の区分には相観的区分，種類組成による区分がある。相観的区分は，夏緑樹林，常緑針葉樹林，草原などのように植物の外観や生活形によって区分する方法である。このような相関的な区分は群系（formation）と呼ばれる。一方，種類組成による区分は，スダジイ群落，ウラジロガシ群落，ブナ群落などのように優占する種類によって区分する方法，各階層の優占種もしくは常在種の組み合わせで区分する方法，構成種の相異によって区分する方法がある。

森林の多くは高木層，低木層，草本層という階層構造をとっている。高木層にアカマツが優占し，低木層にモチツツジが多いかまたはよく出現する場合，アカマツ－モチツツジ基群叢とされる。また，ユキグニミツバツツジがよく出現する場合，アカマツ－ユキグニミツバツツジ基群叢とすることができる。同じアカマツが優占する群落でも異なるタイプに区分することができ，前者は寡雪の太平洋側に，後者は多雪の日本海側に分布し，環境の違いを把握することができる。この方法で使われる単位は基群叢（sociation）となる。

構成種の相異による植物群落の区分には標徴種，識別種という概念が使われる。標徴種はある特定の群集に出現し多の群集にはほとんど出現しない種である。識別種は他の群集にも多少出現するが，ある群集に偏って出現する種で他群集との区別をするため使われる。

この方法は植物社会学的方法と呼ばれ，ドイツの植物生態学者 Braun-Blanquet によって開発され

表 2-2　植物社会学的体系

A) ヤブツバキクラス Camellietea japonicae Miyawaki et Ohba 1963
　a) オキナワジイーボチョウジオーダー Psychotrio-Castanopsietalia lutchensis Hattori et Nakanishi 1983
　　1) オキナワジイーボチョウジ群団 Psychotrio-Castanopsion lutchensis Miyawaki et al. 1971
　　2) リュウキュウガキーナガミボチョウジ群団 Psychotriomanilensis-Diospyrion maritimae Niiroetal. 1974
　b) テリハコブガシーオオバシロテツ オーダー Boninio-Perseetalia boninensis Ohba et Sugawara 1977
　c) スダジイーヤブコウジオーダー Ardisio-Castanopsietalia sieboldii（Miyawakietal. 1971）Hattori et Nakanishi 1983
　　1) スダジイ群団 Castanopsion sieboldii Suzuki 1952
　　2) タブノキ群団 Machilionthunbergii（Suzuki1966）Hattorietal.2012
　　3) ウラジロガシーサカキ群団 Cleyero-Quercion salicinae（Suganuma 1965）Miyawaki et Suzuki 1975
　　4) トベラ群団 Pittosporion tobira Nakanishi et Suzuki 1973
　c) テリハコブガシーオオバシロテツオーダー Boninio-Machiletalia boninensis Ohba et Suganuma 1977
B) ブナクラス Fagetea crenatae Miyawaki, Ohba et Murase 1964
　a) ブナーササオーダー Saso-Fagetalia crenatae Suz.-Tok. 1966
　　1) ミズナラーサワシバ群団 Carpino-Quercion grosseserrate Takeda et al. 1983
　　2) ブナーチシマザサ群団 Saso kurilensis-Fagion crenatae Miyawaki, Ohba et Murase 1966
　　3) ブナースズタケ群団 Sasamorpho-Fagion crenatae Miyawaki, Ohba et Murase 1964
　b) ニレーシオジオーダー Fraxino-Ulmetalia Suz.-Tok. 1967
C) トウヒーコケモクラス Vaccinio-Piceetea Br.-Bl. 1939
　a) トウヒーシラビソオーダー Abieti-Piceetalia Miyawaki et al. 1968
　　1) トウヒーシラビソ群団 Abieti-Piceion Miyawaki et al. 1968
　b) ハイマツーコケモモオーダー Vaccinio-Pinetalia pumilae Suz.-Tok. 1964
　　1) ハイマツーコケモモ群団 Vaccinio-Pinion pumilae Suz.-Tok. 1964
D) ミネズオウーエイランタイクラス Loiselerurio-Vaccinietea Eggler 1952
E) アオチャセンシダクラス Asplenietea rupestris Br.-Bl. 1934
F) ヒゲハリスゲーカラフトイワスゲクラス Carici rupestris-Kobresietea bellardii Ohba 1974
G) イワツメクサーコマクサクラス Dicentro-Stellarietea nipponicae Ohba 1969
H) チングルマクラス Geumetea pentapetalae Miyawaki et al. 1968
I) ミズゴケーツルコケモモクラス Oxycocco-Sphagnetea Br.-Bl. Et Tx. 1943
J) ホロムイソウクラス Scheuchzerietea palustris Den Held, Barkman et Westhoff 1969 ex Tx. H. Suzuki eta Kazue Fujiwara 1970
K) ハンノキクラス　Alnetea japonicae Miyawaki, Kazue Fujiwara et Mochizuki 1977
L) オノエヤナギクラス Salicetea sachalinenseis Ohba 1973
M) ヨシクラス Phragmitetea Tx. Et Prsg. 1942
N) ヒルムシロクラス Potamogetonetea Tx. Et Preg. 1942
O) ウラギクラス Asteretea tripolium Westehoff et Beeftink 1962
P) オカヒジキクラス Salsoletea komrocii Ohba, Miyawaki ete Tx.1973
Q) ハマニンニクーハマハコベクラス Honckenyo-Elymetea Tx. 1966
R) ハマボウフウクラス Glehnietea littoralis Ohba, Miyawaki ete Tx. 1973
S) ハマゴウクラス Vitecetea rtundifoiae Ohba, Miywaki et Tx. 1973
T) 一年生アッケシソウクラス Thero-Salicornietea R. Tx. 1954

3.2.5 代償植生
A) ブナクラス Fagetea crenatae Miyawaki, Ohba et Murase 1964
　a) コナラーイヌシデオーダー Carpino-Queecetalia serratae Miyawaki et al. ex. Takeda 2004
B) ノイバラクラス Rosetea multiflorae Ohba, Miyawaki et Tx. 1973
C) トコロークズオーダー Dioscoreo-Puerarietalia lobatae Ohba 1973
D) ハマナスオーダー Rosetalia rugosae Ohba, Miyawaki et Tx. 1973
E) ススキクラス Miscathetea sinensis Miyawaki et Ohba 1970

たものである[3)4)]。基本単位を群集（association）として，群団（alliance），オーダー（群目 order），クラス（群綱 class）へと上級単位に統合することができる。また，逆に亜群集（subassociation），変群集（variation），亜変群集（subvariation），ファシース（facies）へと下位区分することもできる。

2.2.4 自然植生

自然植生（natural vegetation）とは人間の影響をほとんど受けずに成立している植生をいう。

自然植生の主要な植生単位を表2-2に示す。

2.2.4.1 低地帯の植生

低地帯の照葉樹林はヤブツバキクラスに位置づけられており，それにはオキナワジイーボチョウジオーダー，テリハコブガシーオオバシロテツ オーダー，スダジイーヤブコウジオーダーの3つのオーダーがある。オキナワジイーボチョウジオーダーは奄美島以南から南西諸島の照葉樹林が該当し，テリハコブガシーオオバシロテツオーダーは小笠原諸島の照葉樹林が該当する。また，スダジイーヤブコウジオーダーは屋久島以北，九州，四国，本州東方地方の低地帯の照葉樹林が該当する。ここでは主要な植生単位について述べる。

スダジイーヤブコウジオーダーにはスダジイ群団，ウラジロガシーサカキ群団，タブノキ群団，トベラ群団が含まれる。

スダジイ群団は，屋久島以北，九州，四国，本州東北地方までの低地帯下部のスダジイ，コジイなどのシイを中心とする照葉樹林で，以下の群集が認められている[5)]（図2-7口絵，図2-8口絵参照）。

(1) スダジイーヤクシマアジサイ群集
Hydrangeo-Castanopsietum sieboldii Ohno et al. 1963

(2) スダジイータイミンタチバナ群集
Myrsino-Castanopsietum sieboldii Suzuki 1951

(3) スダジイークロキ群集 Symploco lucidae-Castanopsietum sieboldii Nakanishi et al. 1979

(4) スダジイーミミズバイ群集 Symploco glaucae-Castanopsietum sieboldii Miyawaki et al.1971

(5) コジイーカナメモチ群集 Photinio-Castanopsietum cuspidatae Nakanishi et al. 1973

(6) スダジイーホソバカナワラビ群集 Arachniodo-Castanopsietum sieboldii Miyawaki et al. 1971

(7) スダジイーオオシマカンスゲ群集 Carici-Castanopsietum sieboldii Ohba 1971

(8) スダジイーヤブコウジ群集 Ardisio-Castanopsietum sieboldii Suzuki et Hachiya 1951

(9) スダジイートキワイカリソウ群集
Epimedio-Castanopsietum sieboldii Hattori et al. 1979

ウラジロガシーサカキ群団は，屋久島以北，九州，四国，本州東北地方までの低地帯上部のアカガシ，ウラジロガシなどのカシ類を中心とする照葉樹林でスダジイ群団より内陸で，標高の高い地域に発達する。

タブノキ群団は，屋久島以北，九州，四国，本州東北地方までの海岸沿いのタブノキを中心とする照葉樹林で，潮風の強い影響を受ける場所に成立する。また，東北地方福島県，新潟県以北ではシイ類が分布せずタブノキの優占する照葉樹林となる[5)]。

トベラ群団はマルバニッケイ，ウバメガシ，トベラなどが優占する海岸崖地の低木林である。スダジイ群団，ウラジロガシーサカキ群団は気候を反映した極相であるのに対し，タブノキ群団，トベラ群団は土地的な極相である。

2.2.4.2 山地帯の植生

山地帯の夏緑樹林はブナクラスに位置づけられており，ブナササオーダー，ハルニレーシオジ

表 2-3　ブナ-ササオーダーの総合常在度表

No.	1	2	3	4	5	6	7	8	9	10	11	12	13	14	15	16	17	18	19	20	21	22	23
Releve No.	6	7	11	12	4	9	10	1	2	28	31	32	34	35	24	89	90	91	60	61	62	57	58
No. of Releve's	68	13	48	27	83	6	11	13	56	10	28	23	22	14	14	68	52	13	21	20	46	32	9

ミズナラ-サワシバ群団標徴種および識別種

エゾヤマザクラ	III	V	III	III	I	III	I	r	I	·	I	·	·	I	·	·	·	·	·	·	·	·	·
フタリシズカ	II	IV	II	I	·	III	III	r	r	I	·	·	·	·	·	·	·	·	·	·	·	·	·
アサダ	III	IV	II	I	·	I	III	·	·	·	·	·	·	·	·	·	·	·	r	·	·	·	·
チョウセンゴミシ	II	III	r	III	I	II	II	·	r	·	·	·	·	·	·	·	·	·	·	·	·	·	·
サッポロスゲ	II	III	I	IV	r	·	I	·	·	·	·	·	·	·	·	·	·	·	·	·	·	·	·
キタコブシ	III	IV	III	IV	I	II	IV	r	r	·	·	·	·	·	·	·	·	·	·	·	·	·	·
オオバボダイジュ	II	III	III	III	II	IV	II	·	r	·	·	r	·	·	·	·	·	·	·	·	·	·	·
ヨブスマソウ	IV	IV	III	V	II	II	III	I	I	·	·	·	r	·	·	·	·	·	·	·	·	·	·
コンロンソウ	II	IV	I	II	III	IV	II	·	·	·	·	·	·	·	·	·	·	·	·	·	·	·	·
トドマツ	III	·	III	V	V	I	I	·	II	·	·	·	·	·	·	·	·	·	·	·	·	·	·
フッキソウ	IV	I	IV	III	r	V	V	I	r	·	·	·	·	·	·	·	·	·	·	·	·	·	·
チシマアザミ	II	II	I	III	II	II	II	·	·	·	·	·	·	·	·	·	·	·	·	·	·	·	·
ハシドイ	II	III	I	III	r	II	II	·	·	·	·	·	·	·	·	·	·	·	·	·	·	·	·
シウリザクラ	II	II	II	IV	I	III	II	·	r	·	·	·	·	·	·	·	·	·	·	·	·	·	·
ハルニレ	II	III	II	·	I	I	I	·	r	·	·	·	·	·	·	·	·	·	·	·	·	·	·

ブナ-チシマザサ群団標徴種および識別種

チシマザサ	·	I	·	I	·	III	·	IV	IV	III	V	IV	V	V	IV	·	·	·	·	·	·	·	·
ヒメモチ	·	·	·	·	·	·	·	IV	IV	·	III	II	IV	III	IV	·	·	I	·	·	·	·	·
エゾユズリハ	·	·	III	·	II	·	·	V	IV	III	III	III	I	·	II	·	·	·	·	·	·	·	·
ハイイヌガヤ	·	·	III	II	·	·	·	V	III	IV	I	II	III	III	I	·	r	·	·	·	·	·	·
ツルアリドオシ	·	·	·	·	·	·	·	I	I	III	III	II	II	I	IV	r	·	I	·	·	·	·	·
マルバマンサク	·	·	·	·	·	·	·	·	·	II	IV	III	·	·	IV	·	·	·	·	·	·	·	·
ハイイヌツゲ	·	·	r	II	r	III	·	IV	II	II	II	r	·	II	II	r	·	·	·	·	·	·	·
ヒメアオキ	·	·	I	·	·	·	·	III	·	V	II	I	V	II	I	·	·	·	·	·	·	·	·
オオバクロモジ	·	·	·	r	·	r	·	V	II	V	IV	IV	V	IV	IV	·	·	·	·	·	·	·	·
ヤマソテツ	·	·	·	·	r	·	·	III	IV	·	V	II	III	II	V	r	II	III	I	I	·	·	·
ムラサキヤシオ	r	·	·	·	I	·	·	I	II	·	IV	II	r	IV	IV	·	·	·	·	·	·	·	·

ブナ-スズタケ群団標徴種および識別種

スズタケ	·	r	·	·	·	·	I	·	·	·	·	·	·	·	·	IV	IV	II	·	IV	IV	V	·
ヒメシャラ	·	·	·	·	·	·	·	·	·	·	·	·	·	·	·	IV	III	·	V	V	III	III	·
クロモジ	·	·	·	·	·	·	·	·	·	·	·	·	·	·	·	V	II	V	·	·	r	r	·
ツクバネウツギ	·	·	·	·	·	·	·	·	·	I	·	·	·	·	·	II	r	III	II	II	I	·	·
タンナサワフタギ	·	·	·	·	·	·	·	·	·	·	·	r	·	·	·	V	V	V	III	III	IV	III	III
オオイタヤメイゲツ	·	·	·	·	·	·	·	·	·	·	·	·	·	·	·	I	V	II	III	r	I	·	·
ミヤコザサ	I	I	r	·	·	·	·	·	·	·	·	·	·	·	·	II	I	II	·	r	·	·	V
ウラジロモミ	·	·	·	·	·	·	·	·	·	·	·	·	·	·	·	r	V	·	V	IV	III	·	·
クマシデ	·	·	·	·	·	·	·	·	·	·	·	I	I	·	·	II	II	IV	II	II	I	I	I

表 2-3 （つづき）

ブナクラスおよびブナササオーダー標徴種および識別種

ブナ	·	·	·	·	·	·	V	V	V	V	V	V	V	·	V	V	V	V	V	V
ミズナラ	V	V	V	V	V	V	II	II	IV	III	III	I	V	·	IV	IV	IV	III	IV	III
ハウチワカエデ	III	II	V	III	IV	I	III	V	IV	IV	V	V	V	III	r	I	I	·	·	·
ツタウルシ	IV	V	II	V	III	III	V	II	II	III	·	IV	·	III	IV	V	V	V	·	·
ゴトウヅル	III	III	II	V	V	I	IV	·	I	I	II	I	V	IV	II	V	V	II	III	I
ノリウツギ	IV	III	III	II	II	III	IV	IV	·	III	I	·	II	III	I	V	III	III	I	·
シナノキ	V	V	II	IV	V	V	V	III	·	II	I	I	II	r	II	II	III	I	I	·
オオカメノキ	II	I	III	I	IV	·	IV	IV	V	V	V	V	V	III	V	V	V	·	III	II
イワガラミ	IV	V	V	III	V	V	IV	III	I	I	III	I	I	I	I	V	V	V	V	V
ツクバネソウ	I	·	II	I	II	·	·	III	II	II	I	II	III	IV	I	I	I	I	·	·
マイヅルソウ	IV	II	III	II	IV	I	II	II	II	II	II	III	II	IV	r	·	I	·	r	·
ヤマイヌワラビ	I	I	I	I	I	·	II	II	I	I	·	I	I	I	·	·	II	II	·	·
ヒメノガリヤス	II	II	I	r	·	·	II	r	·	I	·	I	·	·	r	·	III	·	r	·
アカイタヤ	I	·	I	IV	III	I	·	r	·	I	I	·	V	IV	·	·	·	·	·	·
サラシナショウマ	II	II	III	IV	I	I	I	I	·	I	·	r	I	r	·	·	I	III	·	·

上級単位の種

ミズキ	III	III	III	IV	II	I	III	I	r	II	II	I	II	I	I	I	IV	V	V	·
ナナカマド	II	I	III	IV	II	·	IV	II	IV	III	II	III	II	II	r	II	II	·	r	III
コバノトネリコ	V	III	III	III	r	III	V	I	IV	III	I	II	I	III	V	IV	III	V	I	·
イタヤカエデ	V	V	V	III	V	V	·	III	I	III	·	V	I	r	·	III	III	IV	II	·
ヘビノネゴザ	II	III	·	·	·	I	r	r	·	r	I	r	I	II	·	·	·	·	·	·
サワシバ	V	V	III	III	I	V	V	·	I	·	·	·	·	·	r	·	·	·	·	·
ハリギリ	IV	V	IV	IV	III	V	IV	III	r	III	I	III	I	I	II	III	IV	IV	II	·
ツリバナ	II	II	I	I	II	II	III	II	II	I	II	I	·	·	II	II	I	IV	III	II

1-7：武田ほか（1983），8,9：武田ほか（1984），10,11：大野（1977），12：鈴木（1970），13,14：宮脇ほか（1978），15：宮脇ほか（1968），16-18：金岡ほか（1985），19-21：織田ほか（1983），22,23：宮脇編（1981）

オーダー，コナラーイヌシデオーダーを含む。ブナササオーダーはブナやミズナラを優占種とする極相林で，ハルニレーシオジオーダーは山地帯の河畔林である。また，コナラーイヌシデオーダーは代償植生である。

ブナササオーダーには次の群団と群集がある（図2-9 口絵参照，表2-3，図2-10 口絵参照）。

1) ミズナラーサワシバ群団　Carpino-Quercion grosseserrate Takeda et al. 1983

 (1) ミズナラーサワシバ群集 Carpino-Quercetum grosseserratae Toyama et Mochida 1978.

 (2) ミズナラーフッキソウ群集　Pachysandro-Quercetum grosseserratae Takeda et al. 1983.

 (3) ミズナラーツルシキミ群集　Skimmio-Quercetosum grosseserratae　Takeda et al. 1983.

2) ブナーチシマザサ群団　Saso kurilensis-Fagion crenatae Miyawaki, Ohba et Murase 1966

 (1) ブナーチシマザサ群集　Saso-kurilensis-Fagetum crenatae Suz.-Tok. 1949.

 (2) ブナームラサキマユミ群集　Euonymo

lanceolatus-Fagetum crenate Nishimoto & Nakanishi 1984

3) ブナースズタケ群団 Sasamorpho-Fagion crenatae Miyawaki, Ohba et Murase 1964

(1) イヌブナーモミ群集 Abieti firmatis-Fagetum japonicae Yosioka 1952.

(2) ブナーイヌブナ群集 Fagetum japonicae Sasaki 1970.

(3) ブナーツクバナンブスズ群集 Saso tsukubensis-Fagetum crenatae Takeda et Ikuta 1986.

(4) ブナーヤマボウシ群集 Corno-Fagetum crenatae Miyawaki, Ohba et Murase 1964

(5) ブナーシラキ群集 Sapio-Fagetum crenatae Sasaki,Yo. 1970

(6) ブナークロモジ群集 Lindero umbellatae-Fagetum crenatae Horikawa et Sasaki 1959

(7) イヌブナーチャボガヤ群集 Torreyo-Fagetum japonicae Nakanishi, Homma et Tasumi 1970

北海道の渡島半島黒松内地域以北にはブナが分布しておらず，ミズナラが優占する夏緑樹林となっている。これらはミズナラーサワシバ群団に所属する[6]。最終氷河期が終わり，温暖化と共に南に追いやられていたブナが北上してきたが，何らかの原因で，黒松内地域で停滞していると考えられる。ここ以北でも気候的にはブナが生育できるので，今後広がっていく可能性がある。

ブナーチシマザサ群団は北陸地方以北の日本海側および北海道渡島半島の多雪地帯に分布する。下層にはチシマザサ，ヒメアオキ，エゾユズリハなど多雪に適応した植物が生育している。

ブナースズタケ群団は九州から東北地方までの太平洋側の寡雪地帯に発達している。下層にはスズタケ，ミヤコザサ，タンナサワフタギなどそれほど雪に強くない植物がみられる。

2.2.4.3 亜高山帯の植生

亜高山帯の常緑針葉樹林で，トウヒーシラビソオーダーとハイマツーコケモモオーダーが含まれる（図2-11口絵参照）。前者はシラビソ，オオシラビソなどが優占する森林であるが，後者はハイマツが優占する低木群落で，前者の上部に発達する。日本海側の多雪地帯では常緑針葉樹林を欠き，ミヤマナラ群落が発達する。太平洋側では地形的に雪が多く積もる場所ではダケカンバ林や高茎草本群落が発達する。

2.2.4.4 高山植生

ハイマツーコケモモオーダーの上部に成立しているが，地形的に強風にさらされる場所や崩壊地，岩角地などがあることで，かなり境界が入り組んでいる。また，環境が厳しいために僅かな環境の違いで異なる植生が発達する。たとえば，ミネズオウーエイランタイクラスは高山風衝に発達する矮生低木群落であり，ヒゲハリスゲーカラフトイワスゲクラスは高山の風衝草原群落である。また，イワツメクサーコマクサクラスは高山荒原植物群落で，礫地で土砂の移動のあるような場所に成立している。一方，アオノツガザクラージムカデクラスは，雪田草原群落で残雪のある場所に発達する。

2.2.4.5 土地的植生

植生は，気候によって左右されるが，湿地，ため池，河川，海岸など地形や土地的な環境によっても影響される。

a）湿原

日本の湿原は，高層湿原，中間湿原，低層湿原に区分される。高層湿原はミズゴケなどが泥炭として蓄積し，その凸地にはムラサキミズゴケ，チャミズゴケなどのミズゴケ類やツルコケモモが生育するミズゴケーツルコケモモクラスが発達し，凹地にはホロムイソウ，ナガバモウセンゴケなどが出現するホロムイソウクラスがみられる。

低層湿原は泥炭層が形成されず，通常水位が高く常にかん水していることが多い。このような湿原にはヨシ，マコモ，ガマなどのヨシクラスの高茎草本群落が発達する。また，中間湿原は高層湿原と低層湿原の中間で多少泥炭が蓄積する。この湿原にはイヌノハナヒゲやヌマガヤなど高層湿原と共通する植物も多い。このタイプの湿原群落は，クラス未定のヌマガヤオーダー Mokoniopsietalia japonicae Miyawaki et Kazue Fujiwara 1970 に所属している。

b）湿地林

低地の湿地帯にはハンノキが優占するハンノキクラスの湿地林が成立することがある。水位が高く，常に土壌が湿っている状態である。また，河川の砂州やコゴメヤナギ，カワヤナギ，オノエヤナギなどのヤナギクラスの森林が成立する。

c）ため池

日本には稲作の灌漑のためにため池が多く作られている。とくに西日本の瀬戸内の乾燥地帯に多く存在している。このため池には浅瀬にはヨシクラスの植物群落が発達し，水面にはヒシ，ジュンサイ，ヒルムシロなどの池底から茎を伸ばし，葉を広げるヒルムシロクラスの浮葉植物群落やクキクサ，コウキクサ，アカウキクサなど水面に漂っているコウキクサクラスの浮遊植物群落が存在する。また，クロモ，エビモ，マツモなど水没して生育している沈水植物群落もみられる。

d）海岸

海岸は海水や強風の影響を受けるなど厳しい環境にある。台風などの暴風によって砂や礫がさらわれたり，逆に堆積したりするなど立地が大きく変動する。このような環境では土砂を被っても生き残れる能力や早く回復する能力が必要となる。海岸の最前線の不安定帯には一年生植物のオカヒジキが生育するオカヒジキクラスが，それより内陸の半安定帯にはハマボウ，コウボウムギなどが生育するハマボウフウクラスが，最内陸の安定帯には低木のハマゴウが優占するハマゴウクラスが成立する。また，礫浜ではハマニンニクの優占するハマニンニククラスがみられる。

海岸には干潟のような潮が引くと陸地が現れ，満ちると水中に沈む場所がある。このような場所にはウラギククラスや一年生アッケシソウクラスが成立している。

2.2.5　代償植生

代償植生（substitutional vegetation）は自然植生が破壊され，その後に成立した二次的植生である。元の自然植生と異なった植生が成立することが多い。森林の場合は二次林とも呼ばれ，草原は二次草原ともいわれる。

a）二次林

日本の照葉樹林の代償植生としてアカマツ林やコナラ林などの二次林が発達している。これらの林には，リョウブ，チゴユリ，コシアブラ，ヤマウルシなどブナクラスの標徴種および識別種を多く含むことからブナクラスに位置づけられている。

これらの林は，さらに，イヌシデ，コナラ，ヤマザクラ，ムラサキシキブ，ヘクソカズラ，ヤブムラサキなどを多く含むことからブナ-ササオーダーとは区別でき，コナラ-イヌシデオーダーに所属する[7]。このオーダーはさらに，ネザサ，コバノミツバツツジ，ナガバモミジイチゴが出現するネザサ群団　Pleiobrastion viridis Nakanishi et al. 1985 とアズマネザサ，トウゴクミツバツツジ，ヤマユリが出現するアズマネザサ群団 Pleiobrastion chinoe Nakanishi et al. 1985 に区分される[8]。前者は西日本に，後者は東日本に発達する。

b）マント群落および二次草原

マント群落は林縁や崩壊地斜面などに発達する低木を伴うつる植物を主体とした群落でノイバラクラスに所属する。

ススキクラスはススキ，ネザサ，チガヤ，シバなどが優占する草本群落であり，人為的な影響を受けて成立した群落で，二次草原または半自然草

原とも呼ばれている。ススキ群落は採草地, 茅場, 放牧地として利用されてきたところが多く, 阿蘇周辺や秋吉台などが有名である。ヨモギクラスは河原, 道路肩, 畦畔などに成立する草本植物群落で, ヨモギ, カラムシ, ノブキ, ハナウドなど多様な群落を含む。一方, オオバコクラスは, オオバコ, カゼクサなどが出現する踏み跡群落で, 農道路やグラウンドなど人間が踏みつけるような場所に成立する。

　河川や水田などの湿った場所にはヤナギタデ, カズノコグサ, スズメノテッポウなどの一年生植物群落が発達する。これらはタウコギクラスに分類されている。また, 水田などの水が浅く張っているような場所にはウリカワ, コナギ, オモダカなど水田雑草と呼ばれる群落がみられる。これらはイネクラスに区分されている。一方, 乾いている畑には, シロザ, ナズナ, ヒメムカシヨモギ, スベリヒユなどの群落があり, これらはシロザクラスに属している。

　クイズ
  1. 植物群落を区分する方法にはどのようなものがあるか述べなさい。
  2. ブナーササオーダーには 3 つの群団が含まれるが, それらの成立要因について述べなさい。
  3. 自然植生と代償植生の違いについて述べなさい。

2.3　植生遷移

　植物群落が時間の経過と共に他の植物群落に移り変わっていく過程を植生遷移 (succession) という。その一連の変化が遷移系列 (sere) である。

2.3.1　極相

　植物群落は周囲の環境と互いに影響し合いながら変遷 (遷移) していくが, その最終段階では群

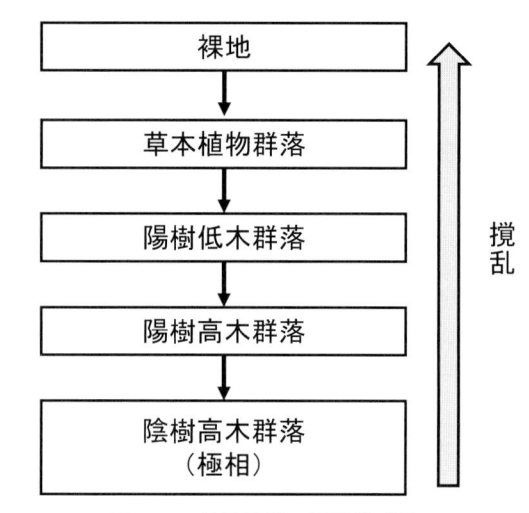

図 2-12　植物群落の遷移模式図

裸地 → 草本植物群落 → 陽樹低木群落 → 陽樹高木群落 → 陰樹高木群落 (極相)

撹乱

落と環境の間に一種の動的平衡状態が成立し, 群落は安定して構造や組成が変化しないようになる。このような状態を極相 (climax) という。

　植物群落の遷移は一般的に図 2-12 に示すように, 裸地から草本群落, 陽樹低木林, 陽樹高木林, 陰樹高木林へと進む。最終的にはその地域の気候と釣り合った極相に移行する。

2.3.2　一次遷移

　植物がまったく存在しない場所から始まる遷移を一次遷移 (primary succession) という。一次遷移には新島や流れ出した溶岩, 斜面崩壊で新しく現れた土地などの乾いた場所から始まる乾性遷移 (xeric succession) と新しくできた沼や湖などの湿った場所から始まる湿性遷移 (hydorarch succession) がある。

　桜島は溶岩の流れ出した年代がわかっているので, その上の植生を調査することで遷移の系列が把握できる。流出した溶岩上は風化しにくく土壌が形成されず, 植物が生えない状態であるが, コケ類や地衣類は着生して生育することができる。初期の 0 〜 20 年ではコケ類や地衣類が定着し, それが砂やほこりを捕捉して土壌が形成し始める。そこにススキやイタドリが芽生え 20 〜 50 年

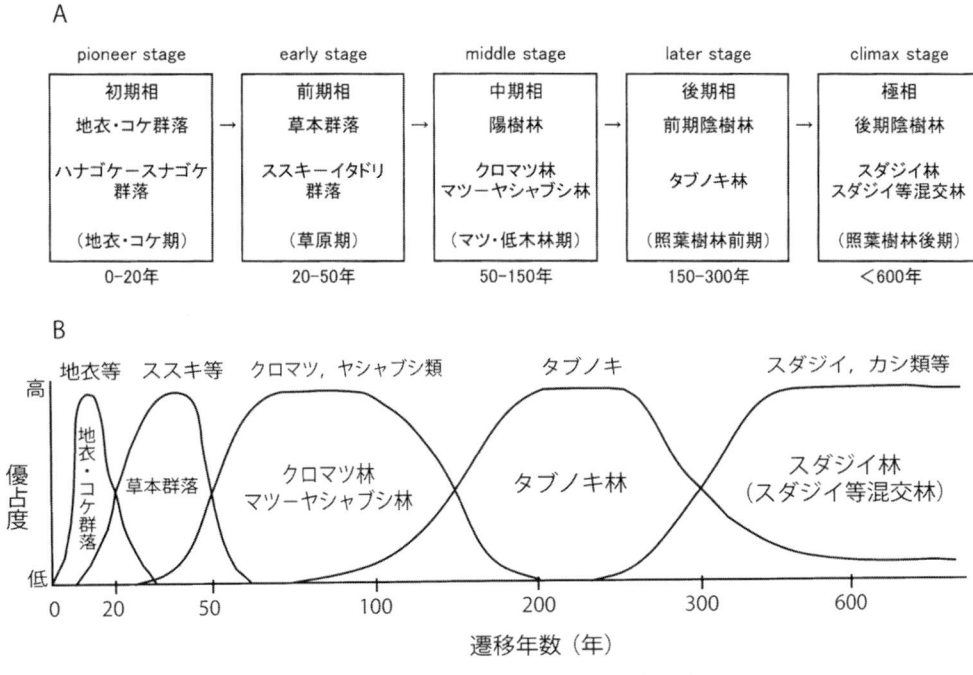

図 2-13 桜島の溶岩上における遷移系列
服部ほか (2012) より。

の間，草本群落が形成される。さらに，それに混じってクロマツやヤシャブシなども生育し，50〜150年の間，陽樹の群落が成立する。その後，150〜400年の間，陰樹であるタブノキの優占する照葉樹林が形成されるが，それ以降は同じ陰樹であるスダジイ林となって安定する（図2-13）[9]。

湿性遷移は水位や水質の変化によって影響される。図2-14は豊橋市のため池の例であるが，1957〜1965年にかけて工事が行われ，水位の低下があった。そのために浅瀬に生育するヨシ，マコモ，ハスなどの抽水植物群落の面積が大きく増えた[10]。土砂の流入があるとため池はさらに浅くなり，やがては陸化する。

2.3.3 二次遷移

元あった植生が破壊され，ある程度植物が残ったところから出発する遷移を二次遷移（secondary succession）という。こ

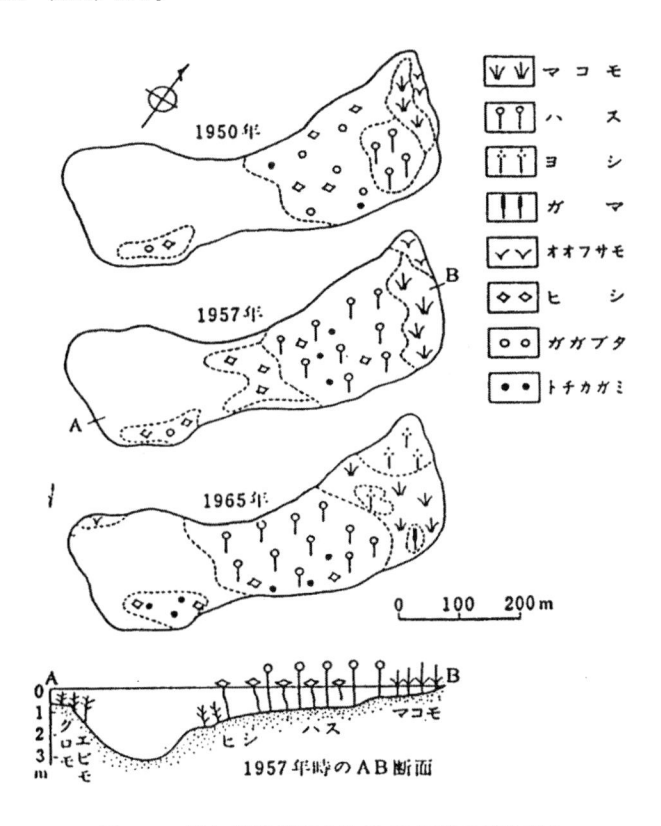

図 2-14 愛知県豊橋市大池の15年間の植生変化
生嶋 (1977) より。

の遷移の方向も一次遷移と同じ極相に向かって進む。

人間の影響が加わると遷移が逆に進み，これを退行遷移（retrogressive succession）という。

クイズ
1. 植生遷移の起こる原因について述べなさい。
2. 極相とは何か述べなさい。
3. 一次遷移にはどのようなものがあるか述べなさい。

2.4 生物多様性

それぞれの生物種は生態系においてある役割を果たしている。植物は光合成を行い，生態系に光エネルギーを有機物に変換して取り込んでいる。そのため植物は生産者（producer）と呼ばれている。消費者（consumer）である動物はそれを利用して生活している。生産者を直接捕食する草食動物（植食動物）を一次消費者といい，それらを補食する肉食動物を二次消費者と呼んでいる。さらに，その二次消費者を捕食するものを三次消費者，第三次消費者を捕食するものを第四次消費者と次元が上がっていく。これらが死んだ後は分解者（decomposer）と呼ばれる細菌や菌類によって分解され，環境に返される。

多様な生物が生態系を作り上げており，これらの種が欠けていくとその機能を果たせなくなり，生態系は崩れていく。

2.4.1 生物多様性条約

世界的に生物多様性（biodiversity）の低下が危惧されるようになり，1992年にリオデジャネイロにおいて開催された国連環境開発会議（UNCED）において生物多様性に関する条約が提唱され，日本も含め168か国が期間内に署名を行っている。現在では192か国以上となっている。

本条約の目的は以下の通りである。

(1) 生物多様性の保全
(2) 生物多様性の構成要素の持続可能な利用
(3) 遺伝資源の利用から生ずる利益の公正かつ衡平な配分

この条約の中で，締約国は生物多様性戦略を策定することが求められている。日本は1995年に「生物多様性国家戦略」を決定している。その後改訂を重ね，2012年には「生物多様性国家戦略2012-2020」となっている。その中で生物多様性の保全と持続可能な利用に関する以下の5つの課題があげられている

(1) 生物多様性に関する理解と行動
(2) 担い手と連携の確保
(3) 生態系サービスでつながる「自然共生圏」の認識
(4) 人口減少等を踏まえた国土の保全管理
(5) 科学的知見の充実

さらに，長期目標（2050年）として「生物多様性の維持・回復と持続可能な利用を通じて，わが国の生物多様性の状態を現状以上に豊かなものとするとともに，生態系サービスを将来にわたって享受できる自然共生社会を実現する」があげられており，短期目標（2020年）としては20項目の愛知目標を達成することが記されている。

愛知目標
1. 人々が生物多様性の価値と行動を認識する
2. 生物多様性の価値が国と地方の計画などに統合され，適切な場合に国家勘定，報告制度に組み込まれる
3. 生物多様性に有害な補助金を含む奨励措置が廃止，又は改革され，正の奨励措置が策定・適用される
4. すべての関係者が持続可能な生産・消費

のための計画を実施する
5. 森林を含む自然生息地の損失が少なくとも半減，可能な場合にはゼロに近づき，劣化・分断が顕著に減少する
6. 水産資源が持続的に漁獲される
7. 農業・養殖業・林業が持続可能に管理される
8. 汚染が有害でない水準まで抑えられる
9. 侵略的外来種が制御され，根絶される
10. サンゴ礁等気候変動や海洋酸性化に影響を受ける脆弱な生態系への悪影響を最小化する
11. 陸域の17％，海域の10％が保護地域等により保全される
12. 絶滅危惧種の絶滅・減少が防止される
13. 作物・家畜の遺伝子の多様性が維持され，損失が最小化される
14. 自然の恵みが提供され，回復・保全される
15. 劣化した生態系の少なくとも15％以上の回復を通じ気候変動の緩和と適応に貢献する
16. ABS（Access and Benefit Sharing）に関する名古屋議定書が施行，運用される
17. 締約国が効果的で参加型の国家戦略を策定し，実施する
18. 伝統的知識が尊重され，主流化される
19. 生物多様性に関連する知識・科学技術が改善される
20. 戦略計画の効果的な実施のための資金資源が現在のレベルから顕著に増加する

2.4.2 生物多様性とは

生物多様性に遺伝子レベル，種レベル，生態系レベル，景観レベルの階層性が存在する[11]（図2-15）。同じ種であっても多様な遺伝子を持つことで，環境の変化に対する耐性が上がり，生き残る確率が高くなる。約40億年前に生物が誕生して以来，地球上には500万〜3000万に及ぶ種に分化・進化してきたといわれている。これらの種は生態系において一定の役割を担っており，それぞれが複雑に絡み合って，生態系を形成している。ある種の存在がその生態系に大きな影響を及ぼしていることもあり，その種が欠けると生態系の構造が大きく変わる。このような種をキーストーン種と呼んでいる。

生態系の多様性の例としては，夏緑樹林，針葉樹林，田園，ため池，河川，海などが考えられる。これらには特有の生物が存在しているので，これらが多様であることは生物種も多様である。これらの生態系と地形の空間的な組み合わせや配列を景観という。カスミサンショウウオやモリアオガエルのように幼生の時期には水中で暮らし，成長すると森林で生活するような種では両方の生態系がないと存在できない。複数の生態系にまたがって生存している種も多く存在すると考えられる。

2.4.3 生物多様性の危機

「生物多様性国家戦略2012-2020」において，以下の生物多様性4つの危機があげられている。

1. 人間活動や開発による危機
2. 人間活動の縮小による危機
3. 人間により持ち込まれたものによる危機
4. 温暖化による危機

2.4.3.1 人間活動や開発による危機

人間の行動によって20世紀の後半から急速に生態系が改変された。地球の陸地面積の24％が農耕地になり，地中海地方の硬葉樹林や温帯のステップの70％が改変されている。さらに，熱帯の広葉樹林やサバンナも2050までには70％以上改変されると予想されている（図2-16）[12]。熱帯地域には生物種の70％以上が存在しているといわれ，そこが大きく改変されると重大な影響を受けることになる。

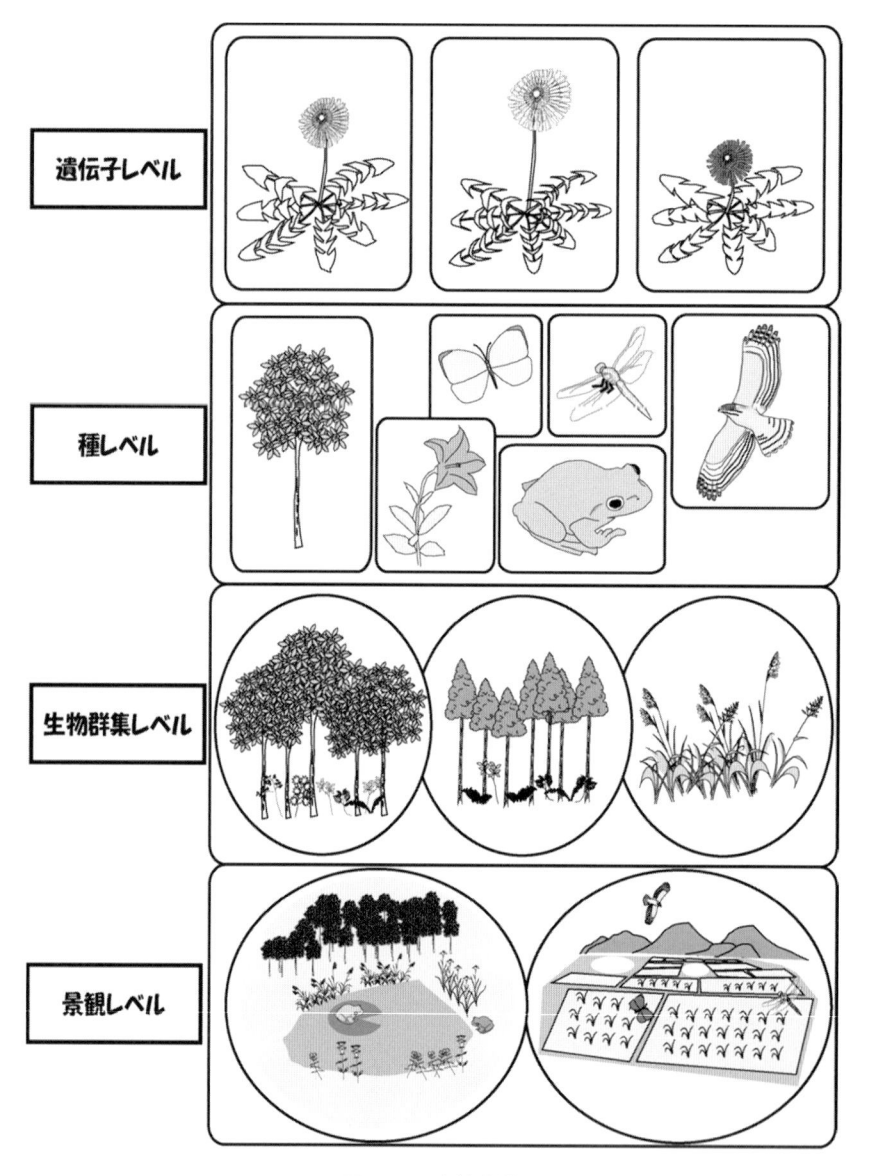

図 2-15　生物多様性の階層

2.4.3.2　人間活動の縮小による危機

人間活動によって元あった生態系は大きく改変されてきたが，一方で，持続的な利用によって新しい生態系が形成されてきた。しかし，日本では戦後の燃料革命によって，それまでエネルギー源として使ってきた薪や炭から石炭，石油，ガス，電気に変わった。それによって，今まで利用してきた里山が管理されず放置されるようになった。そのために，常緑樹繁茂するようになり，林床が暗くなって下層植生が育たず種多様性が低下してきている。また，これまで放牧地や採草地として利用されてきた二次草原も利用されなくなり，管理放棄され，遷移が進み森林になっているところが増えてきている。それによって，草原性の植物や昆虫などが危機に瀕している。

2.4.3.3　人間により持ち込まれたものによる危機

人間はこれまで様々な生物を食料，観賞用，ペッ

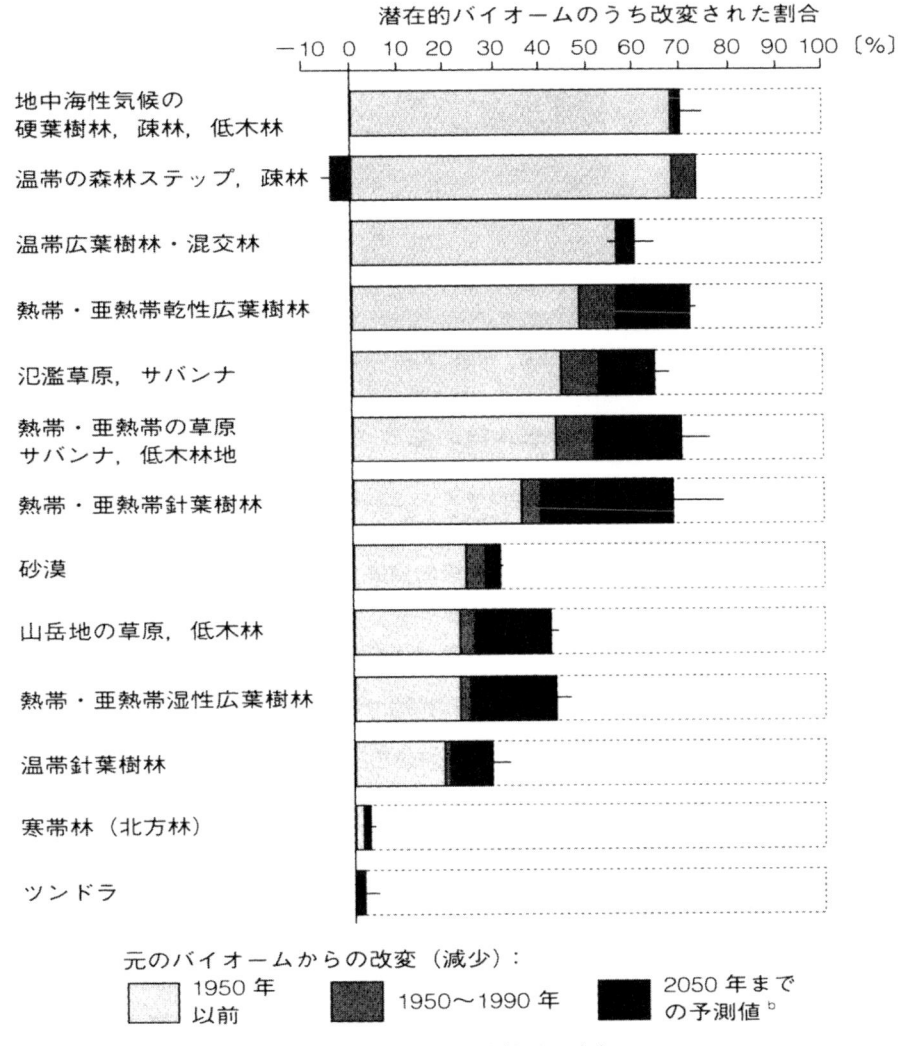

図 2-16 陸上生態系の改変
Millennium Ecosystem Assessment (2007) より。

ト，医薬品などとして利用してきた。人間の活動の広がりと移動に伴ってこれらの生物も拡大してきた。中には移動した場所で，定着・繁殖し，現地の生物に大きな影響を与えてきたものもある。

　これらの生物は，人間によって利用するために意図的に導入されたもの，栽培や飼育していたものが逸出したもの，意図せずに人間について入ってきたものなどがあり，これらを外来種と呼んでいる。

　意図的に導入した目的としては，経済的利益（食料，植林，毛皮，肉，角などの採取），生物的コントロール，緑化などの環境整備，園芸などがある。また，意図的にペットや園芸植物が遺棄されたものもある。非意図的な導入では，舟のバラスト（土・水）の放出，輸入穀物類や生鮮食品や苗に混入，輸入された土，砂，石，木材，機会，古タイヤ，食品などに混入，飛行機や舟，汽車，コンテナなどの人間の輸送手段に忍び込んでの侵入，輸入された動植物に寄生・感染して侵入，腐葉土・バーク堆肥に混入してなどがある。

　非意図的な導入としては，耕作地からの逸出，家畜飼料からの逸出，庭園や公園，植物園，園芸

店からの逸出，養魚池からの逸出，生物農薬として移入されたものの逸出，動物園，繁殖飼育場からの逸出，ペットの逸出などがあげられる[13]。

2.4.3.4 温暖化による危機

IPCC 第5次調査報告書の概要（環境省 2014）[14]によると，温暖化の傾向が続き，今世紀末までに地球上の平均気温が 0.3℃から 4.8℃上がると予測されている（図 2-17 口絵参照）。

温暖化が進むと気候にも大きな影響があり，大気中の水蒸気量が増え，降水量が増えるとされており，熱帯のモンスーン地域や太平洋熱帯域，高緯度地域で増加する一方，亜熱帯地域で減少するとされている。これまでの降水の分布パターンが大きく変わる可能性がある。

生物の分布に関しても影響があり，北半球では，南方系の生物は北上し，北方系の生物はさらに北へ追いやられる。ホッキョクグマなど極地に住む動物や高山植物は逃げ場がないため，絶滅する可能性がある。

2.4.4 生物多様性の価値

人間は生物多様性が支えている生態系から様々なサービスを受けて存在している。生態系サービスには，基盤サービス，供給サービス，調整サービス，文化的サービスがあるといわれている[12]。

基盤サービスとは，生態系の基礎となるサービスを提供するもので，一次生産，栄養塩類の循環，土壌形成などが含まれる。供給サービスは，淡水，食料，燃料，木材などの提供を行ってくれるものである。調整サービスは，基盤サービスと重なる部分もあるが気候調整，洪水制御，水の浄化など環境を調整してくれるものである。また，文化的サービスは，耽美的，精神的，教育的，レクレーション的なもので，保健機能を有している。

生物多様性には，供給サービスのような直接利用する直接的価値，基盤サービスや文化的サービスのような間接的価値がある。しかし，これらは人間にとっての価値観で，生物の存在そのものに価値があるとする倫理的価値も存在する[11]。

2.4.5 生物多様性地域戦略

3.4.1 で述べたように 1995 年に最初の生物多様性国家戦略が策定され，その後，2008 年に生物多様性基本法が制定されている。この基本法では，生物多様性の保全等について，基本理念を定め，国，地方公共団体，事業者及び国民の責務を明らかにしている。また，都道府県および市町村に「生物多様性地域戦略」を策定することを求めている。

平成 26 年 11 月末の段階で，31 都道府県，13 政令都市，33 市町が生物多様性地域戦略を策定している。これらの中には環境基本計画をもってそれに代えているところがあるが，多くの場合，具体的な計画や実施体制，責任主体の記述が不十分である。

それぞれの地域によって環境特性や文化的，経済的背景が異なるので，一律に施策が決められない。その地域にあった戦略はその地域で策定されるべきであろう。

クイズ
1. 生物多様性の階層について述べなさい。
2. 生態系サービスにはどのようなものがあるか述べなさい。
3. 生物多様性地域戦略の必要性について述べなさい。

2.5 人間によって作り出された植生

日本の植生のほとんどが人的影響を受けた代償植生となっている。日本の森林面積は 2508 万 ha の 41％が人工林，54％が天然林，5％がその他となっている[15]。天然林というのは植林をせずに成立した林で，二次林も含められる。おそらく人為液影響を受けていない自然林はそれほど多くな

いと考えられる。

　二次草原は半自然草原ともいわれており，人間によって形成されてきた草原である。二次林と同様利用されなくなったためかつては500万haあったといわれているが，現在では60万haに減っている。

2.5.1　里山の植生

　里山という言葉は江戸時代からあったようであるが，一般的ではなかった。近年使われている里山林は四手井[16]が，農家の裏山の丘陵や低山地帯に広がる薪炭生産，木材生産など農業を営むのに必要な樹林と定義している。

　近畿地方の里山林は，アカマツ林，コナラ林，ウバメガシ林となっている場合が多い。近畿地方のアカマツ林の植生単位は，モチツツジ，ナツフジ，シハイスミレ，ハネミイヌエンジュなどで特徴づけられる太平洋側のアカマツ－モチツツジ群集 Rhododendro macrosepali-Pinetum densiflorae Suz.-Tok. 1966 とユキグニミツバツツジ，キンキマメザクラ，トキワイカリソウなどで特徴づけられる日本海側のアカマツ－ユキグニミツバツツジ群集がある。また，コナラ林はアベマキ，ノグルミ，ソヨゴ，コバノミツバツツジなどで特徴づけられる太平洋側のコナラ－アベマキ群集 Quercetum variavili-serratae Kobayashi et al. 1976 とヒメアオキ，ユキグニミツバツツジ，ホツツジ，キンキマメザクラなどで特徴づけられる日本海側のコナラ－オクチョウジザクラ群集 Puruno pilosae-Quercetosum serratae S. Suzuki 1985 が存在する。

　太平洋側の海岸地帯では海岸の崖地などには自然林のウバメガシ－トベラ群集 Pittosporo-Quercetum phillyraeoidis Suz.-Tok. et Hatiya 1951 が成立しているが，その内陸部では里山の二次林としてウバメガシ－コシダ群集 Gleichenio-Quercetum phillyraeoidis Imai 1965 が成立する。

2.5.2　里山林の問題点

（図2-18，図2-19 口絵参照）

　里山林は，人間の影響を受けて成立してきたものであり，西日本の里山林は，照葉樹林が伐採されアカマツ林やコナラ林に変わってきたものである。伐採が頻繁に繰り返されると森林の再生が困難になり，土壌が劣化し，ついにははげ山となる。はげ山になれば，植物がほとんど存在しない状態になり生物多様性が低下する。燃料革命以降，里山がほとんど利用されなくなった。人為影響がなければ，はげ山もアカマツ林やコナラ林に回復していき，生物多様性も回復する。さらに，極相である照葉樹林に向かって遷移していく。しかし，

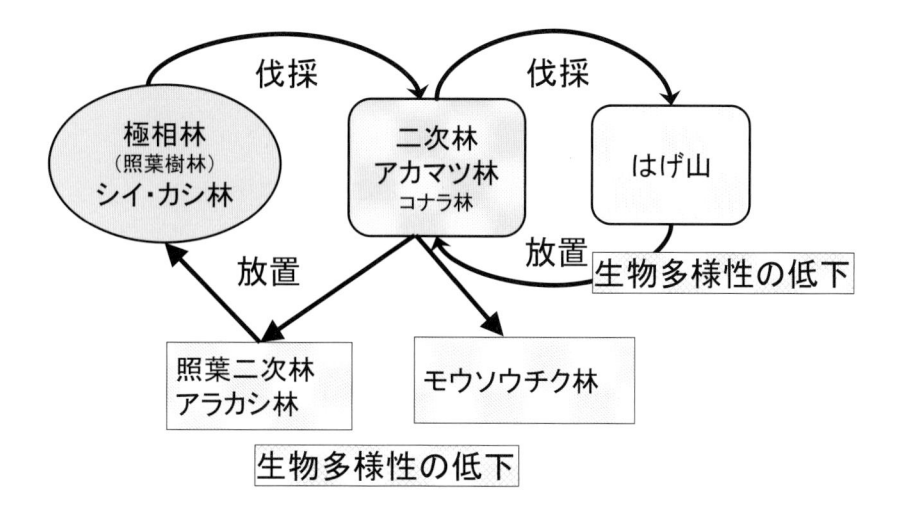

図2-18　里山林の遷移

その途中ではアラカシ，ヒサカキ，アセビ，ソヨゴなどの常緑樹が亜高木層や低木層に繁茂してくる。そうなると林床が暗くなり，他の植物は生育できなくなり，生物多様性は低下する。最終的には極相のシイ林やカシ林に移行すると思われるが，すでに消滅した元の照葉樹林構成種が戻ってくるとは限らない。

神戸市の六甲山系の西部にある再度山で森林動態を同じ場所で40年間調査されている[17]。調査が開始された当時の再度山は一部スギ，ヒノキの植林はあるが，ほとんどが80年生のアカマツやクロマツの植林であった。その中に10m × 10mの永久植生調査区が3か所設定され，種類組成，樹木の分散，毎木調査が5年ごとに行われており，その結果をみると出現種数が徐々に減少してきている（図2-20）。その理由としては常緑樹の種数が増え，夏緑樹を被陰するのでその種数が減ると考えられる。

里山のもう一つの問題として，モウソウ竹林の拡大があげられる。里山の利用がなくなったこと，竹材の需要がなくなったこと，タケノコの生産が減ったことなどにより植栽されていたモウソウ竹林の管理も放棄され，全国的に拡大している。モウソウチクはタケノコから一気に15mにも成長し，常緑であるためその下の植物を被圧し枯らしてしまう。タケの密度が増えると共に出現種数が減少し，密度が高いとほとんどほかの植物はなくなってしまう（図2-21）。

2.5.3　里山の保全

里山の薪炭林としてのコナラ林は15〜20年サイクルで皆伐され，更新されてきた。また，アカマツ林は，アカマツは残されているが，低木類は燃料用としてしばしば伐採されてきた。そのために林は維持され生物多様性も保全されてきた。しかし，現在ではそのような管理を行うことは困難な状況となっている。

里山林の管理には低林管理と高林管理がある。

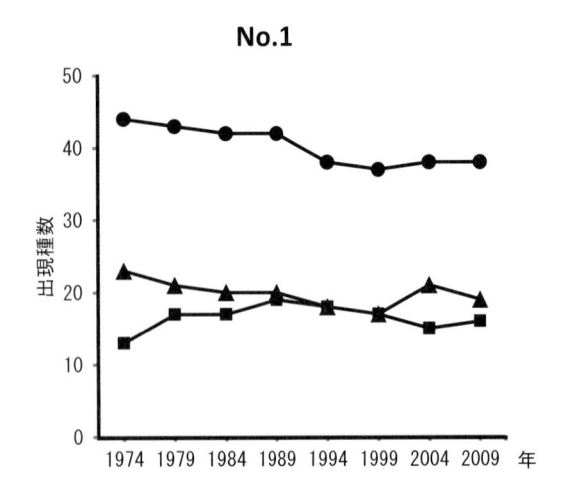

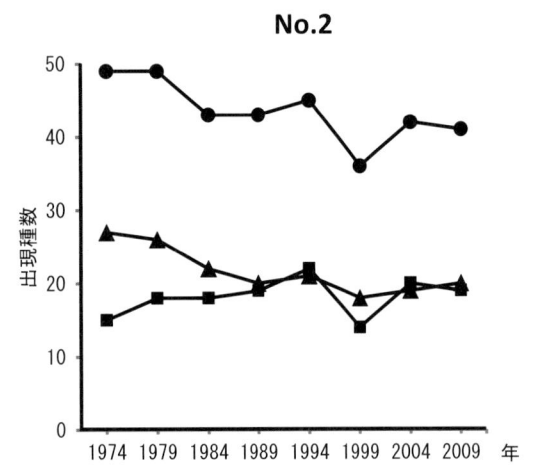

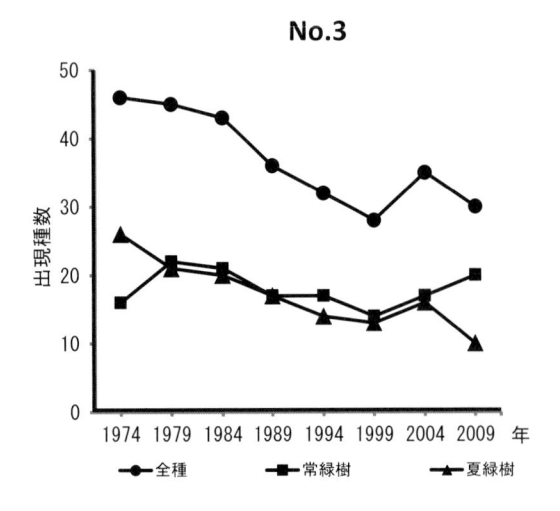

図 2-20　神戸市再度山永久植生調査区（10m × 10m）における出現種数の変化

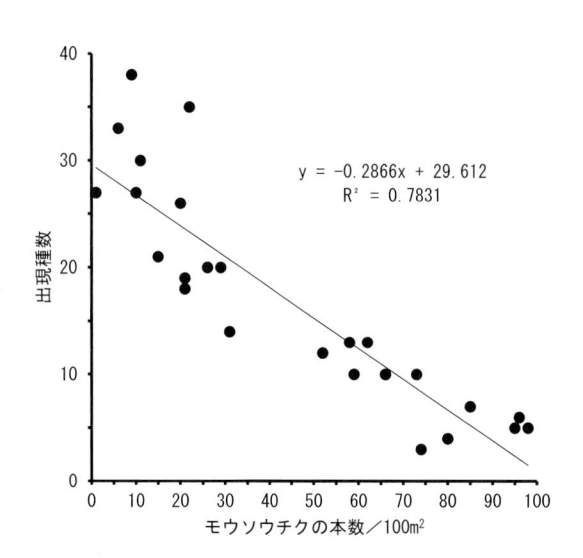

図 2-21 モウソウチクの密度と出現種数の関係

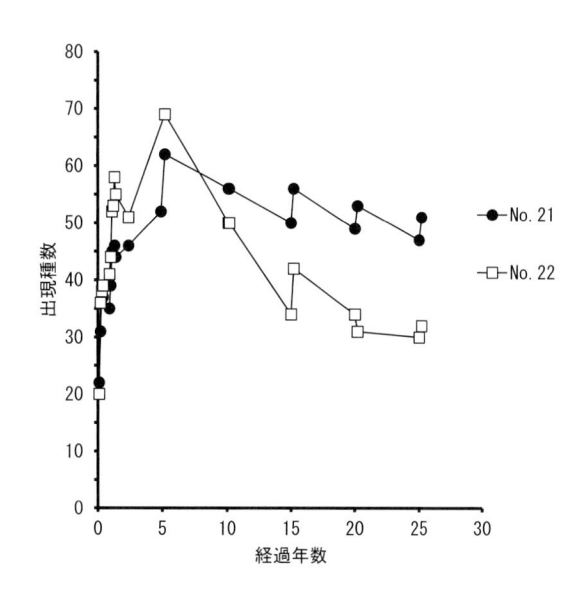

図 2-22 皆伐後の植生管理地（No.21）と放置区（No.22）の出現種数の変化

低林管理は従来のように定期的に皆伐し，更新する方法で，高林管理は高木を残して，低木を伐採する方法である．NPOや環境保全団体が里山管理を行う場合，高木の伐採には高度な技術が必要であるし危険も伴うので，皆伐方式の低林管理は負担が大きい．その点，高林管理は，低木類のみを伐採するので，伐採しやすく，伐採木の処理も用意である．兵庫県では高林管理を兵庫方式として里山の保全を進めている[18]．低林管理と高林管理はそれぞれ一長一短があり，高林管理は，景観がほとんど変わらず管理がやりやすい反面，高木が残るのでどうしても林床が暗くなり，陽生植物の保全がやや難しい．逆に，低林管理は伐採の手間はかかり，景観も大きく変わるが，陽生植物の保全には適している．

前述の再度山で永久植生調査区とは別に，皆伐をして25年間マツの再生実験をしているNo.21とNo.22の2か所の調査区がある．No.21は皆伐後，5年ごとにマツのみを残して皆伐しており，No.22は皆伐後一切手を加えていない．その出現種数をみると，No.22は5年をピークに減少し続けておりマツも消滅したが，No.21ではやはり5年目がピークとなるが，それほど大きな減少はみられず，マツも再生している．このことは定期的に管理すれば種多様性の維持が可能であることを示している（図2-22）．

これまでの里山は，生産林として利用されてきたが，燃料革命以降その役割を終えた．しかし，里山は，人間にとって重要な生態系サービスを提供してくれる場であり，今後は環境林として，それを維持したり，高めたりしていく必要がある．また，一方で，NPOや環境保全団体が活動に参加することによって，そこで新しいコミュニティや交流の場が生まれ，地域の活性化につなげることも可能である．

クイズ

1. 現在の里山林はどのような問題を抱えているか述べなさい．
2. 里山林を将来的にどのようにしていくのが望ましいか考えなさい．
3. 里山管理における問題点について述べなさい．

【武田義明】

注

1) 中西 哲・大場達之・武田義明・服部 保：『日本の植生図鑑 I 森林』保育社，1983.
2) R. H. ホイッタカー：『生態学概説』（宝月欣二訳）培風館，1979.
3) Mueller-Dombois, D. and Ellenberg, H.: Aims and Methods of Vegetation Ecology. John Willy & Sons.1974
4) Braun-Blanquet, J.: Pflanzensoziologie. 3 Aufl. Springer-Verlag.,Wien.1964.
5) 服部 保：『照葉樹林』神戸群落生態研究会，2014.
6) 武田義明・植村 滋・中西 哲：北海道のミズナラ林について．「神戸大学教育学部研究集録」71，105~122, 1983.
7) 武田義明：「里山林の群落生態学的研究」（神戸大学学位論文），2004.
8) 中西 哲・武田義明・服部 保：赤穂市及びその周辺地域の植生．『赤穂市及びその周辺地域の土壌・植物相と植生報告書』赤穂地域植生調査研究会，1985.
9) 服部 保・南山典子・岩切康二・栃本大介：照葉樹林帯の植生一次遷移－とくに桜島の溶岩原について－．「植生学会誌」29，75~90，2012.
10) 生嶋 巧：陸水の遷移．『群落の遷移とその気候』（沼田 真編）朝倉書店，88~89，1997.
11) 鷲谷いづみ・矢原徹一：『保全生態学入門』文一総合出版，1996.
12) Millennium Ecosystem Assessment 編：『生態系サービスと人類の将来』オーム社，2007.
13) 川道美枝子・岩槻邦男・堂本暁子：『移入・外来・侵入種』築地書館，2001.
14) 環境省：「気候変動に関する政府間パネル（IPCC）第5次評価報告書 第1作業部会報告書（自然科学的根拠）の公表について」，2013. https://www.env.go.jp/press/files/jp/23096.pdf （2015年5月1日アクセス）
15) 林野庁：『平成25年度森林・林業白書』，2014.
16) 四手井網英：『森に学ぶ－エコロジーから自然保護へ－』海鳴社，1993.
17) 武田義明・飯島尚子・猿田けい・小舘誓治：再度山永久植生保存区における植物群落の遷移に関する研究Ⅶ.「再度山永久植生保存地植生調査報告 第8回」，神戸市建設局公園砂防部 1~24，2010.
18) 山崎 寛・青木京子・服部 保・武田義明：里山の植生管理による種多様性の増加．「ランドスケープ研究」63，481~484，2000.

第3章
ヒトと小動物
：ヒトの活動によるチョウの分布の変化

3.1 大学キャンパスでの調査から[1]

　ヒトは自然環境，すなわち植生を改変することによって活動域を拡大してきた。このような植生の改変は植物に依存している動物の分布にも影響を及ぼしてきた。筆者が勤務する関西大学の千里山キャンパス内には2006年の春頃まで丘陵があり，小規模な里山林が存在していた。この里山林は近隣の小学生から「関大の森」と呼ばれ，クワガタムシやカブトムシが採集できる場所として知られていた。しかし，この林はキャンパス整備に伴い，2007年春までに丘陵ごと消失した。筆者は，里山林の存在した2003〜2005年の3年間と消失後の2007, 2010, 2013年にキャンパス内でチョウ類の分布調査を行い，種類別に観察個体数を記録した。観察できたチョウの種数は，2005年以前が年間21または22種，2007年以降が年間15〜18種であり，里山林消失の影響は明らかだった。

　チョウの種類別個体数は調査地域のチョウ相[2]を定量的に示す指標となる。そこで上記の調査結果を生態学理論にもとづき解析した。異なる地域や年度間のチョウ相の類似度を定量的に示す指標としてα指数[3]というものが考案されている。表3-1は，調査年度間のα指数をまとめたものである。α指数は0から1までの数値をとり，1に近いほど類似度は高い。里山林の存在した2003〜2005年相互間でのα指数は平均で0.946ときわめて高く，消失後の2007, 2010, 2013年相互間も平均0.840であるのに対して，存在期と消失期の間では平均0.701であった。このことは，里山林消失の前後でチョウ相に大きな変化の生じたことを意味している。

　一方，ある地域の自然環境に，原始的自然，里山的自然，農村的自然，都市的自然がそれぞれどの程度寄与しているかを，チョウ相にもとづいて表現する指標として環境階級存在比[4]というものが考案されている。図3-1は，調査各年の環境階級存在比をまとめたものである。なお，階級存在比は四つの類型のどこが最大値を示すのかが重

表3-1 調査年度間のチョウ類群集の定量的類似性

調査年	2004	2005	2007	2010	2013
2003	0.944	0.915	0.638	0.470	0.597
2004		0.978	0.802	0.630	0.784
2005			0.861	0.700	0.827
2007				0.926	0.808
2010					0.787

数値はPiankaのα指数を示す。2003〜2005年が里山存在期，2007〜2013年が里山消失期である。α指数（平均値 ± 標準偏差）は，存在期同士の組み合わせ（n = 3）が0.946 ± 0.032，存在期と消失期の組み合わせ（n = 9）が0.701 ± 0.128，消失期同士の組み合わせ（n = 3）が0.840 ± 0.075であった。

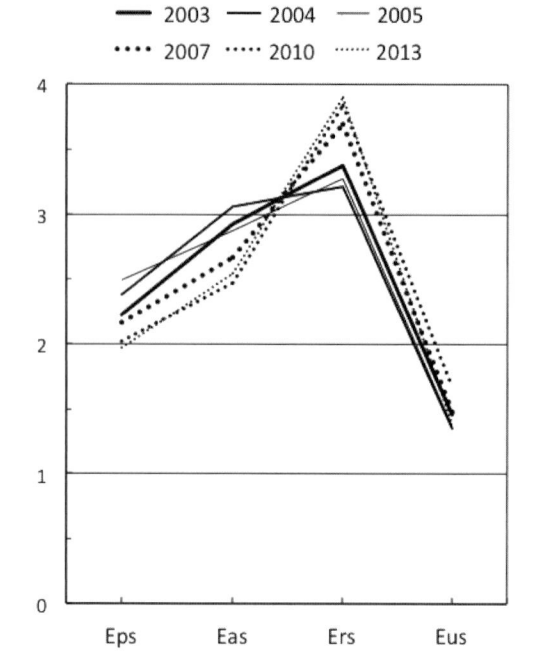

図 3-1 千里山キャンパスのチョウ相から算定した環境階級存在比
Eps：原始的自然，Eas：里山（山村）的自然，
Ers：平地農村的自然，Eus：都市的自然。

要であるが，都市的自然（Eus）をもっとも好む種は存在しないので，都市型自然の寄与の大きさは農村的自然（Ers）の寄与の大きさで判断（都市型の寄与が大きいほど，Ers の値が大きくなる）することになる。図 3-1 から明らかなように，里山消失後は消失前に比較して明らかに Ers の値が上昇していた。つまり，里山的自然（Eas）に依存する種が減少し，農村的自然に依存して都市的自然にも対応できる種が増加したことが明白であった。

この事例は，ヒトの活動がチョウの分布を変化させることを示している。本章では，チョウの分布に影響する自然要因を解説し，これらに対してヒトの活動がどのように影響を与えてきたのかを事例をもとに解説する。ヒトの生活上での些細な変化が小動物の盛衰に大きな影響を及ぼす場合があることを理解してほしい。

3.2 チョウの生活史

ある動物種が特定の地域に分布・生息するというのは，誕生から死亡を幾世代にもわたって繰り返すことをいう。一方，動物の一生にわたる変化（誕生，成長，繁殖，死亡）の様子を，環境との関わりに視点をおいて生態学的に考える場合，生活史という用語を使う。本章では，「生活史の完結」という用語を，「幾世代にもわたる誕生から死亡までの繰り返し」という意味で使用する。

生活史を完結できる環境でなければチョウは生息できない。そこで，まずチョウの生活史に大きな影響を与える要因である食物，越冬，産卵場所について解説する。

3.2.1 チョウの食物

動物の食物に関する特徴，すなわち食物の種類，獲得様式，食べ方などをまとめて食性という。「卵→幼虫→蛹→成虫」というチョウの生活段階の中で，食物を必要とするのは幼虫期と成虫期であるが，両時期の食性は大きく異なっている。

チョウの成虫は口がストロー状になっているため，液状の食物しか摂取できない。したがって，チョウの成虫の食物は，花蜜，樹液，熟した果実から漏れる果汁など，糖質を含む液体[5]である。花蜜を好む種と樹液や果汁を好む種に分かれるが，それほど大きな偏食は存在しない。つまり，特定の花の蜜，特定の樹種の樹液にこだわる種[6]は稀であるため，多種のチョウが吸蜜源として同じ植物を利用することは珍しくない。生きたチョウを展示しているバタフライガーデンなどでは，蜜源として園内に植える花に加えて，ショ糖溶液や蜂蜜の希釈液を提供している。

これに対して，幼虫期のチョウは大変な偏食家である。ほとんどのチョウは幼虫期に植物の葉または花を食べる。咀嚼能力と消化器官の性質からみれば，硬さなどの物理的条件さえ満たせば，どのような葉や花でも利用できるはずであるが，特

図 3-2 ゴイシツバメシジミ
環境省九州地方環境事務所のウェブサイト：http://kyushu.env.go.jp/wildlife/mat/m_1_1_2.html より転用，撮影は三枝豊平氏によるもの。2015 年 4 月 16 日アクセス。

図 3-3 オオムラサキの幼虫
写真素材 Photolibrary より。

定の植物種の特定部分しか食べない。たとえば，モンシロチョウはキャベツなどアブラナ科植物の葉のみを幼虫期の食物にしている。チョウの中でも食性の幅は様々である。アゲハチョウの幼虫はミカンなどの柑橘類の葉に加えて，サンショウやカラタチなど，柑橘類の親戚にあたる植物の葉も食べるので，チョウの中では食性が広いといえる。しかし，頑固に特定の植物に固執する種も多い。このような狭い食性には食物資源をめぐる争いを回避するという利点があるが，あまりにも特殊な植物に頼ると，植物と運命をともにすることになる。たとえば，図 3-2 に示すゴイシツバメシジミという種は，カシ類に着生するシシンランという珍しい植物の花のみを幼虫の食物としているため，熊本，宮崎，および和歌山県の原生林にしか分布していない。

3.2.2 越冬戦略

幼虫の食草と成虫の吸蜜源の確保だけでは生活史を完結できない。変温動物であるチョウは 15℃未満になると活動が鈍くなり，より低温ではほとんど活動できなくなる。したがって，日本のような温帯地域における生活史の完結には越冬戦略が重要である。卵と蛹は低温に対する耐性も大きく，越冬態としては合理的であるが，幼虫や成虫のように食物摂取が必要な生活段階で越冬する種も多数存在する。成虫で越冬する種の実態は未解明な点が多いが，冷気の当たらない場所でじっと動かない状態で越冬している個体がしばしば観察されている。これに対して幼虫での越冬については，戦略の確定している種と確定していない種が存在する。幼虫での越冬戦略が確定していない種については後で述べるので，ここでは確定している種を取り上げる。

ゴマダラチョウとオオムラサキ（口絵参照）は，いずれも幼虫期にエノキの葉を食物として利用し，幼虫の状態で越冬する。冬が近づきエノキの葉が散り始めると，これら 2 種のチョウの幼虫（図 3-3）はエノキの樹上から根元に下り，散乱する落ち葉の裏側に潜り込んで身動きすることなく冬を越す。この間，幼虫は何も摂食しない。動かないことによってエネルギー消費を最小限にしている。越冬中の幼虫は乾燥に弱いため，日当たりが悪く，湿度の高い場所に集中していることが多い。日当たりの悪い場所は低温であるが，温度変化が少ない。日当たりのいい場所で越冬すると，温度上昇によって体内の代謝が活発になり，摂食が必要になる。しかし，食べるべきエノキの葉はすべて枯れているので，食べる物はまったくない。つまり，越冬中は可能な限り動かない方が生存に有利である。気温が氷点下に達し，積雪があったと

しても，幾重にもなった落ち葉の中は幼虫が凍結・凍死[7]するほどまでには温度が低下しないため，無事に越冬することが可能となる。オオムラサキに比較して，ゴマダラチョウは乾燥にやや耐性があるため，落ち葉の量が少ない都市内の寺社や公園などのエノキの根元でも越冬できる。このことは，都市化が進行した地域においてもゴマダラチョウを目撃できる理由のひとつである。

このような越冬戦略においては，エノキの根元の落ち葉の存在が必須である。すなわち，成虫の吸蜜源である樹液と幼虫の食物となるエノキの新鮮葉だけではこれら2種のチョウの生活史は完結しない。何らかの理由でヒトが落ち葉を移動・除去すれば，これら2種のチョウの幼虫は全滅する。木の根元の落ち葉を清掃することはヒトにとっては些細な行為であるが，これら2種のチョウにとっては致命傷になる。

3.2.3 産卵

食べ物と越冬に加えて産卵に適した環境の存在も生活史の完結に重要である。卵から孵化した直後の幼虫はきわめて小さく，咀嚼能力が低い。このため，幼虫がかじるのは軟らかい新しい葉である。卵で越冬する種の場合，成虫の産卵は春に新芽が出現する場所の近くで行われることが多い。

里山には多様な環境が存在するため，チョウの種数も多い。このような里山を代表するオレンジ色の翅を持つ，アカシジミとウラナミアカシジミ（口絵参照）という互いに近縁の小型のチョウが存在する。これら2種のチョウは卵で越冬し，幼虫はいずれもクヌギ，ナラ類，カシワ類，カシ類など，里山林に多いブナ科の樹木の葉を食べる。食性の似通った両種であるが，ウラナミアカシジミの衰退が激しい。里山林の樹木は，1950年代までは燃料としての利用価値が高く，適度な枝打ちや伐採が行われており，新芽の形成も活発であった。しかし，化石燃料が普及した現在では里山の樹木の多くは放置されており，新芽の形成も低下している。この両種の幼虫は成長してもブナ科樹木の新芽や若い葉を好むが，幼虫の咀嚼能力に差があるのか，その傾向はウラナミアカシジミの方が大きい。つまり，ウラナミアカシジミはアカシジミよりも里山林放置の影響を受けやすく，個体数を減らしている。

樹木が弱ることも新芽の数を減らす原因となるので，孵化後の幼虫にとっては食物量の減少を意味する。アオスジアゲハ（口絵参照）は大阪や東京の市街地にも数多く生息するチョウである。このチョウの幼虫はクスノキの葉を食べる。アオスジアゲハが都市部に多い理由はひとつではないが，クスノキが様々な理由で都市部に多い[8]ことが確実に関わっている。しかし，関西大学千里山キャンパス内の調査では，キャンパス内のクスノキの数がほとんど変化していないにもかかわらず，2003年調査で年間167個体も観察できたアオスジアゲハが経年的に減少し，2010年調査では年間22個体しか観察できなかった。その理由として，大学がクスノキ周囲に休憩スペースを設置したため，クスノキの根元を踏む機会が増加したことが考えられる。根元を大勢のヒトが踏み固めるためにクスノキが弱って新芽の形成が減少し，孵化直後のアオスジアゲハの幼虫が咀嚼できる若い葉の生産量も減ったのであろう。

以上の二つの事例は，樹木に対するヒトの関わり方が変わると，たとえ伐採をしなくても，チョウの生存に大きな影響を与えることを意味している。

3.3 温暖化の影響

地球温暖化と都市温暖化の進行に伴い，近年の都市には南方系のチョウが増えているといわれる。しかし，南方系という用語はきわめて曖昧である。そこで，日本のチョウを生物地理学的に分類して南方系と表現されるチョウがどのタイプの種を指しているのかを明確にし，現在の日本の

表 3-2　都市周辺で観察されるチョウの分布地域にもとづく分類

日華区型
　ゴマダラチョウ，ムラサキシジミ，キマダラセセリ，スジグロシロチョウ，ナミアゲハ，
　クロアゲハ，オナガアゲハ，キタテハ，ヒメジャノメ，ウラギンシジミ，アサギマダラ
シベリア型
　ヒオドシチョウ，コムラサキ，キアゲハ，モンシロチョウ，モンキチョウ，ルリシジミ，
　ツバメシジミ，ベニシジミ
マレー型
　キチョウ，クロコノマ，ヤマトシジミ，ルリタテハ，ヒメアカタテハ，アカタテハ，
　アオスジアゲハ，ツマグロヒョウモン，ウラナミシジミ，イチモンジセセリ

日浦 勇:『海をわたる蝶』蒼樹書房，p.149 の表より抜粋.

チョウ相がどのように形成されたのかについて解説する。また，南方系のチョウの分布拡大の事例についても解説する。

3.3.1　チョウの生物地理区と日本のチョウ相の形成

　いわゆる生物地理学では，日本列島の大半を，ユーラシア大陸の温帯および亜寒帯域に相当する「旧北区」，南西諸島（奄美，沖縄地域の総称）以南を，インドや東南アジアなどユーラシア大陸の亜熱帯および熱帯域に相当する「東洋区」に含めている。つまり，日本列島のチョウは，北方系，すなわち旧北区のチョウと，南方系，すなわち東洋区のチョウに二分されることになる。しかし，生物地理学は哺乳類のような大型の動物の分布をもとに成立しており，チョウのような小動物の分布とは矛盾する点が見受けられる。日浦は，その著書『海をわたる蝶』[9]の中で，日本のチョウには上記の2グループ以外に，東アジアからヒマラヤにかけて分布の広がりをもつタイプの種が数多く含まれると指摘している。そして，旧北区系のチョウは日本が分布の南限にあたる種で「シベリア型」，東洋区系のチョウは日本が分布の北限にあたる種で「マレー型」，そして東アジアが分布の中心となっている種を「日華区型」と呼ぶことを提唱している。表 3-2 は，都市周辺で観察される代表的なチョウを，その分布に従ってこれらの3つの地理区に分類したものである。一般にいう南方系のチョ

図 3-4　ナガサキアゲハ
写真素材 Photolibrary より.

ウとは，日浦の分類でいうところの「マレー型」に相当する。したがって，南方系のチョウとは，具体的には，アオスジアゲハ（口絵参照），ツマグロヒョウモン（口絵参照），ナガサキアゲハ（図 3-4）などをさすことになる。

　日浦は，さらに，「日華区型」のチョウには日本特産種が含まれ，かつ森林を好む種が多く含まれることから，このタイプのチョウが最も早くに日本列島に定着したこと，そして日本産の「マレー型」のチョウには種の分化が海外ほど進行していないことを根拠に，このタイプのチョウがもっとも最近に日本に進出したとしている。南方系のチョウの進出はこの何年かに急激に起こったことではない。南方系のチョウの進出が目立つというのは，「マレー型」チョウの北上速度が温暖化によって加速されたということである。

3.3.2　シーボルトのアゲハチョウ

江戸末期に日本を訪れたオランダ人の中に，博物学者として有名なシーボルトがいる。彼は日本滞在中，精力的に日本の動植物を収集し，種の同定などを試みた。彼の故郷であるオランダのライデンにある博物館には，彼の持ち帰った多数の動植物の標本が保存されており，その中には明治期に絶滅したニホンオオカミの剥製も含まれている。このシーボルトが長崎で採集し，新種として報告したのが，大型の黒いアゲハチョウであるナガサキアゲハ（図3-4）である。

ナガサキアゲハは，中国南部，台湾，東南アジア，インドネシアの島嶼部に分布している。現在の日本での確実な分布域は南西諸島から近畿地方中南部までであるが，その分布域は拡大している。すなわち，シーボルトが日本に滞在した江戸時代後期まで，ナガサキアゲハは九州以南にのみ分布していたが，20世紀半ば頃から山口県西部，高知県南部，淡路島などに進出し，21世紀初頭には福井県や神奈川県西部での越冬が確認されている。さらに近年では関東北部や東北地方南部においても成虫が目撃されている。

ナガサキアゲハの幼虫は，アゲハチョウやクロアゲハなどと同様に，柑橘類やサンショウなどの葉を食物とし，蛹で越冬する。越冬中の休眠状態の蛹[10]は寒さに対する耐性が大きい[11]。ナガサキアゲハの本来の生息地ではこのような耐性は必要ないはずだが，分類的にアゲハチョウと近縁であることから，ナガサキアゲハのDNAには寒さに対する耐性がプログラムされていたと考えられる。このような遺伝的性質を持つことから，ナガサキアゲハは今後も着実に分布域を拡大していくであろう。

3.3.3　ツマグロヒョウモンの矛盾に満ちた分布拡大

翅の模様がヒョウ柄であることからヒョウモンチョウと呼ばれるチョウが日本には10種類以上生息している。これらのチョウはいずれもスミレ類を食草とする。ほとんどは，比較的涼しい気候を好み，年に1回しか成虫が発生しない。唯一の例外がツマグロヒョウモン（口絵参照）である。ツマグロヒョウモンは日本産のヒョウモンチョウ属の中で，唯一，南方系の種であり，成虫が年に3回以上発生する。このツマグロヒョウモンも先のナガサキアゲハと同様に，近年になって分布域が，九州，四国，近畿南部から東海を超えて，北関東にまで拡大している。

このチョウはナガサキアゲハのように蛹ではなく，幼虫で越冬する。しかし，先に述べたオオムラサキやゴマダラチョウのような確実な越冬戦略は持たず，いささか場当たり的で無謀とも思える状態で冬を越している。ツマグロヒョウモンの幼虫は，冬になっても食草であるスミレ類のそばに留まり，日当たりが良くなって気温が上昇し，活動が可能になると葉を食べ始める。冬であっても摂食するのである[12]。このため，日当たりの悪い場所のスミレにとどまった場合や，大量の積雪，あるいは連日の霜降りがあると，餓死または凍死すると考えられる。まさに運任せの越冬であり，近年の都市の温暖化が分布の拡大に手を貸しているといえる。

ツマグロヒョウモンの分布域の拡大には温暖化以外の要因も関わっている。ツマグロヒョウモン以外のヒョウモンチョウ属の幼虫は大変な偏食家で，好むスミレの種類が決まっている。ところがツマグロヒョウモンの幼虫はスミレ類であれば何でも食べる。都市では空き地に野生のスミレ類が自生し，花壇などには園芸種のパンジー（三色スミレ）が植栽されている。ツマグロヒョウモンの成虫は，他のヒョウモンチョウ属の成虫が見向きもしないパンジーの葉にも産卵する。パンジーは中欧から北欧で品種改良により誕生した園芸種であり，南方系のツマグロヒョウモンと遭遇することはあり得なかったはずである。このようなあり得ない遭遇が利用できるほど食性の広いことが，

分布拡大に役立っていることは確実である。

ツマグロヒョウモンのメスは前翅の先端（褄の部分）に黒い帯がある。この翅模様はカバマダラ（口絵参照）というチョウに類似している。カバマダラの幼虫は有毒な物質を含むトウワタという植物の葉を食べる。この有害物質は成虫の体にも残るため、カバマダラは毒チョウとなる。このため鳥はカバマダラを捕食しない。ツマグロヒョウモンのメスは毒チョウであるカバマダラに擬態[13]することによって鳥の攻撃を避けていると考えられる。ところがカバマダラというチョウは、日本では南西諸島にしか分布しない。鳥はカバマダラが毒チョウであることを経験によって学習する。つまり、カバマダラを捕食し、有害成分のあることを認識した鳥のみが、カバマダラの捕食を避ける。擬態の元になるカバマダラの生息しない日本本土においては、ツマグロヒョウモンの翅模様はまったく役立っていない。

ツマグロヒョウモンの分布域拡大は、食性の広さと気象上の偶然が重なったものであり、きわめて不安定なものである。しかし、たとえ暖冬傾向が収まったとしても、都市の温暖化が止まらない限り、都市近郊においては今後も生活史を完結すると思われる。

3.4　チョウの性質の影響

ヒトによる環境の撹乱がチョウの分布に影響を与えることは明白であるが、影響を受けやすい種と受けにくい種が存在することは事実である。ここでは、各種の持つ特徴と環境撹乱の関連について述べる。

3.4.1　森・林縁のチョウとオープンランドのチョウ

日本は雨量が多く、樹木が十分に生育するため、ヒトによる撹乱がなければ森林が形成される。このような土地でヒトが活動するには樹木を伐採し、明るい土地（これをオープンランドという）を出現させる必要がある。このような視点で日本の土地利用を見ると、平地農村やヒトの住む都市はオープンランドとみなせる。

チョウには森や林縁を好む種とオープンランドを好む種が存在する。前者は、高温環境が苦手であり、やや暗い環境でも活動する。これに対して、後者は明るい環境を好み、前者よりも高温に耐える。偶然に建物内に紛れ込んだ場合、前者は建物内を悠然と飛翔するが、後者は窓辺に直行し、外に出ようと激しく翅をばたつかせる。

東京都西部のいわゆる武蔵野地域に、小金井公園と野川公園という大きな緑地が存在する。2つの緑地は直線にして5 kmも離れていない。前者の大半は、運動場、芝生広場、花壇、桜並木、梅林などで構成されたオープンランドであるのに対して、後者は約半分が湿地帯と雑木林によって構成されており、森と林縁を含んでいる。筆者は2001年にこれらの2つの公園で1年間にわたりチョウの分布調査を行い、野川公園で35種、小金井公園で25種のチョウを観察した[14]。この中で森や林縁を好む種は、野川公園が22種、小金井公園が11種であり、両公園のチョウの種数の差の原因が野川公園の雑木林にあることは明白だった。ゴマダラチョウ、アカシジミという、これまでに取り上げてきたチョウも野川公園でのみ観察できた。これらのことは、ヒトが活動のためにオープンランドを拡大すると、森や林縁を好む種が減少し、最終的にはオープンランドを好む種が残ることを意味している。つまり、オープンランドのチョウはヒトによる撹乱に耐えうる種と考えることができる。

3.4.2　多様性

生物多様性という用語がよく使われる。筆者は、典型的な里山である兵庫県猪名川町内馬場と都市近郊住宅地である大阪府枚方市牧野でチョウの分布調査を行った。観察したチョウの種数と総個

体数は，内馬場が54種1154個体，牧野が19種579個体であり，都市に比較して，里山ではチョウの種数と個体数が明らかに高かった。この調査結果をもとに多様性を理解してみよう。

それぞれの調査地において，観察した総個体中で観察数が多かった上位5種の合計個体数が占める割合を図3-5に示した。内馬場では総個体数に占める上位5種の比率は55.6%であるが，牧野では実に92.3%であった。牧野では19種のチョウが観察されていたが，現実には上位5種（ヤマトシジミ，モンシロチョウ，アオスジアゲハ（口絵参照），アゲハチョウ，ツマグロヒョウモン（口絵参照））が大半を占めていて，残りの種は年間をとおしていずれも数個体未満しか観察できていなかった。実際に牧野でチョウを探した場合，発見できるのはこの5種だけである可能性は高い。これに対して，内馬場では上位5種以外のチョウも容易に観察できるだろう。生物多様性という点において，内馬場が牧野を上まわることは明白である。つまり，多様性とは，「多種類がほぼ均等に存在している」状態といえる。図3-5は多様性の大小を視覚的に示しているのである。

3.4.3 一化性と多化性

チョウをはじめとする昆虫には，卵から成虫までの期間が短いために1年間に何回も成虫が発生する種と，期間が長いために1年間に1回しか成虫の発生しない種がある。この年間の成虫の発生回数を化性という。図3-5には，内馬場と牧野で観察した種を年間の化性で分類したものも示した。どちらの地域でも年間発生回数が3回以上の多化性の種の割合が高かったが，里山である内馬場では年間発生回数が1回である一化性の種が54種中11種含まれていた。一化性の種は，卵から羽化までの期間がきわめて長い。卵と蛹は移動ができないし，幼虫の移動距離もわずかであるこ

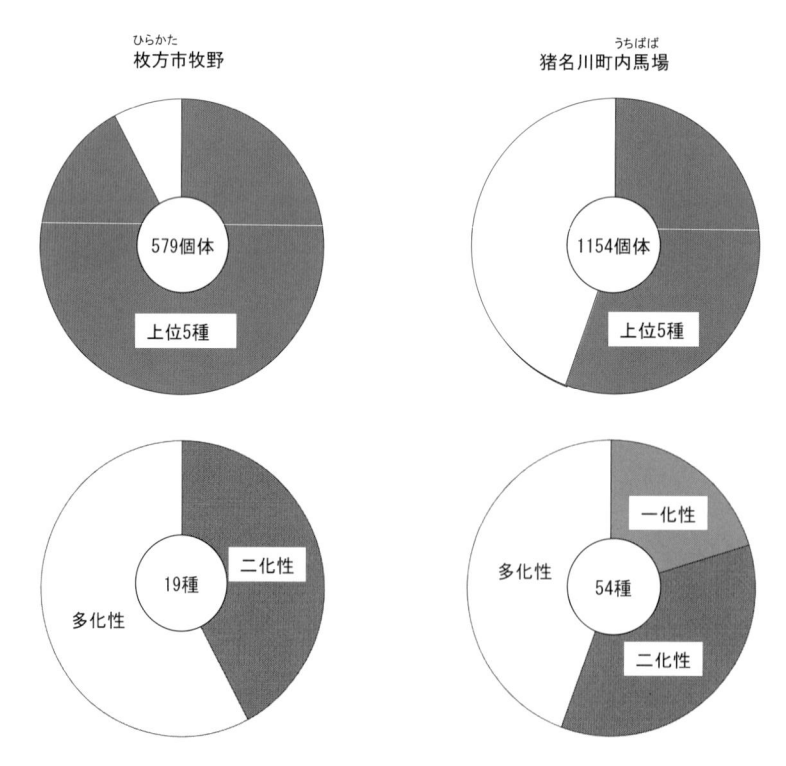

図3-5 大都市近郊（枚方市牧野）と里山（猪名川町内馬場）におけるチョウの総個体数に占める個体数上位5種の比率（上の円グラフ）と年間発生回数別に示した観察種数（下の円グラフ）

図 3-6　オオモンシロチョウ（左：スペイン・グラナダ市近郊），モンシロチョウ（中：京都市），
スジグロシロチョウ（右：兵庫県猪名川町）．
標本のオオモンシロチョウは札幌市で採集したもの．写真撮影：吉田 周．
下段の写真は，カバーのカラー写真も参照いただきたい．

とを考えると，一化性の種は撹乱が頻繁に起こるような環境下では生活史を完結できない．つまり，一化性の種が存在することはその地域の自然環境が安定していることを意味する．これに対して，都市近郊住宅地である牧野では一化性の種はまったく観察できない．都市近郊のような撹乱が頻繁に起こる地域では，卵から羽化までの期間が長い一化性の種は生き残れないといえる．

この調査結果から見えることは，自然環境の人為的な撹乱によって最初に消えていくのは一化性の種であり，都市に適応できるのは世代交代の期間が短い多化性の種ということである．

3.5　モンシロチョウ属3種の盛衰

白いチョウを見ると多くのヒトはモンシロチョウだと思うだろう．しかし，白いチョウはモンシロチョウだけではない．ここではいずれもアブラナ科植物を幼虫期の食物とする図 3-6 に示すモンシロチョウ属の3種，モンシロチョウ，スジグロシロチョウ，オオモンシロチョウの盛衰について解説する．

3.5.1　モンシロチョウは外来種？

図 3-7 にモンシロチョウの分布域を示した．モンシロチョウの分布域は，アジアとヨーロッパだけではなく，北アメリカやオセアニアにまで広がっている．北半球に広く分布する生物は他にも知られているが，オセアニアまでの分布拡大は自然状態では考えにくい．モンシロチョウは中近東から地中海地域が原産であり，幼虫の食物となるダイコン，カブ，キャベツをはじめとするアブラナ科栽培植物の世界的な拡散に伴って，現在のような分布になったのである．

日本のモンシロチョウについても，明確な証拠はないものの，古代のある時期に，ダイコンな

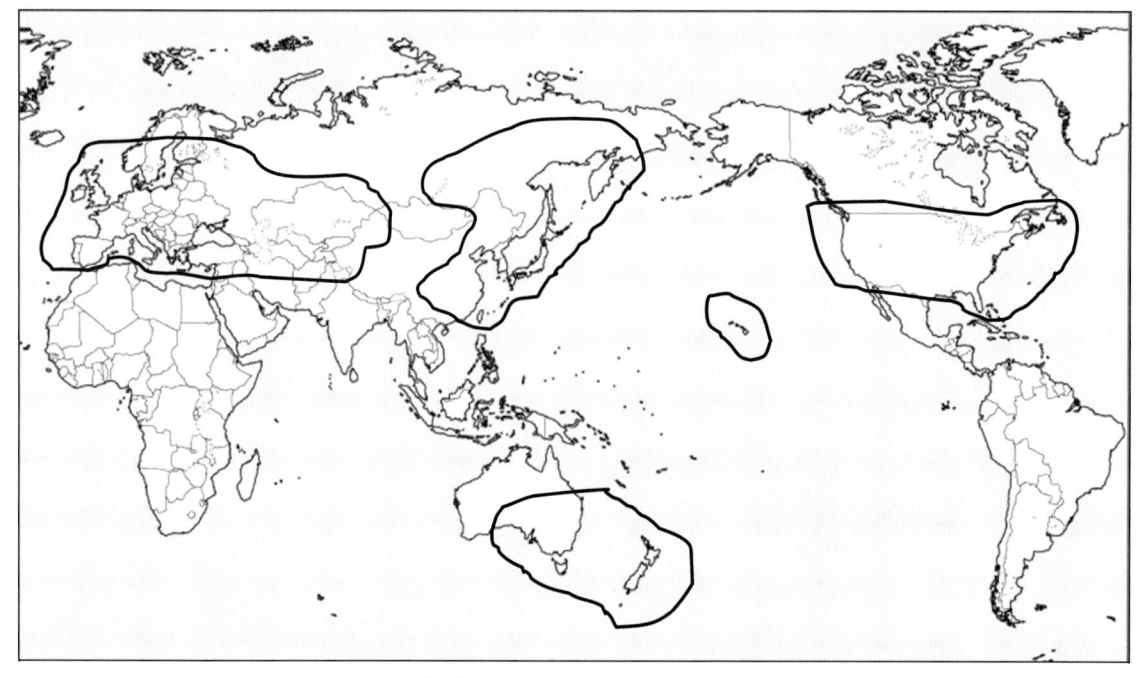

図 3-7. 地球上におけるモンシロチョウの分布
日浦 勇:『海をわたる蝶』蒼樹書房, 1973, p.118 の図をもとに作図。世界地図は http://www.sekaichizu.jp/ よりダウンロードしたものを使用した。

どとともに侵入した[15]と考えられている。なお、モンシロチョウに関する最も確実な記録のひとつとして、18世紀中頃に円山応挙が描いたモンシロチョウを含むチョウの写生図がある。この図は京都で描かれたと推定できることから、江戸時代中期には、現在と同じように京都の街中をモンシロチョウが飛びまわっていたと推定できる。

モンシロチョウの日本への分布については、もともと日本に存在したという説、自力で大陸から飛翔して定着したとする説もある。いずれにしても明るい環境を好むオープンランドのチョウであることから、ヒトの活動域の拡大とともに、その分布を拡大したといえる。

3.5.2 モンシロチョウとスジグロシロチョウの勢力争い

スジグロシロチョウはモンシロチョウとよく似たチョウであるが、翅脈にそって黒い鱗粉が並ぶことで区別できる。ただし素人には、野外で飛翔中のものを見分けるのはむずかしい。このチョウの幼虫は栽培種ではなく、野生のアブラナ科植物をよく利用している。しかし、イヌガラシなどの外来のアブラナ科植物を利用していることが多いので、モンシロチョウと同様に外来種であると指摘されている[16]。モンシロチョウのようにキャベツなどの栽培種を利用しないのは、このチョウが比較的暗い環境を好むためである。したがって、関西の市街地で見かけることはほとんどなく、北摂などの山間地でようやく姿を見ることができる。

しかし、このチョウは東京都下では山際に行かなくても姿を見ることができる。それどころかモンシロチョウとの間で激しい勢力争いを繰り返している。1930年代から2000年代までの東京都下でのモンシロチョウの採集と目撃記録を調べた小汐らによると、東京都下では、戦前はモンシロチョウとスジグロシロチョウがほぼ拮抗して生息していたのが、1950年代はモンシロチョウが圧倒的

優勢，1960年代からスジグロシロチョウが盛り返し，1980年代ではスジグロシロチョウが圧倒的優勢，1990年代はモンシロチョウがやや盛り返し，2000年代では再度モンシロチョウ優勢という状況になっている[17]。モンシロチョウがオープンランドのチョウで高温に耐えること，スジグロシロチョウが林縁のチョウであり，明るさと高温を苦手にすることを念頭におくと，1950年代のモンシロチョウの優勢には都市化によるオープンランドの拡大，1960年代以降のスジグロシロチョウの盛り返しと優勢には都市に高層建築が増加して「都市＝オープンランド」ではなく「都市＝日陰の多い空間」になったこと，1990年代以降のスジグロシロチョウの衰退には都市の温暖化が関わるといえるかもしれない。また，ムラサキハナナ（オオアラセイトウ）というスジグロシロチョウが好む外来植物が1970年代以降に都内の空き地に自生し始めたことも関わるといわれており，様々な要因が複合的に寄与しているのであろう。これら2種の東京での盛衰は，チョウ同士が争った結果ではなく，ヒトの活動に伴う都市空間の環境変化がもたらしたものである。

3.5.3 オオモンシロチョウと寄生蜂

オオモンシロチョウはモンシロチョウをひとまわり大きくした白いチョウで，元々はヨーロッパに生息する種であった。このチョウが1990年頃にアブラナ科野菜とともにロシア沿海州に侵入・定着して増加し，1995年には北海道に侵入・定着した。その後の約10年間で青森・岩手，対馬でも発生し，アブラナ科野菜の大害虫として対策が必要になるほど増加した。ところが，最近ではその発生数が激減しており，畑での大発生が見られなくなった。

近年におけるオオモンシロチョウの激減には，アオムシコマユバチという小さな寄生蜂が関わっている可能性がある。この寄生蜂のメスは，生きているモンシロチョウ幼虫の体内に産卵する。孵化した寄生蜂の幼虫はモンシロチョウ幼虫の体液を内側から吸って成長する。そして，モンシロチョウ幼虫の表皮を食い破り，外に出て繭を形成する。アブラナ科植物はモンシロチョウ幼虫に加害されると，葉の傷口から特殊な揮発性の化学物質を放出する。寄生蜂はこの化学物質に誘引されて飛んでくる。寄生蜂はモンシロチョウ以外でも似たような幼虫がいれば産卵の対象にできる。

田中の研究[18]によると，アオムシコマユバチには，モンシロチョウ幼虫を専門に産卵するタイプ（スペシャリスト）とオオモンシロチョウなどモンシロチョウ以外の幼虫にも産卵するタイプ（ゼネラリスト）がおり，オオモンシロチョウ侵入直後はモンシロチョウスペシャリストが大半であったため，オオモンシロチョウに産卵する寄生蜂は稀であった。ところがオオモンシロチョウが増加すると，オオモンシロチョウに産卵する蜂が増加してきた。つまり，寄生蜂の中で，どちらのチョウの幼虫も利用するゼネラリストが増え，モンシロチョウスペシャリストが減少したのである。田中は，このようなアオムシコマユバチの変化には，アオムシコマユバチに寄生する蜂が関わっていると指摘している。アオムシコマユバチ以外の寄生蜂からみれば，コマユバチの幼虫が潜むモンシロチョウ幼虫やコマユバチの繭も寄生の対象である。このような後から侵入する蜂は二次寄生蜂といい，アオムシコマユバチにとっての天敵である。コマユバチに寄生されたモンシロチョウ幼虫は弱っており，動きが鈍いため二次寄生蜂に狙われやすい。ところがオオモンシロチョウ幼虫はモンシロチョウ幼虫よりも攻撃的であり，しかもコマユバチに寄生されていても比較的元気であるため，体がきわめて小さい二次寄生蜂はコマユバチ幼虫を抱えるオオモンシロチョウ幼虫に産卵することが難しい。またオオモンシロチョウは，コマユバチ幼虫が体外に脱出して繭を形成した後も，繭の付近に留まってしばらく生きているため，二次寄生蜂はコマユバチ繭への産卵も妨害さ

れる。つまり，田中は，コマユバチはオオモンシロチョウ幼虫を利用する方が天敵の影響を受けにくいため，オオモンシロチョウ幼虫に寄生するタイプが増加したと説明するのである。

オオモンシロチョウの発生数激減にこのような寄生蜂が関わっている可能性は高い。ここで紹介したオオモンシロチョウの事例は，新天地に外来種が侵入して爆発的に増加しても，周囲の生態系がそれを包み込んで生態系のごく一部におさめてしまうことを物語っている。

3.6 衰退する草原のチョウ

日本は雨が多くて植物が十分に成長するため，ヒトが手を加えなければ森林が形成される。このため，日本ではウシやヒツジの放牧に適した草原は，高原や北海道にしか存在しない。日本の平地においては，草原状態の維持にはヒトの手が必要である。ここでは日本における草原のチョウの現状を紹介する。

3.6.1 オオウラギンヒョウモン

大阪近郊では，自然の草原は水辺などのヨシ原程度しかなく，草原の多くはヒトの手によって維持されている半自然的な草原（二次草原）である。このような二次草原は，ススキ，チガヤ，シバなどイネ科植物を中心に構成されており，農耕が始まって以来，緑肥[19]や屋根葺きなどに利用するため維持されてきた。草刈りは，農作業のスケジュールにしたがって毎年同じ時期に行われた。また肥料の投入を行わないので，樹木や大型の草本の生育が困難となり，中〜小型の植物に適した環境となっていた。

このような二次的な草原にはオープンランドを好む多種類のチョウが生息していた。化学肥料が普及する以前，緑肥用の草原はいたるところにあったため，これらのチョウは普通に見られるありふれた種であった。しかし，今日では緑肥を利用する意義がほとんどないため，二次的な草原は放置，もしくは開発されることになる。この結果，二次草原に依存していたチョウの多くは，栽培植物にも依存できる種を除いて衰退することになる。衰退の著しい草原のチョウの代表にオオウラギンヒョウモン（口絵参照）がある。

オオウラギンヒョウモンは大型のヒョウモンチョウで，かつては本州，四国，九州の規模の大きい草原や農地周辺に生息していた。しかし現在は，山口県秋吉台，九州中央部の自衛隊の演習場などを中心とした大規模な草原にのみ生息しており，絶滅危惧種に指定されている。このチョウの衰退には，管理放棄による草原環境の変化に加えて，幼虫が特定の種のスミレに対する嗜好性が高いことも関わるとされる。パンジーを利用する同じヒョウモンチョウのツマグロヒョウモンとはきわめて対照的である。

3.6.2 野焼きの影響

二次草原ではしばしば野焼きという作業が行われる。日本での野焼きは，早春の草本の新芽が出ない時期に実施されることが多い。野焼きを行うことにより大型の草本や樹木の出現は抑制され，二次草原は維持できる。また，野焼きによって生じた灰はリンとカリウムを高濃度に含むため，新たに発芽する若草のための肥料になる。このような野焼きは，枯れ草などに付着して越冬している多くの昆虫類などを駆除することにもなるため，二次草原に依存するチョウにとってはマイナスの活動に見える。しかし，チョウの種によっては野焼きが種の維持にプラスに作用していることもある。

オオルリシジミ（口絵参照）は青色の翅の小型のチョウで，クララという豆科植物の花穂を幼虫の食物として利用している。クララは日当りのいい草原に生える植物であるが，二次草原の衰退により自生地はかなり減っている。クララに依存するオオルリシジミはもともと分布域の狭いチョウ

であったが，現在は長野，群馬，新潟，熊本などにしか分布していない。5月に羽化したオオルリシジミの成虫は，6月にクララの花穂に産卵する。孵化した幼虫は7月には蛹となり，そのまま越冬する。このように蛹の期間が長いのがオオルリシジミの特徴であり，蛹への寄生蜂が天敵である。寄生蜂の攻撃を避けるため，オオルリシジミは土にもぐって蛹化するが，完全に逃れることは難しい。ただし野焼きとの関係では，土中にあるため影響を受けにくい。

長野県下でオオルリシジミの保全について研究している江田は，早春の野焼きがオオルリシジミ以外の蛹の中の寄生蜂の卵を除去するため，野焼きをしないと4月頃に羽化する寄生蜂成虫がオオルリシジミの蛹に産卵する確率が大きくなると報告している[20]。この報告にしたがうなら，野焼きはオオルリシジミ蛹への寄生蜂の影響を小さくしており，オオルリシジミ保全にとって有効な活動ということになる。

野焼きという活動は対象地域に生息する小動物にとってマイナスに作用することが多いが，オオルリシジミの事例は，生息に逆にプラスに作用することを示している。ヒトの活動と小動物の分布の関係は複雑かつデリケートなものといえるだろう。

3.7 都市に適応したチョウ

3.7.1 都市の植生

小原と平田は，都市の植物は人の活動とのかかわりで，残存植物，侵入植物，造成植物に3分類することが可能としている[21]。残存植物とは，都市化以前から存在していた植物が都市化以降もそのまま残った場合を指す。典型的な事例として，神社などに大木として残るクスノキやカシなどの常緑広葉樹をあげることができる。これらは照葉樹であり，奥山の樹木である。おそらくは神社の御神木として都市化以降も神社とともに残存したと考えられる。残存植物のもうひとつの例は，里山林など，かつて農村に育成されていた落葉樹が部分的に残った場合である。住宅街の片隅に残るクヌギ，あるいはかつて農道に沿って植えられていた樹木が都市化後も生活道路に沿って残る場合などが当てはまる。前者の御神木は今後もよほどのことがない限り残るだろうが，後者の里山のなごりはやがて消失する可能性が強い。

侵入植物とは，都市化以降に人の意志とは無関係に侵入し，繁茂しているものである。都市の空き地，あるいは植え込みの間など，わずかな土地に生えるカタバミ，エノコログサ，セイヨウタンポポ，ブタクサ，オオアレチノギクなどが相当する。成長が早く，いわゆる帰化植物といわれる種が多い，これらの植物でも管理が頻繁に行われる場合，撤去される可能性が高い。草本植物だけでなく，アオキなどの樹木も，野鳥がその種子を運ぶことがあるため，住宅の庭などに侵入してその勢力を拡大することがある。

造成植物とは，その名前が示すように，人が何らかの意図のもとに植栽・配置したものである。街路樹，公園緑地，大学キャンパス，一般住宅の庭などの場合，植栽したものは育成の対象となる。したがって，やがては都市の景観と自然環境を規定する植物群となる。街路樹，公園緑地，大学キャンパス，庭木などに利用される樹種としては，クスノキ，ケヤキ，イチョウ，ポプラ，サクラ類，カシ類，イブキ，ハナミズキ，ツバキ，サザンカ，ミカン類などがある。これらの樹種に共通の特徴を見つけることは難しい。花が楽しめる，常緑樹である，紅葉が楽しめる，害虫がつきにくいこと，などが造成樹木として選択される理由であろう。クヌギやコナラのような樹液を出す落葉広葉樹は，多くの昆虫類を集める，落ち葉掃除の手間が大きいなどの理由で敬遠されることが多い。一方，花壇に配置される草本植物の多くは，植え替えも多いので安定した自然環境とはなり難い。

3.7.2 都市のチョウの共通性

都市は人為的な撹乱が絶えず生じる場所である。したがって都市に適応できるチョウにはいくつかの共通性が認められる。まず，都市は基本的にはオープンランドである。ゆえに明るい環境，すなわち森林や林縁ではなく草原を好むチョウが適応可能である。モンシロチョウはその代表といえる。次に都市は，地球温暖化を上まわるスピードで温暖化している。したがって，南方系のチョウにとっては過ごしやすい条件があるといえる。ツマグロヒョウモン，アオスジアゲハなどが当てはまるだろう。また頻繁な撹乱の合間をぬって生き続けるには，卵から成虫までの期間が短い多化性であることも重要である。ヤマトシジミのように早春から12月上旬にわたって1年に6～7回成虫が出現する種を筆頭に，都市のチョウのほとんどは多化性である。さらに都市に存在する植物を幼虫の食物として利用できること，樹液を出すような樹木があまり存在しないことから成虫が花蜜を利用することも適応の条件といえる。ヤマトシジミがカタバミを利用するように，これまで紹介してきた都市のチョウの食物はいずれもこの条件に当てはまる。最後に，比較的広い食性を持つことも重要である。ツマグロヒョウモンが，本来であれば出会うはずもない欧州起源の栽培スミレであるパンジーを食草として利用していることがその代表例といえる。

3.7.3 新たな侵入者

上に述べたように，都市で繁栄できるチョウは，明るい環境と高温に対する抵抗性があり，食性がある程度広くて都市の植物を幼虫期の食草として利用でき，かつ多化性である。南方系，すなわちマレー型の種はもともと多化性であることから，食物の条件が整えば都市に適応しやすいといえる。しかし，マレー型でない種でも，新たに都市に侵入して繁栄する場合がある。

その代表はホシミスジ（図 3-8）である。ホシ

図 3-8　ホシミスジ（京都市西京区）
写真撮影：吉田 周。

ミスジの故郷は西日本の低山帯，および信州であり，都市とは無縁の種であった。ところが，近年，西日本の都市部で，この種の繁殖が確認されている。ホシミスジ都市繁栄の原因は，このチョウの食草であるユキヤナギやシモツケソウが都市の様々な場所に植栽されるためである。幼虫は，枯葉を糸で縫い合わせて袋状のものを樹上で作り，その中で越冬する。この越冬戦略で信州のような寒い場所で生き抜いてきた。それゆえ都市での越冬は問題がない。大敵は主に冬季に行われる枝の剪定であるが，間引く程度であるため，相当数の個体は生き延びている。

ホシミスジのような観賞用の園芸植物の移植に伴って他地域のチョウが侵入する事例は外国においても認められる。最近，ヨーロッパの各地に，南アフリカ原産の Geranium bronze（口絵参照）という小型のチョウが分布し始めている。調査の結果，このチョウは花の観賞やハーブとして用いられるゼラニウム類を幼虫期の食物としており，ゼラニウムの新たな原種を南アフリカからヨーロッパに移植したさいに，侵入したと判断されている。

前にも述べたがチョウは植物に直接的に依存す

る。つまり，幼虫期の食草が十分に生育し，成虫の吸蜜源が存在し，かつ越冬場所が確保できる環境であれば，山や高原のチョウであっても都市で繁栄できる。人は都市に様々な植物を配置し本来とは異なる植生を形成してきた。チョウが植物に依存する以上，都市のチョウの種構成も本来とは異なるものになるのは当然であろう。ホシミスジや Geranium bronze の事例は，南方系のチョウでなくとも，食物条件が整えば，どのタイプのチョウであっても新たな土地に侵入して分布を拡大することが可能であることを示している。

都市の植生が残存植物，侵入植物，造成植物に分類できることは先に述べたとおりである。都市の植生を完全に人の管理下におくことも不可能ではない。しかし，都市に適応するチョウの存在は，植生が人の管理下であったとしても，動物は人の意志とは無関係に都市に定着することを意味している。これまでヒトの活動は自然を撹乱し，多くの動物の分布に影響を与えてきた。しかし，動物が内在する適応力はきわめて大きい。したがって，野生動物を人の手で完全に制御することは不可能である。今後もヒトによる自然環境の撹乱は継続するだろうが，必ず撹乱，もしくは撹乱の結果出現した新たな自然環境に適応した種が出現するであろう。

[吉田宗弘]

注
1) 詳細は「書評 141 号，関西大学生活協同組合書評編集委員会，24-31, 2014」に記載（全文が筆者の研究室のホームページ（http://ku-food-lab.com/）からダウンロード可能）。
2) ある地域において特定の生物種が幾世代にもわたって生息している場合，これを「個体群」という。一方，ある地域に生息する生物の個体群全体を「生物相」という。「チョウ相」とは，特定地域における「チョウの個体群すべて」を指している。なお，互いに関わりのある個体群をまとめて「群集」といい，「チョウ類群集」という用語もしばしば使われる。しかし，「群集」とは被食者－捕食者の関係も含めた個体群の集合なので，分類上の特定のグループのみによって構成される「チョウ類群集」という用語は，群集の本来の意味から少しずれている。
3) Pianka によって考案された指数。ニッチ（生態学的地位）の重複度を示している。計算式は，伊藤嘉昭・山村則男・嶋田正和『動物生態学』蒼樹書房，p 297, 1992 に記載されている。
4) 計算の方法については，考案者による以下の報告を参照されたい。田中 蕃：蝶類学の最近の進歩（日本鱗翅学会特別報告第 6 号）」，527～566（1988）．
5) 動物の屍体や排泄物などから吸汁するチョウが存在するが，これは糖質の補給ではなく，ミネラル分の補給が目的と考えられる。また，ゴイシシジミのように，アブラムシの分泌物を吸蜜源にする特殊な種も存在する。
6) ある種のチョウ（アサギマダラなど）では性ホルモンを体内で合成するための原料物質を得るために特定の植物からの吸蜜が必須である。
7) 実験によると，これら 2 種の幼虫は氷点下 15℃に丸 1 日おいても，70% 以上が生存する（竹原一郎・朝比奈英三：低温科學生物編，18, 57~65, 1960）．
8) クスノキが都市部に多い理由として，①防虫剤としても利用される樟脳がとれる樹木であり，アオスジアゲハ以外の昆虫が発生しにくい，②巨樹化するため，神木や地域のシンボルとして扱われることが多く，伐採の対象になりにくい，③照葉樹であるため，温暖化の著しい都市部の気候に適している，などがあげられる。
9) 日浦 勇：『海をわたる蝶』蒼樹書房，1973．
10) 休眠蛹といい，秋の日照時間の減少によって，ホルモンが分泌されることによって形成される。休眠蛹は，一定時間以上低温下に晒さないと羽化しない。日照時間の減少以外に，気温の低下や栄養状態の低下も休眠蛹の形成に関連する種もある。
11) ただし，元来が亜熱帯（マレー型）のチョウであるため，アゲハチョウなど温帯の種に比べると，低温への馴化能力は低い。このため，標高の高い場所など，冬季の気温が低いところでは休眠蛹は死滅する。また，夏季の気温の低い地域では幼虫の成長が遅れるため，冬季までに蛹化できないので定着できない。
12) 石井 実・平井規央：昆虫と自然，37（12），28~31, 2002．
13) これを「ベイツ型擬態」という。
14) 吉田宗弘・平野裕也・高波雄介：環動昆，15, 1~12, 2004．
15) このように古い時代に日本に侵入したと考えられる種を「史前帰化種」という。
16) 日本在来の白いチョウは，スジグロシロチョウのごく近縁種であるヤマトスジグロシロチョウとエゾスジグロシロチョウであるといわれている。
17) 小汐千春・石井 実・藤井 恒・倉地 正・高見泰興・日高敏隆：蝶と蛾，59, 1~17, 2008．
18) 田中晋吾：京都大学学位論文「寄生蜂アオムシコマユ

バチによる侵入寄主への適応に関する進化生態学的研究」2007.
19) 緑肥とは植物を土と一緒に耕して作物の肥料にすること，またはそのための植物のことである．
20) 江田慧子・中村寛志：環動昆，21，93~98，2010.
21) 小原秀雄・平田 久：『都市と環境・現状と対策』（中村英夫編集代表），ぎょうせい，p.193-200，1992.

口絵写真の出典
オオムラサキ：Photolibrary の写真素材より．
ゴマダラチョウ：Photolibrary の写真素材より．
アカシジミ：写真撮影 吉田 周（京都市左京区木野にて）．
ウラナミアカシジミ：写真撮影 吉田 周（兵庫県猪名川町にて）．
アオスジアゲハ：写真撮影 吉田 周（京都市左京区八瀬にて）．
カバマダラ：沖縄県那覇市採集．
ツマグロヒョウモン♂♀：京都市西京区採集．
オオウラギンヒョウモン：福岡県の希少野生生物のウェブサイト http://www.fihes.pref.fukuoka.jp/kankyo/rdb/rdbs/detail/201400139 より，2015 年 4 月 16 日アクセス．
オオルリシジミ：環境省阿蘇くじゅう国立公園のウェブサイト https://www.env.go.jp/park/aso/photo/a01/b03/a01_b03_p002.html より，2015 年 4 月 16 日アクセス
Geranium bronze：撮影者 吉田 周（スペイン，マドリード市内にて）．

第4章
戦後日本の一次エネルギーの経験的消費と今後期待される倫理

　一次エネルギーの消費や生産のあり方は，国のかたちや人の生き方と深く関わっている。この章では，まずは，読者の一次エネルギーに関わる基礎知識の理解を進めるべく教材を提供している。次に，2015年8月15日で日本は戦後70年を迎えたが，この間の日本のエネルギー消費とその調達について統計資料を使って論じる。

　戦後70年間で形作られた日本を主にG7などの国々との間で比較し，日本の位置づけを試みる。そして，再生可能エネルギー生産過程に関わって，敗戦国として共通点が多いドイツとイタリアと比較し，脱原発を含めて財政が世界で最も健全で環境先進国のドイツモデルを学ぶべきと筆者が考える過程を述べる。

4.1　産業革命から現在までの化石燃料消費

　高度な産業活動は，人類にとって初めての利用自在な石炭という化石燃料利用に始まる。つまり，言い古されてきたように，石炭をエネルギー資源とする蒸気機関の発明に始まる産業革命である。人類にとって1760年代に英国で始まった産業革命はただ1回であって，日本の明治以降に始まる近代的工業の導入は単に近代産業化に過ぎない。産業革命以来，生産の量と質は大きく展開し，産業活動だけでなく，あらゆる分野にその影響が浸透していく。

　図4-1は，合衆国二酸化炭素情報分析センターCDIAC8のデータベース[1]から筆者が描いたものである。このカーブについての木庭（2009）の記述[2]を一部再掲する。現在2010年までが公開されているが，ここで論じるテーマでは5年分をあらたに追加する必要性はない。

　木庭（2009）では化石燃料の使用による主要温室効果ガスにあたる二酸化炭素の増大過程を示すべくこのグラフを使用したが，ここでは，近代的な産業化プロセスと化石燃料三種の使用史を示すためだけに利用する。

　年排出総量（炭素換算）は1751年から2005年のうちで，最新の2005年が最も高く79.85億トンに達している。19世紀末から石炭の消費量が拡大するが，第二次大戦後，石油消費量が急激に増え，1960年代末には石炭からの排出量を上まわるようになる。ただ，これ以降，石油は急激な上昇カーブを描きながらもおよそ上に凸の二次曲線を，石炭はその後も上昇を続け，およそ下に凸の二次曲線を示し，両者の排出量は2005年現在でほぼ一致している。

　天然ガスは石油よりもむしろ石炭のカーブに類似している。セメント[3]の製造量も工業化や都市化を知る指標になる。先進国では製造工程の見直しが実施され排出量は減少傾向にあるが，中国は石炭だけではなく，2008年現在ではセメント製造でも最大の排出国になった。ガスフレアリングとは油田やガス田から発生する遊離天然ガスの焼却処分のことである。これは図でも急激に減少しているが，これは石油会社の企業努力によっている。

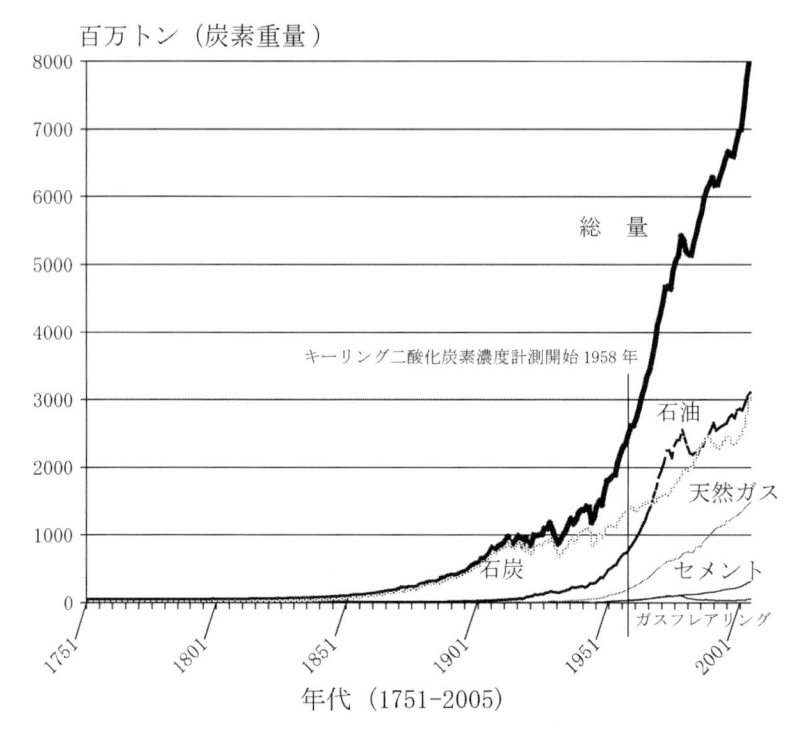

図 4-1 世界の化石燃料消費およびセメント製造にかかわる
二酸化炭素排出量（炭素換算）の変遷

4.2 世界のエネルギー利用と経済
（演習と解説）

4.2.1 国別エネルギー消費量を通じて
－経済活動と環境問題の関わりを社会科地理から学ぶ－[4]

　エネルギー問題を理解するためには種々のアプローチがある。ここでは、関西大学 2012 年度「地理」入試問題[5]（資料 1 とする：66, 67 ページ参照）を使って、社会科地理の方法でみてゆく。

　この問題に関連して基本的な知識を学び、その上で、問題を展開させたい。なお、次の①～⑨（入試問題にはないが読者の理解を助けるために新たに追加した）は資料 1 の下線番号と一致している。以下の文章は、「設問を解く」と「展開」からなり、この中に新たな問い（文字をゴシックにして下線を施し、ⓐ～ⓢ を付している）を提供している。回答のためのヒントは、それぞれの問いの前後にある。

4.2.2 設問を解く

[1] 一次エネルギーの解説（①一次エネルギー）

　一次エネルギーは、現在の人間の技術で自然界から取り出すことのできるエネルギーで、これには太陽起源、地球内部起源、宇宙起源のものがある。太陽起源のものには、化石燃料、水力、風力、波力、太陽熱（光）など、そして、地球内部起源のものには、地熱などがある。宇宙起源のものには、主に太陽系内の月の引力で発生する潮汐などがあるが、太陽系外から到達する高エネルギーの銀河宇宙線などについては未だ利用法が見つかっていない。さて、ⓐ <u>波力と自然ウランはそれぞれ、上記三区分のいずれに属するか、答えてください。</u>

　一次エネルギーは、大気中に新たに二酸化炭素を排出するものとそうでないものに分けることができる。前者の石炭、石油、天然ガスは、いわば太陽エネルギーの缶詰であって、それを開けるこ

とで現在の大気に古い時代の二酸化炭素が追加されることになるわけだ。大気中に新たな二酸化炭素を出さないものとしては，再生可能エネルギーと呼ばれるものとウランなどがある。

再生可能エネルギーとは，利用しても枯渇しないエネルギー源のことで，要するに地下資源以外のものである。缶詰を開けないので，新たな二酸化炭素などの温室効果ガスが発生しない。

なお，CRWは資料1の表の直下に示しているように，可燃性の再生可能エネルギーおよび廃棄物（Combustible Renewables and Waste）で，薪，農産物の残留物，都市廃棄物などがある。さて，❶ バイオエタノールは可燃性再生可能エネルギーの一つか。さらに都市廃棄物のうち可燃性再生可能エネルギーにあたらないもの例を挙げてください。

なお，政府は，海外のウラン鉱山から採れる輸入ウランを燃料として用いる原子力を「準国産エネルギー」[6]と位置づけています。その理由は，「原子力発電の燃料となるウランは，エネルギー密度が高く備蓄が容易であること，使用済燃料を再処理することで資源燃料として再利用できること」としています。❷ このいずれも適当な認識ではありません。その理由を示してください。

[2] 石油換算（② 石油換算での供給量）

石油換算トンは厳密には原油換算トンである。原油発熱量は産地または鉱区さらには採掘時期よって異なるが，平均的とされる値が使用されている。個々の一次エネルギーを原油で換算する際には熱量 kcal が媒介となっているが，公式にはこの熱量の単位 kcal よりも，エネルギー単位としてより一般的な国際単位系である J（ジュール）が使われている。

資料2（IV 1 − 1　換算表及び各種エネルギーの発熱量）[7] の表を使うが，ここでは資料2を掲載せず，必要な情報だけを提示する。

1. 換算の一例として，❹ 石炭の発電用輸入一般炭の石油換算の係数をもとめ，資料1のA国の石炭にあたる554百万トン（石油換算値）から，石炭そのものの重量を求めてください。

資料2をみると，原油1L（リットル）から，38.2MJ（平成17年以降の輸入原油に使用されている換算値）のエネルギーを得ることができる。石炭についてはいくつか種類があり，一般炭（輸入）を使うと，一般炭1kgから25.7MJのエネルギーを得ることができるとされる。

2. 原油の単位はLだが，資料1の表ではトンなので，換算する必要がある。

資料2 p.1 に，原油1kL ≒ 0.863 メトリックトンとなっている。メトリックトン（metric ton = tonne）は1000kgで[8]，1,000,000 cm^3 = 863,000 g だから，比重が 0.863 ということである。原油の比重は多様で，これは日本が輸入する原油のおよその最頻値といってよいかと思う。

3. さて，1. と 2. を使って，❺ 石油換算554百万トンから，もとの石炭の重量（トン）を求めることになるが，その計算式を示してください。石油換算値の単位あたりの熱量を求めた上で，その熱量に対応する石炭の重量を求めることになる。

まずは，単位を合わせるために次の換算が必要である。ここでの MJ はメガジュールで 10^6 J，GJ はギガジュールで 10^9 J になる。さて，一般炭重量あたり発熱量 25.7 MJ/kg は 25.7 GJ/トンと表現できる。そして，石油容量あたり発熱量 38.2 MJ/L は 38.2 GJ/kL であり，前述の 1kL ≒ 0.863 トンから 38.2/0.863 GJ/トンは 44.26 GJ/トンとなる。

さて，解説を進めるために，計算結果である「もとの石炭の重量」954百万トンをここに提示する。なお，採用する（発熱量）変換係数によって計算結果は変動するが，最大数％ほどである。世界国勢図会 2011/2012 の表 5-25 石炭の産出・埋蔵量（単位 万 t）にはA国の値として 50,635 とある。つまり，

資料1 「地理」入試問題

〔Ⅰ〕次の文章を読んで，下の表のA～Jに該当する国名を語群から選び，その記号をマークしなさい。

　表では，各行の国それぞれについて①一次エネルギーの2007年供給構成値を示す。１０カ国は供給量の総計の降順に配列している。各国について2行の情報からなる。上の行は②石油換算での供給量（百万トン単位，表中では右寄せで太字）で，１人あたりだけはトン単位となっている。下の行は国内の供給量内訳（％，表中では左寄せ）である。両数値とも位を揃えるために四捨五入などを実施しているので合計値は必ずしも個々の合計値と一致しない。
　③供給量の計が大きい場合，経済大国を意味し，１人あたりの供給量が大きい場合，先進国と考えて良いだろう。化石燃料と呼ばれる一次エネルギーのうち，④石炭の構成比が高いのは途上国とくに新興工業国の可能性が高い。自国で豊富なエネルギー資源がある場合，その構成比は高くなる傾向があるが，
⑤石油や天然ガスやウランなどは偏在しており，生産国と消費国は必ずしも一致しない。原子力発電をするには高い技術が必要でかつては先進国のみで採用されてきた。表中の⑥原子力構成比が突出する一国では20世紀の最終四半世紀にウラン採掘が実施されてきたが世界シェアとしては極めて小さい。
　⑦地熱発電は火山活動の活発な新期造山帯で実施される傾向が強く，この表では地熱発電の突出した国がそれである。⑧水力発電の構成比が高い国は比較的高い緯度に位置するノルウェーやスウェーデンと表中の一国が考えられるが，南米のブラジルや表中の一国なども高い。「地熱など」に該当する一次エネルギーには地熱のほかに，太陽熱，風力，潮力などが含まれる。
⑨表中のEUに属する一国の環境政策はめざましく，2009年の風力発電設置容量では，表中の大国の一つに続き，太陽光発電設備容量では世界第1位に輝いている。

〔語　群〕
　　（ア）中　国　（イ）カナダ　（ウ）フランス　（エ）ニュージーランド
　　（オ）日　本　（カ）ドイツ　（キ）ベネズエラ　（ク）アメリカ合衆国
　　（ケ）ロ シ ア　（コ）イギリス

第 4 章　戦後日本の一次エネルギーの経験的消費と今後期待される倫理　　67

国名	石炭	石油	天然ガス	原子力	水力	地熱など	CRW	その他	計	1人当り(t)
A	554	910	538	218	21	13	82	3	2,340	7.8
	24	39	23	9	1	1	4	0	100	
B	1,285	355	59	16	42	5	195	−1	1,956	1.5
	66	18	3	1	2	0	10	0	100	
C	102	132	366	42	15	−	7	7	672	4.7
	15	20	54	6	2	−	1	1	100	
D	115	230	83	69	6	4	7	−	514	4.0
	22	45	16	13	1	1	1	−	100	
E	87	104	77	37	2	4	22	−1	331	4.0
	26	32	23	11	1	1	7	0	100	
F	30	94	79	24	32	−	12	−2	269	8.2
	11	35	29	9	12	−	4	−1	100	
G	13	83	38	115	2	−	13	−5	264	4.2
	5	32	15	44	2	−	5	−2	100	
H	39	69	82	16	0	−	4	−	211	3.5
	18	33	39	8	0	−	2	−	100	
I	−	33	23	−	7	−	−	−	64	2.3
	−	52	36	−	11	−	−	−	100	
J	2	6	4	−	2	2	1	−	17	4.0
	9	37	22	−	12	14	7	−	100	

資料：世界国勢図会第 21 版 2010/2011
CRW：可燃性再生可能エネルギーおよび廃棄物で，薪，バイオエタノール，農産物の残留物，都市廃棄物など．
その他：電力の輸出入と熱の生産．マイナス値は流出超（輸出超）．
表中の「−」は百万トン単位では整数で表現できない値か該当値が存在しないことを示す．

506.35 百万トンで，954 百万トンとの間に大きな開きがある．この問題は次の項で論じる．世界国勢図会の一次エネルギー供給量は，IEA（国際エネルギー機関）"Energy Balances of OECD Countries/Non OECD Countries"（2009 年版），石炭の産出量は，国連 "Energy Statistics Yearbook 2008" および UN data（http://data.un.org）に基づくとされるが，「無煙炭と瀝青炭」という限定がある．

3　日本で出版されている国際統計値の限界

新エネルギー・産業技術総合開発機構（2011）[9] によって世界の石炭事情がまとめられている．この合衆国の部分を参照すると，Coal Information 2010（IEA）に基づく合衆国石炭生産量して，一般炭 934,383 千トン，原料炭 57,367 千トン，以上併せて 1,007,222 千トン．褐炭 71,291 千トンを加えると 1,052,981 千トンとなっている．褐炭は水

分が多く発熱量が低く輸送コストをかけてまで国際間で取引はないと考えてよい。

統計資料の「無煙炭と瀝青炭」のカテゴリーと「一般炭と原料炭」のカテゴリーの使われ方をここで整理する。前者は，石炭化度，発熱量，燃料比[10]から品質が高く評価されているものでる。後者は，用途区分で，一般炭と原料炭のほかに無煙炭を追加した3種類[11]からなる。Coal Information 2010 (IEA) での合衆国の，「一般炭と原料炭」の区分には無煙炭も含まれると考えられるので，結局，合衆国の「一般炭と原料炭」の合計値のほぼ10億トンが「無煙炭と瀝青炭」に該当することになり，石炭産出量に関して，世界国勢図会で採用されている5億トンは，Coal Information 2010 (IEA) の半分に過ぎないことになる。世界国勢図会の石油換算値から求めた石炭の供給量954百万トンはおよそ10億トンであり，国際統計機関からよせ集めた世界国勢図会であっても，一次エネルギー供給構成値については，石炭産出量に比べると，信頼性が高いということになる。

学校現場に流されている世界に関わる統計数値資料は，世界国勢図会（矢野恒太郎記念会）と世界の統計（総理府統計局）に基づくと執筆者は考えてきたが，両資料に対する信頼感は揺らいでいる。学習関係の参考書は，この二資料をいわば引き写しているのでさらに信頼性は劣る。

学校教育や大学入試などで，産出量などについて順位そのものが重視されるが，この流れは地理教育の観点からすると誤りである。では，❻ 大学入試などで統計値に関わって問題を出す場合，どういう視点が必要と考えますか。なお，資料1の問題はこの観点から作成したものである。

4 消費総量と化石燃料から該当国名を特定する

下線部③： 資料1の表で右から二列目の計には，一次エネルギーの消費総量が示されている。この値の分布から，この表の10か国は三つのグループ (AB, C～H, I J) に分けることが可能だ。選択肢に捨て石はなく，この10か国から，世界の経済大国といえば，アメリカ合衆国とBが想定できる。AとBのうち，1人あたりの消費量はA>>Bだから，Bがわかる。

下線部④： 石炭の構成比が高いのは新興工業国だから，Bに続いてインドを考えるのだが選択肢にない。

視点を換えて，一次エネルギーの数値が特に大きなものに注目する。

下線部⑤： C国は，天然ガスが54%を占める。そして絶対量も366百万トンと高い。とすれば，資源大国で大量の天然ガスを輸出している国とわかる。ここまででA～Cが明らかになった。

5 化石燃料以外の特色から

下線部⑥： 原子力をみると，G国が構成比では44%と圧倒的に大きい。この国は原子力発電が活発な国として有名なのだが，絶対量としては，経済大国である合衆国はG国の2倍に達している。

下線部⑦： 地熱発電をみるとJ国が14%と最も高い。このJ国は水力発電比率も12%と高い。とはいえ，計の絶対量でみると10か国で最も低く経済的には比較的小国であることがわかり，1人あたりの消費量をみると先進国に属していることがわかる。地熱発電と水力発電がいずれも活発であることから，この国は火山活動さらには造山運動も活発と想定される。先進国ながらCRWが結構高いということは農牧業も盛んだということで，J国を特定できる。

下線部⑧： 水力発電比率が高いのは，F, I, Jの三国である。絶対量でみるとこの三国ではFが圧倒的に高い。Fは1人あたりの消費量が合衆国と肩を並べ，合衆国同様，CRW比が4%を示す。そのことからするとG7に属してA国に近接する国とわかる。I国をみると，石油と天然ガス比率がきわめて高いが，計の量はH国より落ちる。こ

第4章　戦後日本の一次エネルギーの経験的消費と今後期待される倫理　69

のように考えると山岳も降水量も豊かで小さな産油国となる。

未確定のD，E，H三国については明確な特色を捉えることは難しい。CRWをみるとE国だけが7%を示しているので環境政策が進む国を想定できる。DとHのいずれかが日本となる。構成比から区別するのは難しく，二国間のGDPの大小で決めることができる。

❻ このようにして求まった<u>10国を並べると，気になってくるのは一次エネルギーの消費量と国内総生産GDPとの関係ですが，どういう傾向を想定しますか。</u>

4.2.3　展開

6 この設問を解く上での疑問

次に列挙するのは，ぼくが気づいたことである。**❼** <u>読者も疑問に感じたことがあると思います。その場合は，それも調べてください。</u>

1. 資料1の10か国の一次エネルギー消費量とGDPとの関係

資料1は2007年の数値なのでGDPも2007年のものを使う。国勢図会をみると，2007年の数値が国勢図会の出版年次によって変わる。為替レートの関係ではないかと思う。「各国の国内総生産と1人あたりの国内総生産」の両数値を使いたいので，2007年の数値を最新データとする世界国勢図会2009/2010（pp. 126~130）を採用するのが無難であろう。

一次エネルギー消費量と国内総生産（GDP）の関係を知るために，両数値の散布図を作成する。いずれを原因とし結果とするかは難しいが，一応，GDPを横軸，一次エネルギー消費量を縦軸としてMicrosoft Office Excelを使って作成した（図4-2）。

図4-2左図には，上記10か国のGDPと一次エネルギー供給量の散布図が示されており，二つのカーブが想定される。Yカーブ上に乗るのはAの合衆国を頂点として，G7の国々が並ぶ。イタリアはこの入試問題の10か国には入っていない。Xカーブには，頂点を中国とする新興国とベネズエラ，ニュージーランドが載っている。**❽** <u>ニュージーランドは先進国なのに何故カーブXに載っているのでしょうか。</u>

図4-2右図には，1人あたりのGDPと一次エネルギー供給量散布図が示されており，10か国を4グループに分けることが可能かと思われる。Pグループは北アメリカ二国で，豊かな経済圏が連続していることを反映している。QグループにはヨーロッパG7国，Rグループとして日本とニュージーランドが入っている。Sグループ3国は途上国ではあるが，C国の1人あたりの一次エネルギー供給量がQRグループより高めなのは，

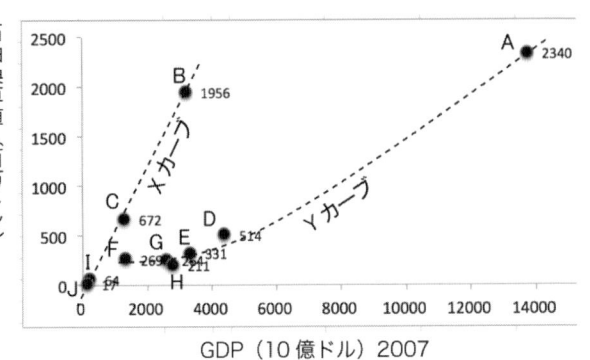

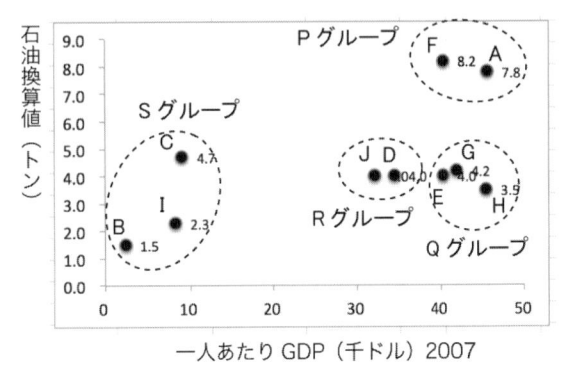

図4-2　GDPと一次エネルギー供給量の10か国散布図[12]
左図：10か国のGDPと一次エネルギー供給量散布図。10か国は二つのカーブに載せることができる（本文参照）。
右図：1人あたりのGDPと一次エネルギー供給量散布図。10か国は四つのグループに分けることができる（本文参照）。

GDPを生み出す効率が低いというより寒冷地域を抱えているためであろう。さて，❶QRグループでは1人あたりの一次エネルギー供給量はほぼ同じですが，1人あたりのGDPに違いがあります。H国が最大国でJ国が最小国であることから，説明してください。

2. B国の石炭供給量の計算

B国の石炭の使用比率は凄く高い。使用量も群を抜いてる。❻資料1でB国の石炭の石油換算供給量を前述の方法を使って石炭供給量を求めてください。世界国勢図会などは使えないので，前述の産総研（2011）の資料[13]を参照して結果を確かめてください。

3. B国の石炭から排出されている二酸化炭素量の計算

参考資料（資料3とします）は環境省のウェブサイトからpdf[14]をダウンロードして参照してください。石炭がすべて燃料の形で使用されたとする。その計算式は，この資料のp.Ⅱ-211にある。つまり，

（燃料種ごとに）燃料使用量(A)
×単位使用量あたりの発熱量(B)
×単位熱量あたりの炭素排出量(C) × 44/12

である。なお，(A)～(C)は資料3 p.Ⅱ-211の項目名に便宜上，付加した。

石炭のうち，ここでは一般炭で計算する。石炭（瀝青炭）は，用途から原料炭（粘結炭）と一般炭（ボイラー炭）に分けられる。一般炭は燃料用と考えてよい。

❶B国の石炭供給量の石油換算値から，すべて燃料で使用したとして，一般炭の燃料使用量を計算してください。それが(A)（トンt）になりますね。

次にp.Ⅱ-216の別表1から，❺一般炭の発熱量（GJ/t）を調べてください。

次に同ページの別表2から，❻一般炭の炭素排出係数（tC/GJ）を調べてください。単位に注意しながら計算してください。

なお，上の計算式の44/12は，炭素重を二酸化炭素重に変換するための係数である。つまり，二酸化炭素の分子式はCO_2で，炭素と酸素の原子量はそれぞれ12g, 16gだから，分子量は44gになる。44/12に先行する(A)(B)(C)の積は炭素重を示しているので，これに44/12を掛けることで，二酸化炭素重になる。

4. 地熱発電量

世界国勢図会2010/2011のpp.200-201には，各国の2007年発電量内訳が示されているが，ここでは世界国勢図会2014/2015の2011年の地熱発電量に注目する。

❻地熱発電国を地帯構造の観点から区分してください。環太平洋造山帯が最も多く，次にアルプス造山帯，そして，大西洋中央海嶺です。合衆国が圧倒的に高い値を示していますが，❼他の発電量からするとかなり低いことを確認してほしい。

5. 風力発電量（下線⑨）

風力発電量は新エネルギーのうちで最も大きい比率を占める。❽その比較的多い国々を多い順に列挙して，そのうちの特徴的な2か国について，風力発電の取り組みの内容を調べてください。デンマークは風の国と称されるほど，風力発電が盛んである。ドイツは再生可能エネルギー利用に積極的と言われるがスペインと比べてどうだろうか。❽国別の風力発電量を評価する際，他のどの発電量と比較すればいいと思うか，具体的な計算を提示してください。

6. 原子力発電量

これが活発な国は，国内比率ではG国，絶対量ではA国（合衆国）ですが，❽G国のウランの自国内での産出，または輸入相手国などについ

第4章 戦後日本の一次エネルギーの経験的消費と今後期待される倫理　71

表 4-1　世界各国の発電量内訳 2011 年

表 5-48　発電量の内訳（Ⅰ）（2011年）（単位　億kWh）

	水力	火力	原子力	地熱	風力	太陽光
アジア……1)	10 737	69 015	4 235	221	1 013	91
中国	6 989	38 574	864	2	703	25
日本	917	9 069	1 018	27	47	1
インド	1 307	8 644	333	—	238	1
韓国	78	3 585	1 547	—	9	9
（台湾）	69	2 016	421	—	14	0
インドネシア	124	1 606	—	94	…	…
タイ	82	1 477	—	0	0	1
マレーシア	76	1 225	—	—	—	—
ベトナム	298	693	—	—	1	…
パキスタン	285	615	53	—	—	—
フィリピン	97	494	—	99	1	0
シンガポール	…	460	—	—	—	—
バングラデシュ	9	432	—	—	—	—
（香港）	—	390	—	—	—	—
北朝鮮	132	84	—	—	—	—
ヨーロッパ……2)	7 693	28 746	11 992	111	1 807	465
ロシア	1 676	7 137	1 729	5	0	—
ドイツ……3)	235	4 061	1 080	0	489	193
フランス……4)	499	549	4 424	—	122	21
イギリス	86	2 745	690	—	155	3
イタリア……5)	478	2 277	—	57	99	108
スペイン	329	1 494	577	—	424	87
ウクライナ	109	936	902	—	1	0
ポーランド	28	1 576	—	—	32	—
スウェーデン	666	173	605	—	61	0
ノルウェー	1 221	47	—	—	13	—
オランダ	1	1 034	41	—	51	1
ベルギー	14	370	482	—	23	12
チェコ	27	539	283	—	4	22
カザフスタン	79	787	—	—	—	—
フィンランド	124	371	232	—	5	0
オーストリア	377	259	—	0	19	2
スイス	341	36	267	—	1	1
ルーマニア	149	341	117	—	14	0
ギリシャ	43	512	—	—	33	6
ポルトガル	121	307	—	2	92	3
ウズベキスタン	102	422	—	—	—	—
ブルガリア	37	298	163	—	9	1
セルビア……6)	92	294	—	—	—	—
ハンガリー	2	194	157	—	6	0
デンマーク	0	254	—	—	98	0
ベラルーシ	0	321	—	—	—	—
スロバキア	41	86	154	—	0	4
アイルランド	7	226	—	—	44	—

発電量の内訳（Ⅱ）（2011年）（単位　億kWh）

	水力	火力	原子力	地熱	風力	太陽光
アゼルバイジャン	27	176	—	—	—	—
トルクメニスタン	—	172	—	—	—	—
アイスランド	125	0	—	47	—	—
タジキスタン	160	2	—	—	—	—
スロベニア	37	61	62	—	—	1
北アメリカ	7 205	31 935	9 150	179	1 310	64
アメリカ合衆国7)	3 447	30 377	8 214	179	1 209	62
カナダ	3 758	672	936	—	102	3
中南アメリカ	7 729	6 485	321	97	59	1
ブラジル	4 283	845	157	—	27	—
メキシコ	363	2 413	101	65	16	0
アルゼンチン	319	916	64	—	0	—
ベネズエラ	837	384	—	—	—	—
チリ	210	444	—	—	3	—
コロンビア	489	129	—	—	0	—
パラグアイ	576	—	—	—	—	—
ペルー	216	176	—	—	0	—
エクアドル	111	91	—	—	—	—
キューバ	1	176	—	—	—	0
中東	727	10 554	4	7	49	2
サウジアラビア	—	2 501	—	—	—	—
イラン	121	2 271	4	—	2	—
トルコ	523	1 716	—	7	47	—
アラブ首長国連邦	—	991	—	—	—	—
イスラエル	0	593	—	—	0	2
クウェート	—	575	—	—	—	—
イラク	41	501	—	—	—	—
シリア	33	378	—	—	—	—
カタール	—	307	—	—	—	—
オマーン	—	219	—	—	—	—
レバノン	8	156	—	—	—	—
アフリカ	1 146	5 623	135	15	27	2
南アフリカ共和国	50	2 439	135	—	1	0
エジプト	129	1 417	—	—	17	2
アルジェリア	5	507	—	—	…	…
リビア	—	276	—	—	—	—
ナイジェリア	57	214	—	—	—	—
モロッコ	20	223	—	—	7	—
モザンビーク	168	0	—	—	—	—
チュニジア	1	160	—	—	1	—
オセアニア……8)	419	2 404	—	61	78	9
オーストラリア	168	2 292	—	0	58	9
ニュージーランド	251	113	—	61	20	—
世界計	35 655	154 761	25 837	692	4 342	633

資料：『世界国勢図会』pp. 200〜201.

て調べてみてください。なお，ウラン産出量は，総務省統計局の「世界の統計 2015」[15]の 5-3（第 5 章　鉱工業，5-3 鉱業生産量　エネルギー資源）に国連の統計サイトからダウンロードして整理された PDF またはエクセルファイルが用意されている。

　　　　　　　　　　　　　　　　　　以上

4.3　戦後 70 年日本の経済発展

　ぼくは丹波の地方中心都市の一つである亀岡で，堺屋太一が団塊の世代とした戦後ベビーブームの最後の年に生まれた。1950 年代終わりにあたる小学校時代には，母は木材を炭化させた木炭を燃料にして竈で煮炊きをしていた。小学校高学年時には，石油コンロ，プロパンガスコンロと急激に変化してゆく。水利用についても，小学校時代は，井戸水を釣瓶で汲んで使っていたが，中学時代には電動ポンプ，そして市営水道に変わった。小中学校，高校時代の冬期はストーブ当番というのがあった。その朝にはいつもより早く出た。マッチと火付け用の紙と薪持参である。学校に到着したら教室の空バケツを持って石炭置き場に行き，雪をかき分けて石炭を取り出した。そして石炭に何とか火が移った頃，担任の先生が現れる。自宅では，炬燵やアンカ（行火）にコンロで焼いた豆

炭を入れて暖をとった。小学校の高学年には炬燵は赤外電燈が装着された櫓コタツになった。

電気屋の前ではガラス戸を通して大人達が野球やプロレスのテレビ中継を観戦していた。小学校4年の時にわが家にゼネラル製の白黒テレビが来た。この日は学校から息せき切って帰って，すぐに自宅前に立ち，遠く車が来るのを暗くなるまで待った。確かその日は来なかった。自宅にテレビが来る前には，テレビが先に入った近所の家々を放浪した。昼はぼくが引き連れて歩く子どもが，テレビ鑑賞中ぼくの弟の頭を紙巻き棒でたたくのであるが注意できなかった。わが家へのテレビ到来は近所に比べて早い方ではなかったが，同級生の父親は厳しい人でテレビが彼の家にはなく，中学時代の深夜に放映していた西部劇ローハイドを毎週見に来て，当時はかなり高価なテープレコーダーに録って家人が寝てしまう中，帰って行った。

当時は停電が結構あった。電信柱を立てて電線を架ける工事が日常的にあった。近所の友人の父親は京都室町にある会社社長で日産セドリックの出迎えがあった。豆腐屋さん，八百屋さんなどはリヤカーを自転車で引っ張っていた。郵便配達はもちろん自転車だった。その後，電動機付き自転車，そして原付バイクであるホンダのカブ号が普及した。ダイハツのオート三輪もよく走っていた。この変化は小学校時代である。年に1回の海水浴は，町内会のバスチャーターによる日帰り旅行である。自宅前を大型バスが走り抜けることが時々あったが，その中には大柄の白人達がいた。中学校2年終わり，東京オリンピックの年に修学旅行で東京日光旅行に行った。その際にはまだお米を持参して文京区本郷の宿で二泊目を過ごしている。京都から東京までは車中泊であったが座席に座り続けることがつらくて，油くさい床に伏せて寝た。

小学校の地理の時間には佐久間ダムや只見川総合開発計画などを学び，地下資源が少ない日本には，水力発電こそ期待の星であった。担任教師の躍進する日本に対する誇りが小学生達に強く伝わった。南極探検の宗谷も小学生には誇りであった。小学校の体育館で見た映画では，その勇姿が繰り返し示され，氷に閉じ込められた時のソ連製オビ号による救出劇は感動的であった。これからは原子力の時代というのも小学校で聞いている。鉄腕アトムの10万馬力は原子力，夢のパワーであった。

映画を見に行くと必ずニュースがあった。炭鉱の労働争議の映像を繰り返し見た。1959～1960年の三井三池争議もその一つであった。三池炭鉱三川坑の炭じん爆発（1963年11月9日）は中学校二年の時である。中学校一年の朝のガイダンスで担任の先生が血相を変えて入ってきた。核戦争が始まるかもしれない。これが今思えば1962年秋のキューバ危機である。エネルギーが石炭から石油へ移行し，日本の産業は大きなエネルギー転換期を迎えていた。そして冷戦真っ只中にあった。戦後，朝鮮戦争特需で急速に日本経済が復興してゆく中で，所得倍増計画を高らかに宣言した池田勇人はわが家の前をオープンカーに乗ってにこやかに過ぎていった。彼は脂ぎっていて鼈甲めがねのオレンジ色が印象に残っている。

思えばぼくは戦後70年の66年間を過ごした。生まれた昭和24年は日本が最も飢餓状態の年である。この年に湯川秀樹がノーベル物理学賞を受賞する。日本人は大いに励まされ，原爆被爆から数年後ではあるが，原子力への夢をも持った。この翌年1950年に始まった前述の朝鮮戦争特需で日本経済が復興してゆく。満州事変に始まる15年戦争の間にぼくの父は治安維持法で逮捕され，その後は裁判活動に従事する。家内の父は朝鮮半島で銀行員として働き敗戦で命辛々，日本に引き揚げてきた。そういう中で，ぼくらの父は結婚しぼくや家内が生まれたのである。

4.3.1　戦後70年間の国内総生産の推移

国連の定める国際基準SNAに準拠して，国民経済計算[16]が実施されているが，その代表的な

ものが国内総生産 gross domestic product（以降は GDP）である。GDP とは，「日本国内で，1 年間に新しく生みだされた生産物やサービスの金額の総和である。GDP はその国の経済の力の目安に用いられる。経済成長率は GDP が 1 年間でどのくらい伸びたかを表すもので，経済が好調なときは GDP の成長率は高くなり，逆に不調なときは低くなる」[17]。

戦後 70 年間のまとまった数値は国（日本）によって公表されていないようなので，二つの資料を重ねて図 4-3 にまとめ，景気などの情報を新たに追加した。

敗戦後，連合国軍最高司令官総司令部 GHQ によって，日本が戦争に走った根を絶つための財閥解体などの占領政策が実行されていた。戦後，合衆国を中心とする資本主義国とソ連を中心とする社会主義国との間での対立が高まり，極東では 3 年に及ぶ朝鮮戦争が 1950 年 6 月 25 日に勃発した。これに応じて在日兵站司令部が設置され，朝鮮戦争特需が始まり，復興の足がかりとなった。間接的な特需は 1955 年まで続く。

その後，国家的な企業環境の整備環境の下で，ニクソンショックまで，つまり，1954 年 12 月〜1970 年 7 月までの間とされる 15 年あまりの長い高度経済成長が続くことになる。この間，1964 年には東京オリンピックが開催される。これに合わせるべく，オリンピック開催の前日 10 月 1 日には，世界初の高速鉄道である東海道新幹線が開業しており，東名，名神高速道路も部分開業された。翌年にはオリンピック特需も終わって証券不況などが生じるが，1965 年 11 月には 57 か月間継続するいざなぎ景気が始まっている。

1973 年 10 月には第四次中東戦争が勃発する。これを契機に原油輸出国 OPEC や OAPEC が生産制限や原油価格の 4 倍前後の引き上げを実施して，世界経済は大きく混乱した。1960 年代にエネルギー源を石油に置き換えていた日本にとって，1971 年のニクソンショック（兌換券ドルの廃止）は手痛かったが，それから立ち直り始めた矢先での石油危機であった。これ以降，図 4-3 の下図では日本が GDP 成長率 7% に達する経済環境は消失するが，上図では四半期間隔での年率であって，たとえば 87 年には 10% に迫る実質成長率もみられる。

ニクソンショックでそれまでの安定したドル体制は崩壊し，円も変動相場制に移行した。US＄=360 円の時代は終わり，円高傾向が続き，世界市場での輸出シェア拡大傾向は低減し貿易摩擦は低下してゆく[18]。

日本各地では無理な高度経済成長にともなう矛盾が噴出する。大企業による環境汚染に耐えてきた住民による公害訴訟活動が各地ではじまる。1956 年水俣病（日本窒素による有機水銀垂れ流し），1958 年江戸川漁業被害（本州製紙（現王子製紙），1960 年四日市ぜんそく，1965 年第二水俣病（昭和電工），1969 年大阪空港訴訟（航空機騒音），1970 年光化学スモッグ（自動車の排気ガス）などであり，戦後 70 年のうちの 1 / 2 期間以上に渡って，急速な工業発展と公害問題の噴出という構図がみられた。

日本の公害訴訟は，被害者住民だけでなく多くの人々が公害反対運動にのめり込んだ。合衆国の世界戦略に否応なく組み込まれる日米安全保障条約への反対運動である安保闘争のうねりは 1960 年，1970 年の二度に渡って生じている。この安保闘争とともに，日本の反戦運動の一翼を担ったのは，学生などを中心とする反戦グループであった。南ベトナム解放民族戦線がベトナム共和国（南ベトナム）政府軍に対して武力攻撃を開始した 1960 年 12 月をベトナム戦争の開始とすると，合衆国軍が南ベトナムから逃亡した 1973 年までそして 1975 年のサイゴン陥落までは 15 年間に及ぶ。この間，日本は沖縄，横須賀，横田などを中心とする軍事基地と補給基地を提供した。こういった政治環境での経済成長であった。

第 2 次石油危機以降については図 4-3 に好不況

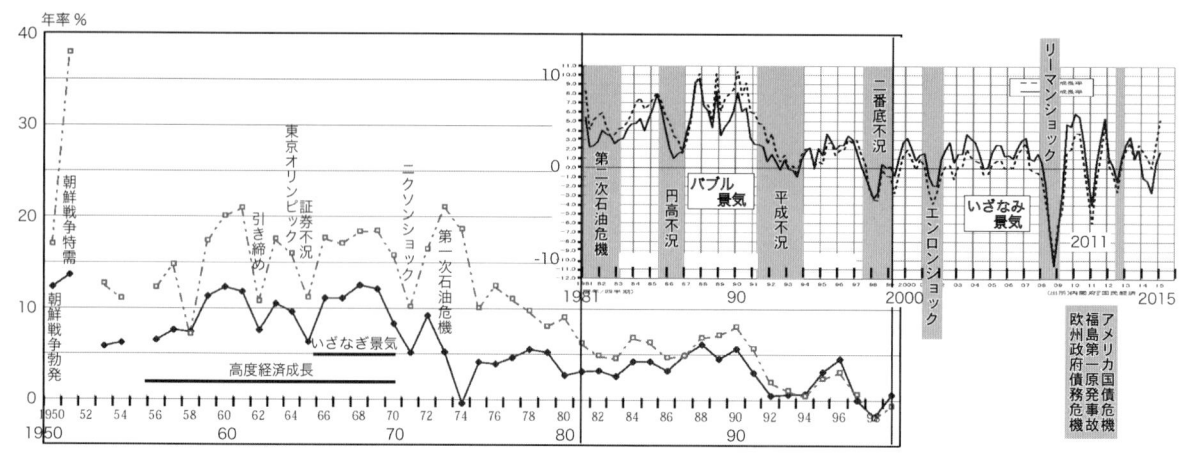

図 4-3 戦後 70 年間の実質 GDP 成長率（年率 %）
左下図 [20]：GDP 成長率 1950～1999 年　破線は名目，実線は実質。
右上図 [21]：GDP 成長率 1981～2015.25 年　破線は名目，実線は実質。

の代表的名称を記す [19]。

4.3.2　GDP と 1 人あたり GDP

前述の過程を経て現在の日本がある。日本は一般に知られているように，自前の地下資源がなく主に工業製品の輸出に頼ってきたので，GDP の変遷を見るのは，円ベースよりもドルベースで見た方がよいだろう。図 4-4 には，国土交通省がまとめた 1960 年以降の GDP および 1 人あたりのGDP の変遷を示している。この図 4-4 は図 4-3 を積分したものであるが，ずいぶんと印象が異なっている。

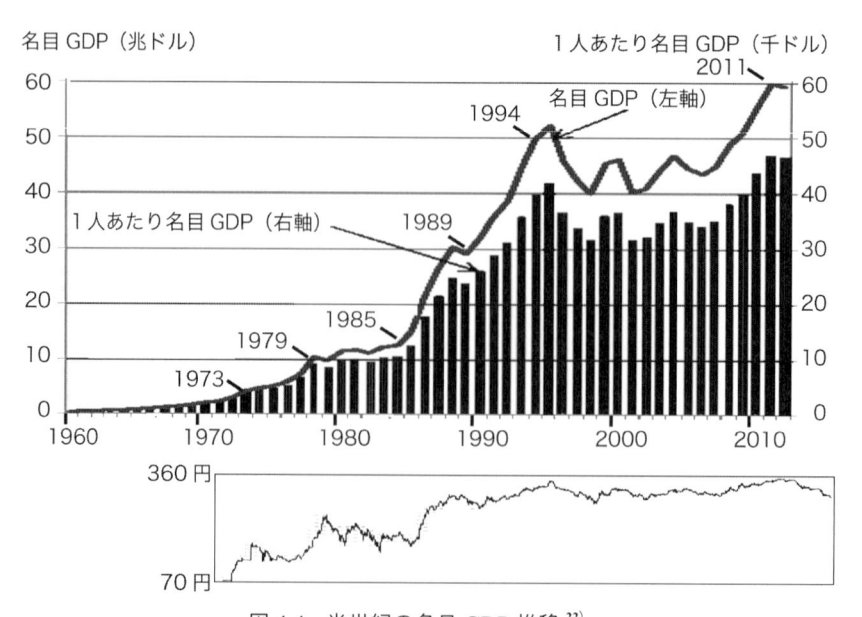

図 4-4　半世紀の名目 GDP 推移 [22]
総額と 1 人あたり，1960～2012 年，ドルベース。
左の縦軸は名目総額 GDP（折線グラフ）の目盛（兆ドル）で，右の縦軸は名目 1 人あたり GDP（棒グラフ）の目盛り（千ドル）でみる。横軸は西暦年の名目軸になっている。なお，最下部のカーブはドル円為替レートの変動 [23] を示している。

成長率の減少傾向は，高度成長以降，確かなものではあるが，GDP は増加してきた。この図 4-4 の 1 人あたり GDP のカーブに注目すると，1960 年以降，第一次石油危機（1973 年）で減速しながらも第二次石油危機（1979 年）まで高度成長の指数関数カーブに乗っている。1985 年からの円高不況はドルベースのためにこの図では表現されていないが，円高故に株式投資などの金融面での好景気（バブル景気）が 1988 年まで急角度で成長し，さらに 1994 年まで急角度で継続してゆく。1991〜1993 年は平成不況に該当する。実体経済の疲弊がその後の円安につながり，世界的な金融危機に飲み込まれて行くが，円安環境が輸出につながり，2002〜2007 年のいざなみ景気となる。そしてその実体経済の堅調ぶりが円高となって現れる。もちろんこの過程で公定歩合などの操作が実施されるのではあるが。

4.4 戦後 70 年日本のエネルギー利用

戦後 70 年の日本の経済発展は，前節のはじめに述べたように，片田舎の少年にも確かに享受されたものである。図 4-4 の 50 年間で名目 GDP は約 30 倍，1 人あたり名目 GDP は約 20 倍（円ベース）になった。ドルの購買力からみると，日本の GDP はこの四半世紀，停滞してはいるが，戦後 70 年をみるとめざましい経済発展があった。

次に，日本のエネルギー消費の観点から，GDP カーブといくつかの指標との関連をみていくことにしたい。

4.4.1 最終エネルギー消費と一次エネルギー国内供給の推移 [24]

図 4-5 の下図の「一次エネルギー国内供給」とは，国内で消費される原油などの化石エネルギーや代替エネルギーなどの一次エネルギーの年間総和で，上図の「最終エネルギー消費」とは，一次エネルギーを電気やガソリンなどの形にかえる発電・転換部門（発電所・石油精製工場など）を経て，生活者や生産者などによって消費される最終的な値をいう。日本の場合のエネルギー転換比率は 69%（2011 年）と他国に比べたかなり高い。

下図は残念ながら 1965 年からの値に限られているが，1973 年の第 1 次石油危機まで急激に上昇している。その後，省エネ指向が続くが，バブル景気が始まる 1987 年から 1990 年まで比較的急激に上昇する。そしていざなみ景気が終わる 2008 年までプラトーを形成する。

下図のエネルギー種別をみると，1973 年まで石炭に代わって安い石油依存度が上昇して 4 分の 3 に達する。この石油危機の反省に立って，石油依存度を下げて，石炭と天然ガス，原子力にシフトしてゆく流れをみることができる。この図上では水力発電の新たな開発はみえず，代替エネルギーの開発も進んでいない。

上図の消費構成をみてみよう。この図は 1973 年以降に限られている。太い折れ線は円ベースの実質 GDP の推移を表しているが，第 1 次石油危機からバブル景気が終わるまで，このグラフの中では比較的急激に上昇している。バブル景気の期間のエネルギー消費と GDP のそれぞれの増加率はほぼ一致しているが，これより前の期間は GDP の増加率に比べてエネルギー消費の増加率は小さく，ほぼプラトーを描き，景気の停滞と省エネ風潮が反映されている。バブル景気後は両者の傾向はかなりの一致をみせている。

4.4.2 部門別のエネルギー消費動向 [26]

上記傾向を部門別にみる。部門は産業，家庭，業務，運輸からなる。産業部門は 2011 年には 4 割を占め，製造業，農林水産業，鉱業，建設業の合計であるが，製造業は産業部門の 9 割を占める。この製造業のエネルギー消費（図 4-6 最上段）は 1965 年以降についてみると第一次石油危機まで GDP 成長率を上まわり年率 11.8% に達したが，1973 年の石油危機以降，急激に減少する。

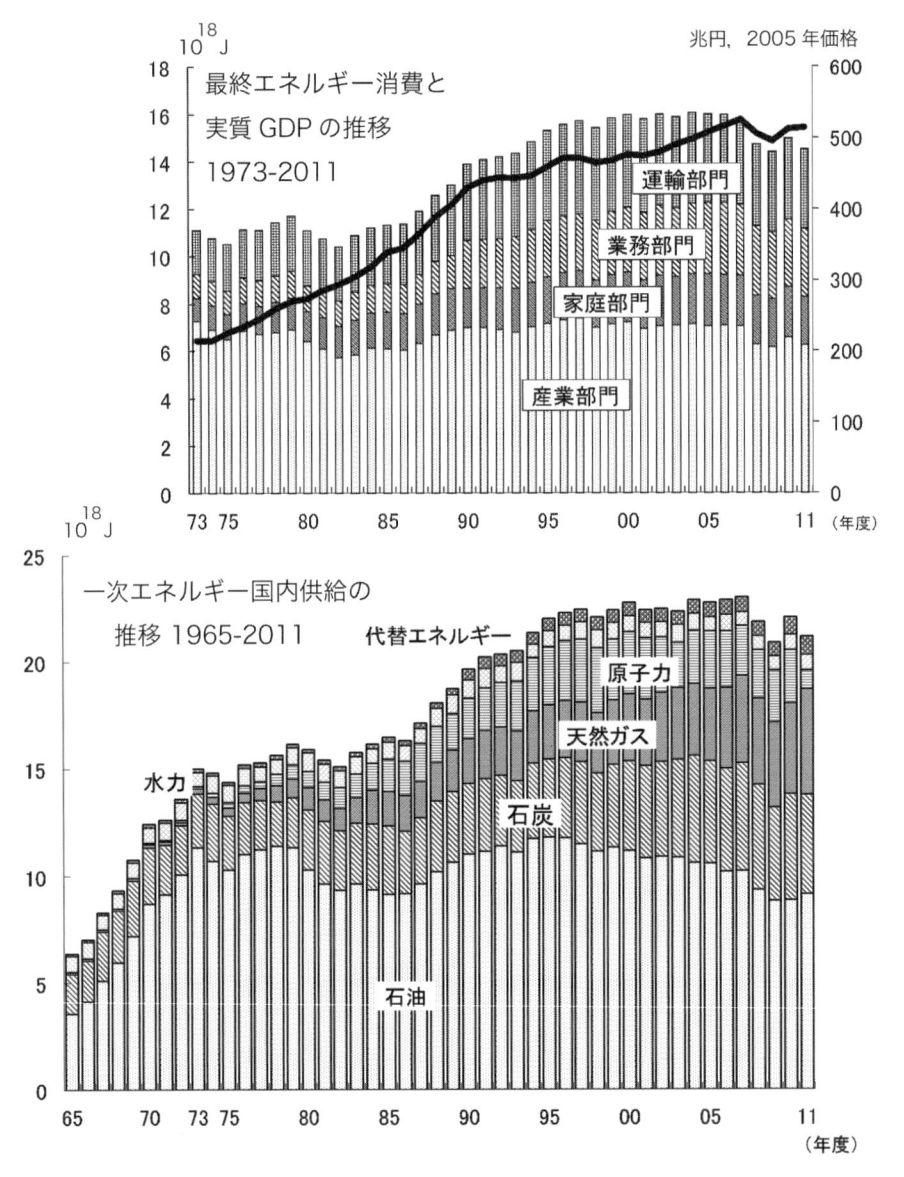

図 4-5　上図：最終エネルギー消費と実質 DGP の推移 1973 〜 2011
　　　　下図：一次エネルギー国内供給の推移 1965 〜 2011[25]

上下両図横軸の西暦年の位置は揃えている。両図縦軸のエネルギー値も揃えている。
上図の太い実践は実質 DGP。

製造業のエネルギー消費は 80 年代初めまで減少し，その後，ほぼ停滞している。製造業は景気の動向に大きく左右されるが，競争力を高めるための省エネ努力と素材から加工組立型への産業構造の転換の効果が表れているといえる。

家庭部門と業務部門を併せて民生部門と呼ぶ。2011 年には全部門の 3 割を占めた。家庭部門には，自家用自動車などの運輸関係は含まないが，民生部門の 42％を占めた。業務部門は，企業の管理部門等の事務所，ホテルや百貨店，サービス業などの第三次産業のエネルギー消費で，民生部門の 58％を占めた。

図 4-6 中段に家庭部門と業務部門の経年変化を示す。個人消費の経年変化は，図 4-6 の家庭部門

以外の段に示されている実質 GDP の経年変化ときわめて類似している。個人消費とは，個人が家計を通して財やサービスを購入するために使った金額の総計であり，日本ではこの個人消費が GDP の 6 割弱を占める。図 4-6 は 1973 年値を指数 100 としているが，家庭部門のエネルギー消費は第 2 次石油危機まで個人消費より高い伸び率を示している。その後は個人消費と同様の傾向を示し，バブル景気の終焉以降は個人消費よりも指数が低い傾向があって，個人消費に占めるエネルギー消費の割合が多少小さくなった。家庭部門については次項で詳細に述べる。

業務部門のエネルギー消費量は，「延床面積あたりエネルギー消費原単位×延床面積」で表す。1965 年度から 1973 年度までは，高度経済成長を背景に年率 15％の伸びを示すが，第一次石油危機を機に省エネによって横這いで推移したが，1987 年のバブル景気から増加傾向が強まった。

この時期の増加の原因は，延床面積の増加の他に，オフィスの OA 化進展や営業時間の増加などである。業務部門のエネルギー消費は用途別に，暖房，冷房，給湯，厨房，動力・照明の 5 用途に分けられるが，動力・照明用のエネルギー消費が OA 化などを反映して高い伸びを示し，2011 年度で 49％に達している。

運輸部門はエネルギー消費全体の 2 割余を占める。そのうち，乗用車やバスなどの旅客部門は 6 割，陸運や海運，航空貨物等の貨物部門は 4 割を占める。1965 年度には旅客部門が 4 割，貨物部

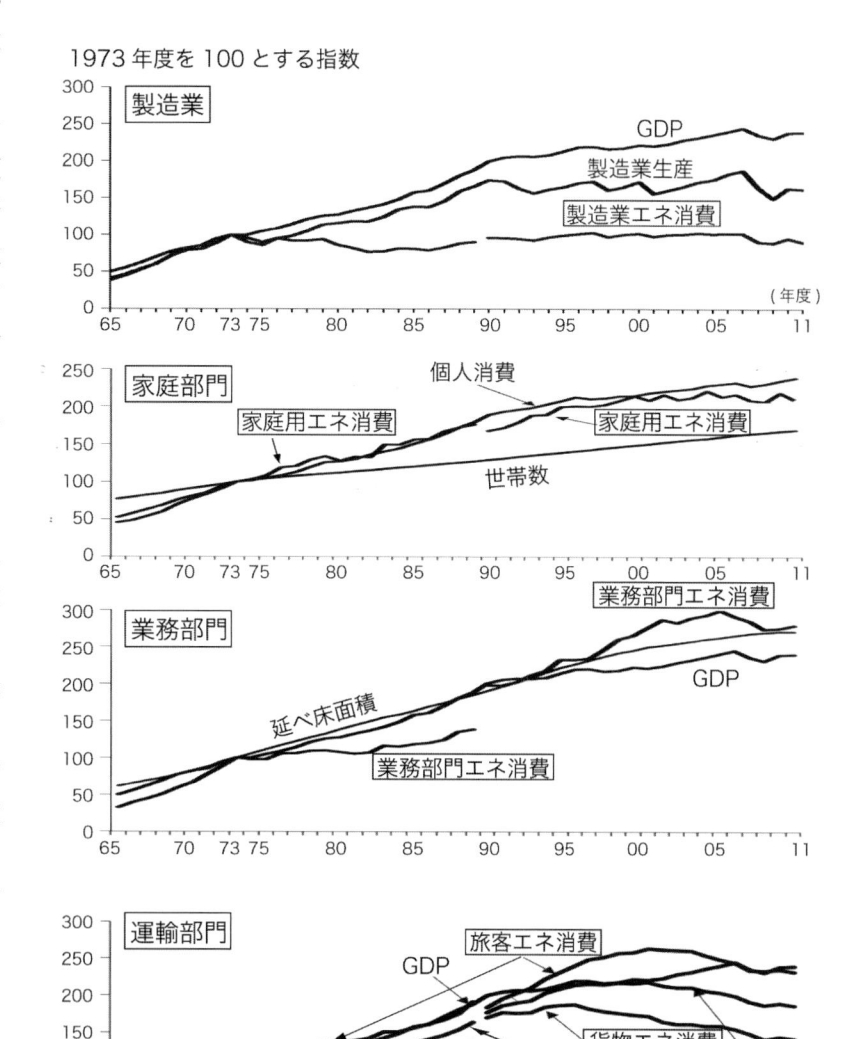

図 4-6 部門別エネルギー消費の推移[27]
最下段の運輸部門に関連して，この下方に原油価格（ドバイ（中東），WTI（合衆国），ブレント（英国））の 1980 ～ 2015 年の推移[28]を示す。

門が 6 割だった。2011 年度のエネルギー消費は 1965 年度の 4.2 倍（年 3.2％増）で，旅客部門は 6.3 倍（年 4.1％増）と高い伸びを示し，貨物部門は 2.8 倍（年 2.2％増）である。旅客消費は 2002 年付近を境に減少傾向にあるが，これは図 4-6 下段の運輸部門の下方に示した原油価格の急激な上昇開始年に対応している。

4.4.3　家庭部門のエネルギー消費の推移

家庭部門のエネルギー消費は，個人消費の結果の主要な部分である。前述のように，個々人が所有する車によるガソリンなどの消費は，家庭部門のエネルギー消費に含まれず，運輸部門に組み入れられている。一次エネルギー消費を理解するには個人消費こそ重要といえる。

高度経済成長過程で日本国民は多大の一次エネルギーを消費するようになった。ぼくの小学校時代には，家庭で使う一次エネルギーは，母親が厨房で煮炊きに使っていた木炭，風呂を沸かすのに使った薪，冬のアンカに入れた炭団，電気については，天井灯，机上のスタンド，ラジオであった。掃除は箒と叩き，洗濯は盥と洗濯板である。自家用車はなく，父親の自転車一台，子ども用の自転車一台であった。

合衆国や欧州の家庭で利用されていた電気製品は，日本の製造業者によって次々と模倣され日本の家庭に合った形に改造されて，個人所得の増大とともに，広く普及してゆく。当時放映されていた合衆国の「パパは何でも知っている」などの家庭ドラマの影響もあった。

新たな電化製品は，個々人または家庭の新たな欲望を次々と生み出してゆく。図 4-7 でみると，1959 年から東京オリンピック前年 1963 年をピークとして白黒テレビが急速に普及している。白黒テレビとともに，電気洗濯機，電気冷蔵庫は当時，三種の神器と呼ばれ嫁入り道具にもなった。白黒テレビのこの急激な普及は，「生活の利便性・快適性」を求めたものではなく，まずは娯楽であったと思う。安定的電力供給の実現も相まって，電気冷蔵庫や洗濯機などが購入された。1973 年の第

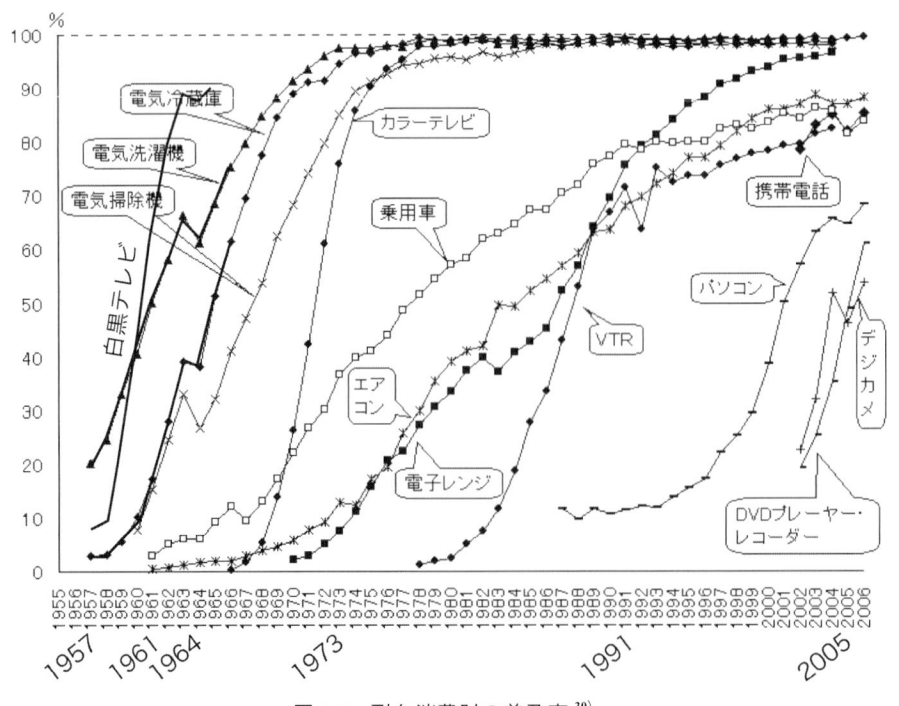

図 4-7　耐久消費財の普及率[30]

1次石油危機までに主要家電が普及したのである。

次の時代の耐久消費財として，乗用車，エアコン，電子レンジが，さらにビデオデッキ，パソコン，DVDプレーヤーとレコーダー，デジカメと続いている。これらの電化製品の多くは社会生活には必ずしも必要ではない。生活必需品として購入されている訳ではない。図4-6中段の家庭部門のグラフに示したように，家庭部門のエネルギー消費量は，1973年度が石油危機とはいっても，家電のエネルギー効率が向上しても結局大型化もあって，2011年度には1973年の二倍となっているのである。

家庭部門のエネルギー消費量は世帯数×世帯あたり消費量であるが，図4-8上段には世帯あたりのエネルギー消費量を三年次に渡って示している。家庭部門のエネルギー消費年のうちで高度成長の勢いが未だ残っていたオリンピック翌年の1965年度，第1次石油危機の1973年度，東日本大震災の2011年度を比較する。なお，1973年度の石油危機[29]は1973年末からのものであるが，それ以前からの誤った経済政策とその後の失政で，1974年には，日本の消費者物価指数は23%上昇し，『狂乱物価』という造語が生まれ，インフレーション抑制のための公定歩合の引き上げで，-1.2%という戦後初めてのマイナス成長まで景気は下落し，高度経済成長時代は終焉したのである。

家庭用エネルギー消費を用途別にみると，冷房用，暖房用，給湯用，厨房用，動力・照明他（家電機器の使用等）の5用途になる。三年度を通じての変遷をみると，動力・照明他と冷房用のシェア拡大がある。前者は家電の大型化と多様化，後者はエアコンの普及にある。

家庭用エネルギー源として，1965年には石炭が3割余りを占めているが，これは石炭を材料にした練炭やアンカであろうか。1973年には石炭に代わって灯油が急増する。暖房および石油コンロ

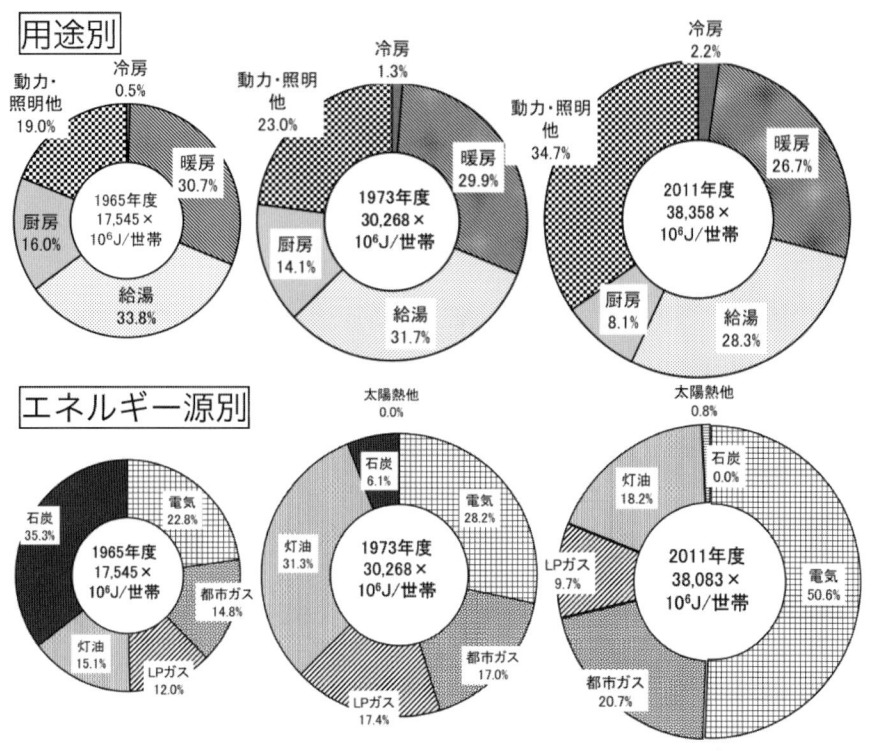

図4-8 家庭部門の用途別およびエネルギー源別の消費推移[31]
上段：家庭部門の1965年，1973年，2011年用途別推移。
下段：家庭部門の1965年，1973年，2011年エネルギー源別推移。

の普及である．ガスは三年度に渡って，スタンドアローンのLPガスから都市ネットワーク型の都市ガスに移行してゆく．1973年度から2011年度にかけては，電気のシェアが大きく拡大する．図4-7にみられるように，この間にエアコン，電子レンジ，パソコンなどが普及し，家電の大型化，多機能化，さらには，オール電化傾向もあった．なお，待機消費電力が全消費電力の6.0％を占める．

現在みられる多種の家電，その大型化や多機能化は，無辜の民をエネルギー消費の泥沼に投げ込んでいるのではと危惧されるところではある．

4.5 一次エネルギー利用に関わる世界での日本の位置

戦後70年の一次エネルギー利用をここまでみてきたが，日本は資源をもたない国ながら，再生可能エネルギーの目にみえる開発をすることなく，ただただ輸入に頼って経済発展をしてきた．福島第1原発事故を通じて日本は何を学んだのか．日本を含む世界主要10か国での日本の位置づけを通じて評価したいと思う．その上で，ドイツの過去の取り組みを紹介し，日本の今後の方向を示したい．

4.5.1 主要10か国の原発事故前後（2010年と2014年）のエネルギー構成

福島第1原発事故直前の2010年と現時点で手に入る最新の2014年の世界主要国の一次エネルギー国内供給構成をまずは次にみたい．2014年についてはBP（ビーピー，旧ブリティッシュピトロリアム，国際石油資本）[32]，2010年については，国際エネルギー機関[33]のものを使用した．ここでの世界主要国はG7とオーストラリア，ロシア，中国の10か国である．日本のエネルギー供給の構成を評価するには先進国間で比較するのが適当ではあるが，石炭など地下資源輸出大国オーストラリア，ヨーロッパへ天然ガスを供給するロシア，そして一次エネルギー全供給量そして再生可能エネルギー供給量世界一の中国も含めた．

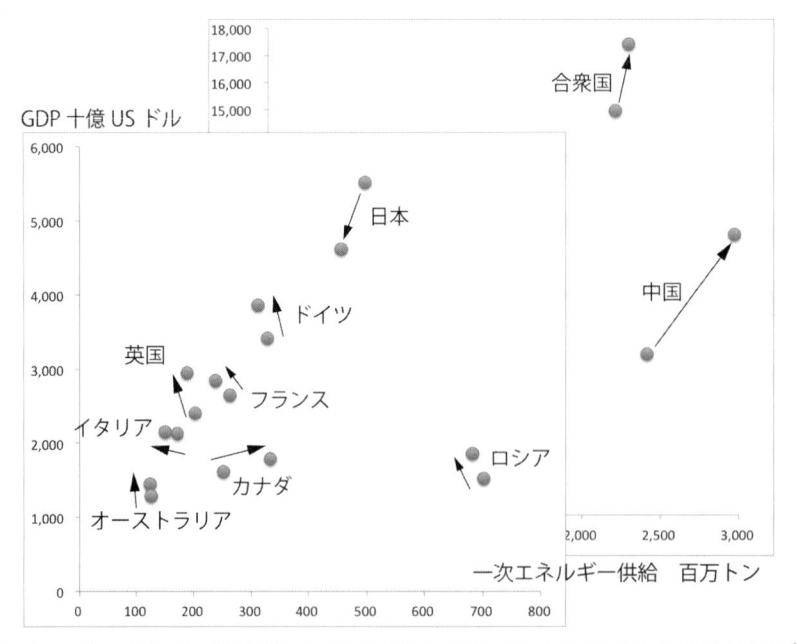

図4-9 一次エネルギー供給量とGDPからみた主要10か国の原発事故前後の変化[37]
横軸は一次エネルギー供給量（百万トン），縦軸はGDP（十億USドル）．合衆国と中国を除く8か国については，横軸800，縦軸6000として拡大表示しているが，縦横の表示比率は合衆国と中国のものと同じであり，傾き（十億USドル/百万トン）については両図でそのまま比較することができる．

一次エネルギー供給をみる上でその生産活動の結果を示す GDP は重要である。2015 年 7 月時点で 2014 年値は国連[34]からは未だ報告されず IMF から報告[35]されているので，2010 年については国連統計，2014 年については IMF の値を使用した。

図 4-9 には 10 か国について 2010 年から 2014 年への変化を矢印で示している。合衆国と中国が他の 8 か国に比べて群を抜いている。両国はいずれも右上がりであるから，一次エネルギー供給量も GDP も増加している。合衆国の傾きは大きくエネルギー効率は合衆国がかなり高い。中国のここ 4 年間の GDP 増加率は他国に比べ圧倒している。

GDP は日本のみが減少している。東日本大震災より前の 2009 年以来の傾向である。他の 7 か国でみるとカナダ以外は左上がりになっており，一次エネルギー供給量を下げつつ GDP が上昇している。このようにみてくると，日本は他国に明らかに後れを取っている。

図 4-10 には図 4-9 同様の 10 か国の一次エネルギー供給構成比を示している。水力発電は再生可能エネルギーに属するが統計データベースの伝統から独立して表現されている。太い線分は，左手の地下資源と右手の再生可能エネルギーの境界点を示している。図 4-10 をみると，カナダが 30% 近くに達しているがこれは水力発電によるもので，2010 年に比べて 2014 年の水力発電が著しく増加している。イタリアも同様の傾向がある。日本を含めて他国も再生可能エネルギー比率が増加する傾向がある。主要国の水力発電量の変遷は後述する。

図 4-10 の地下資源利用をみると，日本のみで石炭比率が大きく増加している。福島第一原発事

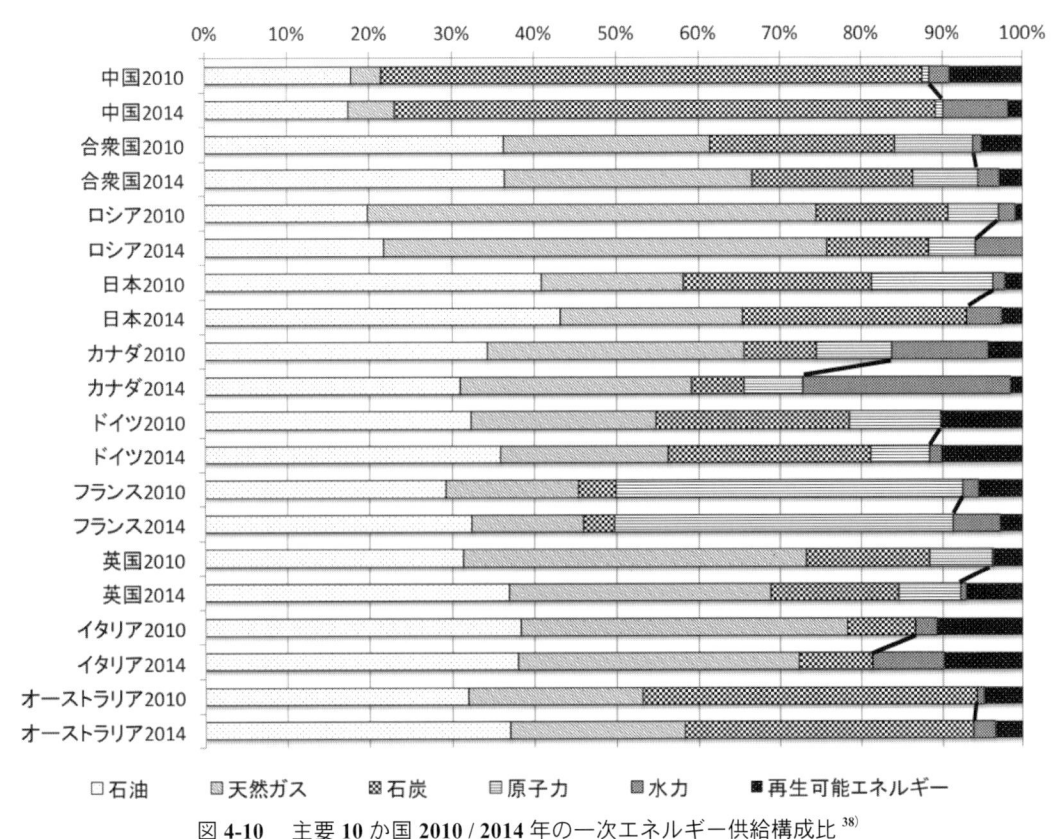

□ 石油　▨ 天然ガス　▩ 石炭　▤ 原子力　▨ 水力　■ 再生可能エネルギー

図 4-10　主要 10 か国 2010 / 2014 年の一次エネルギー供給構成比[38]
国順は 2014 年供給量に基づいて降順に配列している。横棒グラフの左手の石油〜原子力と，右手の水力・再生可能エネルギーとの境界点について，各国の 2010 年と 2014 年の間を太い線分で結んでいる。

故後の全原発停止に伴って化石燃料が増加した現象の一つであるが，石油と天然ガスに比べて低価格の石炭の増加が著しい。

図 4-10 の天然ガス比の増減に注目すると，中国，合衆国，日本が伸びている。中国は環境問題による石炭利用比の縮減努力に，合衆国は自国のシェールガスの劇的な増産に，日本は原発事故に帰せられる。天然ガス比が減少した国は，カナダ，ドイツ，フランス，英国，イタリアである。カナダについてはオイルサンドとオイルシェールの使用比率の拡大が注目されてきたが，実際は全化石燃料供給よりも水力発電比率の劇的増加が貢献している。ドイツ，フランス，英国，イタリアでの天然ガス利用の減少は，エネルギー安全保障の観点によるものである。ソ連崩壊前からほぼ 30 年間，ソ連またはロシアはヨーロッパに天然ガスを供給してきた。2005 年に始まったロシア-ウクライナガス紛争だけでなく，ロシアはこれまで，天然ガスを政治的および経済的な武器として使用してきた。ウクライナのクリミア半島の実質的な支配に対するヨーロッパ主要国の経済制裁に対抗すべく，2015 年 1 月には一時，ヨーロッパへの天然ガス供給をストップする動きも出ている[36]。

4.5.2　再生可能エネルギーの国別シェア

前述の BP-Statistical_Review_of_world_energy_2015_workbook[39] には 2014 年を最新とする世界各国の一次エネルギー供給量の変遷が示されている。以下，すべてについて，シェア 1% 以上の国を降順にソートしている。水力発電量シェアを図 4-11 に示す。中国が圧倒的に多く，カナダ，ブラジル，合衆国などと続く。日本は多雨山岳国ながら 8 位シェア 2.3% に過ぎない。

図 4-12 には，「再生可能エネルギー」発電量シェアを示すが，これには水力発電量が含まれていない。ただ，これには，引き続いて示す太陽光発電などがまとめられている。図 4-12 をみると，合衆国，中国が圧倒的に多く，次にドイツが続いて

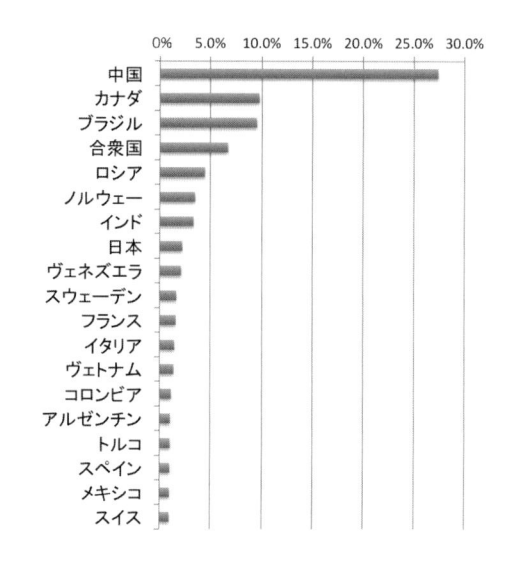

図 4-11　水力発電量シェア 2014 年

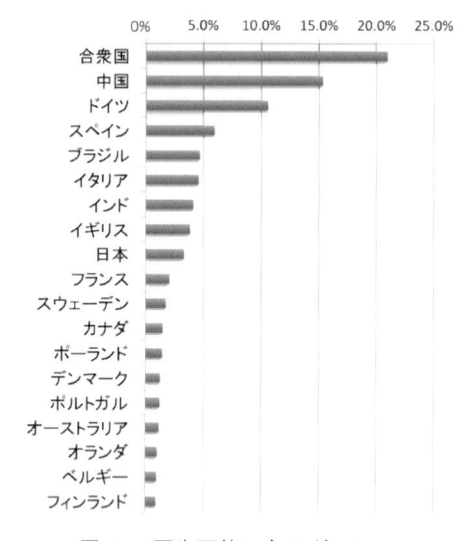

図 4-12 再生可能エネルギーシェア 2014

いる。日本は 9 位，シェア 3.7% でインドより低い。

図 4-13 には，太陽光発電量シェアが示されており，ドイツ，中国，イタリア，日本と続く。日本は 4 位，シェア 10.4% で合衆国よりも高い。ドイツが中国を凌駕しているのが注目されるところである。

図 4-14 には風力発電シェアが示されている。合衆国，中国が圧倒的で，ドイツ，スペイン，などと続く。日本のシェアは 0.7% であり，この図には見られない。

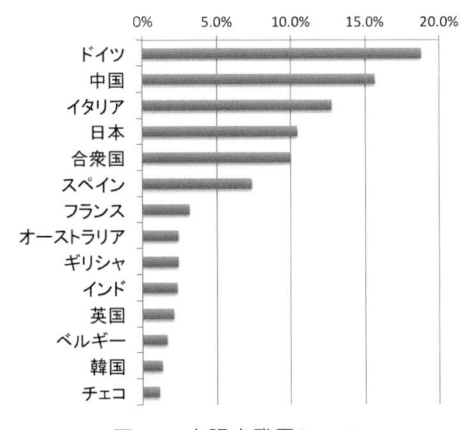

図4-13 太陽光発電シェア 2014

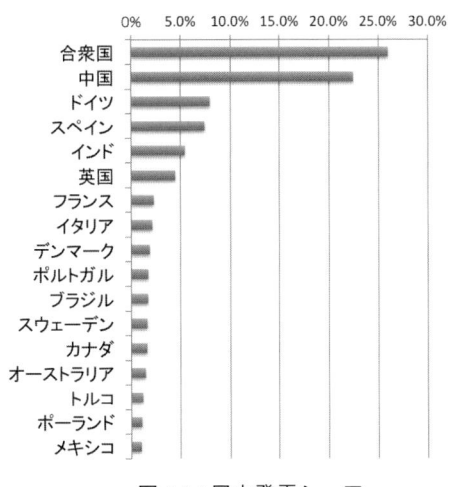

図4-14 風力発電シェア

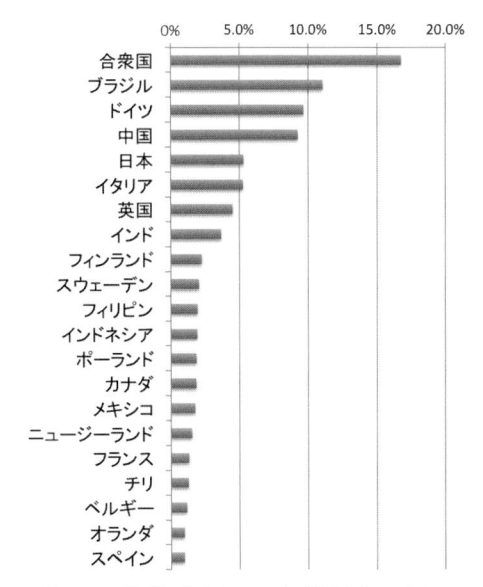

図4-15 地熱バイオマスなど発電シェア 2014年

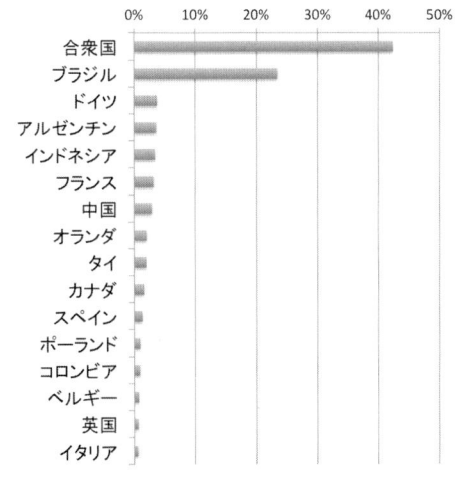

図4-16 バイオ燃料シェア 2014年

　図4-15には地熱およびバイオマスなどのシェアが示されている。合衆国，ブラジル，ドイツ，中国，日本と続く。日本のシェアは5.3%である。ドイツが合衆国と中国の間に位置しているのが注目される。

　図4-16にはバイオ燃料シェアが示されている。合衆国，ブラジルが圧倒的で，ドイツが続く。日本の値は登録されていないので国連に報告していないのであろう。

　このようにみてくると，再生可能エネルギーについては，中国と合衆国が圧倒的なシェアを持っていることがわかる。両国は世界第1，2位の温暖化ガス排出国ではあるが，放出量には到底満たないが，この分野に努力を払ってきたことが理解される。両大国について注目されるのは，水力発電以外の再生可能エネルギー3位，太陽光発電量1位，風力発電3位，バイオ燃料2位のドイツである。

4.5.3　福島第一原発事故それでも原発再稼働

　ドイツは第二次世界大戦の敗戦国であって，戦後，高い技術力を駆使して復興し，EUを牽引してきた。同じ敗戦国の日本は合衆国の傘下のなか，復興を果たし，欧米を模倣しつつ，アジアで最も

早く高度成長を経験することができた。ドイツは，自国の石炭産業の保護とともに，原子力発電を積極的に進めてきたが，1991年のチェルノブイリ原発事故による放射能汚染を体験し，環境保全を重視する機運の中，緑の党の躍進もあって，原発廃止の流れが形成された。原発廃止を一端撤回した現メルケル政権は，福島第一原発事故を契機に再び廃止の道を選択した。

これに対し，世界で唯一の被爆国，レベル7の原発事故を体験した日本は，九州電力川内原発1号炉など相変わらず原発再稼働の道を進めている。2015年6月18日[40]，自民党政権は来年度からの5年間で東日本大震災の復興予算として6.5兆円を計上したが，これには後述の国債とは別に原発事故関係の0.5兆円が含まれる。2015年度までの前半と合わせると復興関係は32兆円になる。

東電は6月17日に商工業者の営業損害の賠償や避難者への慰謝料として新たに3100億円を追加した。これで事故による損害賠償の総額は6.5兆円に迫る[41]。原発事故があった2011年3月の半年後の9月には，原子力損害賠償機構（2014年8月以降は原子力損害賠償・廃炉等支援機構）が官民共同出資（資本金：政府70億円＋原子力事業者等12社70億円＝140億円）で設立された。2015年3月に発行された会計検査院報告[42]によると，資金源は国債である。利子は国が責任をもって払うとされる。「国による原子力損害の賠償に関する様々な支援等は，一般会計，エネルギー対策特別会計及び東日本大震災復興特別会計の負担により実施されており，2011，12両年度に国が負担等をした額は，計3兆3044億余円となっている」。国はこの「機構に対して原子力損害賠償支援機構国庫債券（＝交付国債）5兆円を交付している」（pp.1~2）。図4-17を参照いただきたい。2014年8月段階で5.4兆円余である。今後，補償などの費用はさらに膨らみ，中間貯蔵施設に1.3兆円，核燃料デブリーの処理の費用は定かでないが，少なくとも40年が必要とされる。

核燃料デブリーや除染で出た大量のゴミの最終処分場を他県に求めることは不可能と考えられ，

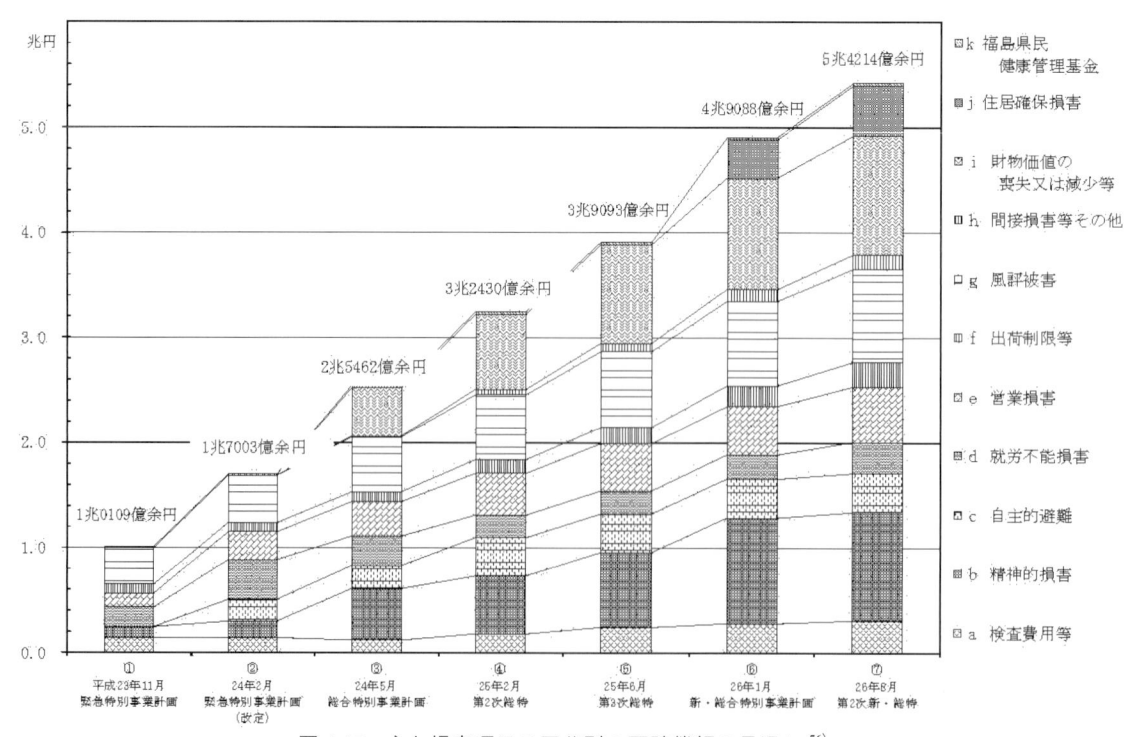

図 4-17　主な損害項目の区分別の要賠償額の見通し[56]

大熊町と双葉町にまたがる海岸部に建設中の中間貯蔵施設[43]などがそのまま最終処分場になる可能性は高いといわざるを得ない。定常的な稼働で発生した高レベル放射性廃棄物さえ行き先がない。定常的な稼働で出た使用済み核燃料プールは6ないし8割がすでに埋まっており，今後の再稼働で貯蔵容量は拡張せざるを得ない。使用済み核燃料の搬出先である青森県六ヶ所村の再処理工場の稼働の見通しも未だ立っていない。1993年から約2兆1900億円の費用をかけて建設（これをもし廃棄する場合2兆5000億が必要と）されているが未だに試運転中で技術的展望もみえない[44]。もちろん，この六ヶ所村は最終処分場ではなく再処理した燃料は送り元に返されることになってはいるが，ガラス固化体にする施設が日本には六ヶ所村にしかないのでまた六ヶ所村に戻ることになる。再処理工場から外部に放出される放射性物質は，一日分でも原発の一年分を超えると言われるが，未だ稼働実績はない。

六ヶ所村では稼働している機能もある[45]。①低レベル放射性廃棄物埋設センター，これは低レベル廃棄物の最終処分地（無害化300年間）にあたる。さらに原発に燃料供給するための②ウラン濃縮工場がある。③使用済み核燃料受け入れ貯蔵施設，これは原発で使用した燃料を欧米のようには廃棄物と考えず，日本では再処理に供すべき資源とされ，再処理工場に回す予定のものであり，再処理工場が未だ稼働していないので，全国の原発から運び込まれた使用済み核燃料でほぼ満杯状態（98〜99%）になっており，各原発でも前述のように置き場所が不足する事態[46]になっている。④高レベル放射性廃棄物貯蔵管理センターには現在8,000体のガラス固化体がすでに貯蔵されているが，これらは英仏で再処理されたものである。建設中の⑤MOX燃料工場は完成が遅れている。この燃料は，高速増殖炉もんじゅやプルサーマル炉で使用される予定のものであるが，欧米は多くの問題を経験し撤退したが，ロシア，日本，中国，インドは未だ撤退していない。「核燃料サイクル基地」（740万㎡，東京ドーム160個分）が成立する所以は，⑥再処理工場の稼働であり，高速増殖炉の稼働である。すでに六ヶ所村は交付金455億円を受け取っている。

この核燃料サイクルは事実上，破綻している。再処理が英仏同様うまく行っても，高速増殖炉の技術に目処が立たない。MOX燃料を作ってもこの再処理と処分については途方に暮れることになる。

高レベル放射性廃棄物の最終処分地は前述のように未だみつかっていない。2015年5月22日，政府はこれまでの公募形式から国主導で選ぶ方式に切り替える方針を閣議決定した[47]。経済産業省資源エネルギー庁はこの5月末から36都道府県で，非公開で「自治体向け連絡会」を催している。NUMO（原子力発電環境整備機構）[48]によれば，処分場選定では，最初の自然環境などの文献調査を受け入れるだけで20億円，第2段階の現地の概要調査なら70億円の交付金が地元に入る。処分場を受け入れれば，経済効果は年間510億円，固定資産税は29億円という[49]。

原発の2030年度電源割合を20〜22%とする案が経産省によって2015年5月26日に公表された[50]。再生可能エネルギーは22〜24%にするという。古い原発の延命を前提にした内容である。朝日新聞の集計によれば[51]，電源11社の再稼働に向けての安全対策費が膨らんでいる。現時点で2.4兆円になっている。さらに今後も航空機やミサイルなどによるテロ対策などで，破格の費用も必要になるという。

日本の財政は危機的状況にある[52]。国債の借金残高は2015年3月で1053兆円にもなっている。これは国内総生産GDPの2倍にあたり，先進国でも最悪で，ギリシャをも上回る。報告された最新の2013年度決算（計106兆円）の収納済歳入額の内訳をみると，47兆円（44%）が租税及び印紙税収入に過ぎない[53]。2015年度予算では財源不足を補うための新たな国債36兆円と満期を

迎えた国債の借り換えなどで総額170兆円の国債を発行する。4月27日，日本の国債は，大手格付け会社フィッチ・レーティングスによって，シングルAプラスから上から6番目のシングルAに格下げされた。ドイツ，オーストラリア，デンマーク，カナダなどが最も高いが，日本より上位の国としては，英国，フランス，サウジアラビア，韓国，中国など，23か国が並ぶ[54]。

原発事故補償額は今後も増大する。4年以上を経た今なお11万2千に及ぶ人々が避難しているなか，札幌から福岡の20か所25件の「ふるさと喪失訴訟」が審議中で，原告は1万300人に達している 。これに関連したNHK時論公論によれば[55]，「このうち4千人近くが福島地裁に起こした裁判では，国と東京電力に原状の回復，つまり居住する地域の放射線量を事故の前のレベルに戻すこと，そして，これが実現するまでの間，精神的な苦痛に対する（追加的）慰謝料を支払うよう求め

ています。原告の中には，避難区域に住んでいて避難を余儀なくされた人，さらに避難区域外であっても被曝への不安から避難した人や避難したくても自宅にとどまることを選択した人がいて事情は様々です」。「原子力損害賠償法では、原発事故で発生した被害の賠償責任を電力会社に負わせています。（中略）福島の事故のように，東京電力が賄いきれない巨額の賠償が必要な場合には国が資金を援助する仕組みです。この仕組みでは，東電は賠償責任を負うものの過失までは問われず，（国の）資金援助によって経済的な痛みも伴わないため，加害者としての自覚が足りなくなるのではないか，また国も，資金援助をするだけで賠償の前面に立たず，その責任が曖昧になっていると指摘されてきました」。このように無限定ともいえる災害を引き起こす原発の再稼働は，日本の国の形すらも崩壊させてしまう大きなリスクを持っていると結論せざるを得ない。

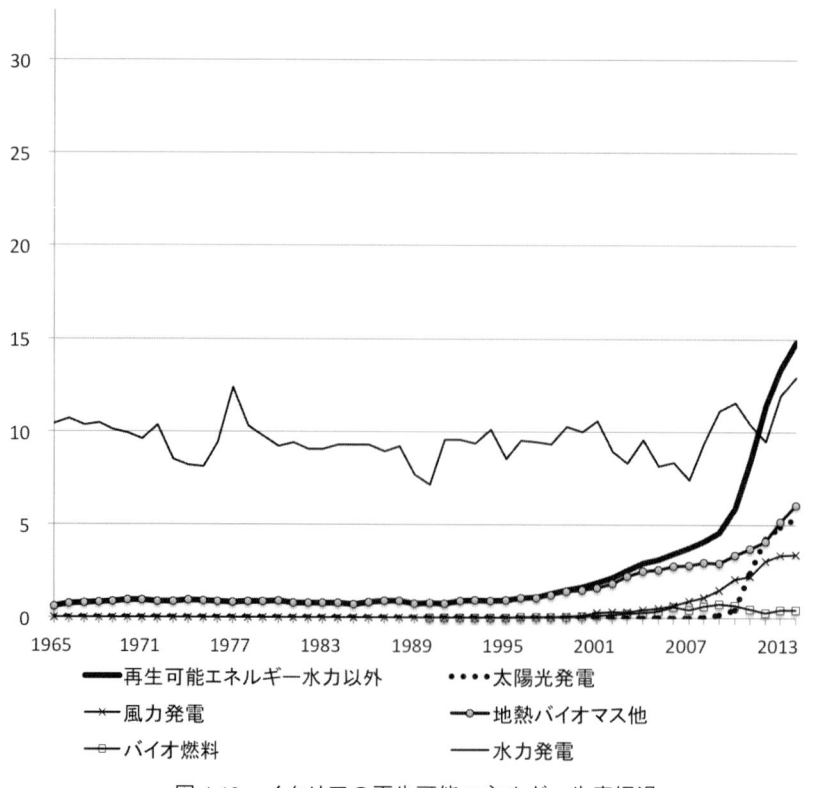

図4-18 イタリアの再生可能エネルギー生産経過
Statistical Review of World Energy 2015 [57] から作成。

4.6 ドイツ，イタリア，日本の再生可能エネルギー生産の経過

EU最有力国ドイツは前述のように国債の最も高い格付けを得てきたように，健全な財政を誇る。そして環境政策には高い倫理性がある。かつての日本はドイツ系立憲主義の影響を受け，さらに敗戦に至るまでドイツと類似の道を辿ったのであるが，G7国では，改めて日本が最も手本にすべきなのはドイツであろうかと思う。

G7の国々のうち，合衆国とカナダは巨大資源保有国である。英国とフランスは戦後，核開発で鎬を削ってきた。英国は埋蔵量の減少傾向にはあるが北海油田を保有する。フランスは原子力発電比率がきわめて高い。かつての植民地だったアフリカなど資源国に長く根を下ろしてきた巨大資本も英国とフランスに属している。結局，敗戦国のドイツとイタリアが日本と類似した一次エネルギー環境にある。財政環境と国力からみて，イタリアをお手本にはできず，結局のところ財政規律がしっかりしたドイツをお手本にすべきとなる。

再生可能エネルギーの国別シェアを第5節(4.5)でみたが，ドイツは水力発電を除く再生可能エネルギー（図4-12）で，資源保有二大国の合衆国，中国についで3位にあり，4位のスペインの2倍のシェアをもっている。太陽光発電（図4-13）は1位，風力（図4-14）は合衆国，中国に次いで，3位にあり，スペインとほぼ同様のシェアを持つ。地熱バイオマスなど（図4-15）とバイオ燃料（図4-16）については，合衆国，ブラジルに次いで3位を示す。

再生可能エネルギーの生産量について，これま

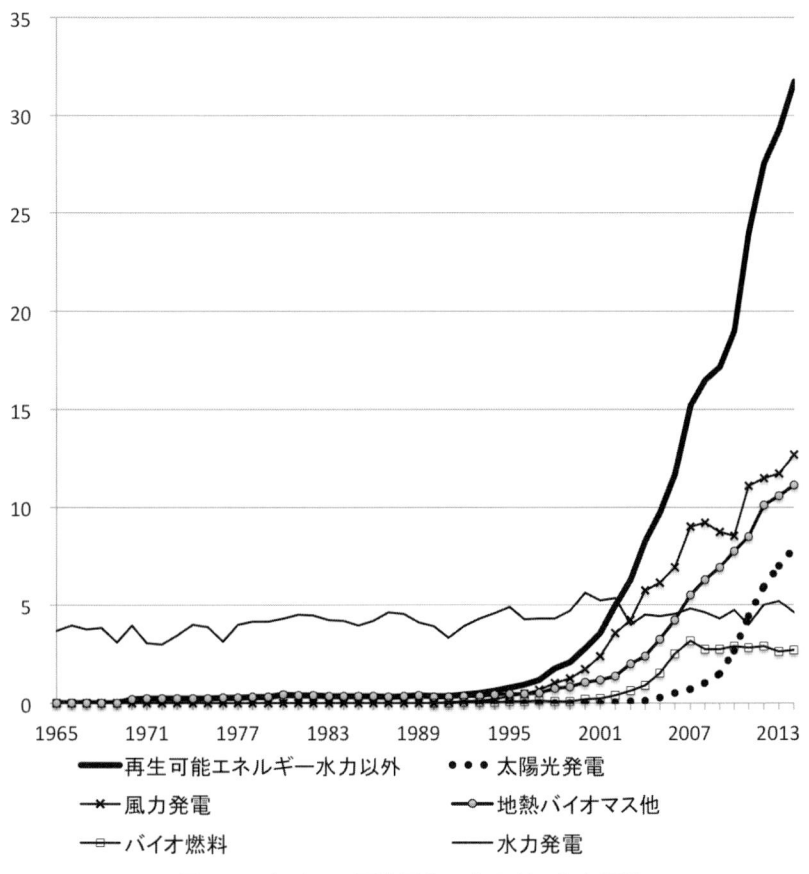

図 4-19 ドイツの再生可能エネルギー生産経過
Statistical Review of World Energy 2015 [58] から作成。

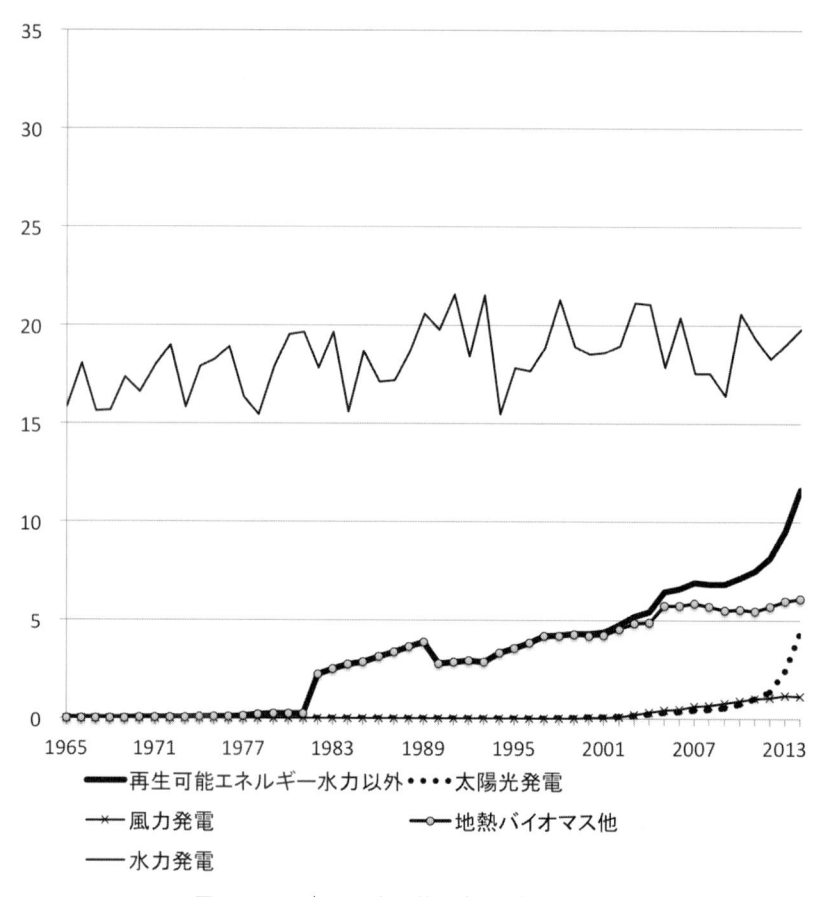

図 4-20　日本の再生可能エネルギー生産経過
Statistical Review of World Energy 2015 [59] から作成。

で使ってきたBPの資料から，図4-18イタリア，図4-19ドイツ，図4-20日本を作成した。これら三つの図には，水力発電量の変遷も示しているが，三国いずれも1965年以来，増加傾向にはない。日本が最も高く，イタリアのほぼ2倍を示している。

イタリアでは，1998年ぐらいから地熱バイオマスなどによる発電量が増加傾向を示しており現在まで，再生可能エネルギー生産の首位を占めている（図4-18）。2004年付近から風力発電が増加している。2010年以降の再生可能エネルギー生産量の急増を支えているのは太陽光発電で，地熱バイオマスなどによる発電量と拮抗している。

ドイツでは，1995年から風力発電と地熱バイオマスなどによる発電が急増してゆく（図4-19）。

当初は風力発電量の増加率は高いが，地熱バイオマスなどによる発電量は2003年頃から風力発電量と同率で上昇している。同年頃からバイオ燃料も急増してゆくが2007年をピークに多少減少傾向にある。太陽光発電量は2003年ぐらいから上昇傾向にあるが，2010年から急増して，風力発電量，地熱バイオマスなどによる発電量と同様の上昇傾向になっており，この三種が現在の再生可能エネルギー生産の主役になっている。

再生可能エネルギーの開発は日本が最も早く，1982年から地熱バイオマスなどによる発電量が急上昇している（図4-20）。2004年から地熱バイオマスなどによる発電量がプラトーに達して，風力発電が上昇し，2011年には太陽光発電が急上昇し，風力発電量を超え，地熱バイオマスなどに

よる発電量曲線と交差する可能性がみえる。
　ドイツは1995年付近から再生可能エネルギーのうち，風力，地熱バイオマスなど，太陽光の順で，発電量が急激に上昇している。日本は早い時期の地熱バイオマスなどによる発電量の上昇があったものの，これはプラトーに達して，太陽光のみが2012年から上昇傾向を示す。ドイツに比べると17年ほど遅れており，今後の展開が期待されるところである。

4.7　ドイツの脱原発の倫理

4.7.1　ドイツの原発から再生可能エネルギー選択の道筋

　ドイツと日本の一次エネルギー供給の歴史を振り返る際に，たとえば石炭との関係に象徴的な違いを見ることができる。日本では三池争議など炭鉱閉山が相次いでいた時代の日本とドイツの違いを次の大槻重之『石炭をゆく－26 ドイツの公園で』[60]で知ることができる。「西独への炭鉱労働者の海外派遣は国の事業として行われた。計画の立てられた1955（昭和30）年は日本の石炭産業の展望はまだ明るく，たまたま炭鉱労働力の不足している西独から労務者受入の話があった。これに応じた日本の派遣する側の炭鉱会社のねらいは石炭先進国である西独の炭鉱技術の習得であった。友好と親善の大義もあり歓呼の声の見送りをうけ第一陣がドイツに発ったのは1957年である。以後，1962年までの5年間に合計436名の派遣者を数えた」。「さてドイツに派遣されている間の1960（昭和35）年前後は日本の石炭は激動の時であった」。「研修期間の三年をすぎても多くの者がドイツに残留した。ドイツへ送られた労働者はもともと各炭鉱から選ばれた優秀な炭鉱マンであったから，よく働き，技術の習得も早く，日本人炭鉱労働者の評判はよかった」。ドイツでは今なお石炭産業は健在である。日本が石炭をかなぐり捨てて安い石油に走ったのに比べて余りに大きな違いではないか。

　1986年4月26日未明のチェルノブイリ原発事故の際には旧ソ連域以外に，北欧三国とヨーロッパアルプスに近接するスイスと西オーストリア，そして西ドイツ南縁部が高濃度の放射性セシウムとヨウ素などに汚染された。その西ドイツのバイエルン州について汚染直後から2004年までの放射性核種濃度などの詳細が報告されている[61]。空間線量率がここには示されているが広い面積を占める値は，事故直後の1986年5月の平均では0.2μSv/h以上，17年後にあたる2003年10月の平均では0.08μSv/h以下になっている。後者は西日本の自然放射能の値にあたっており，前者は現在の福島市の子ども達が通学する果樹園以外の農地に近い数値である。チェルノブイリ原発事故はヨーロッパ諸国に衝撃を与えたが，事故直後であっても福島市および周辺の2015年現在の日常的な生活圏の線量率であった。

　放射性物質はまだら状に分布する。事故直後記録された最大規模のものはバイエルン森で30万Bq/m^2，州都ミュンヘンで1.9万Bq/m^2に達している。なお，チェルノブイリ原発事故由来の現在までの旧ソ連およびヨーロッパの追加的がんなどの死者数については報告書によって1万人未満から10万人を超える評価まであり，正確な評価は難しい。

　チェルノブイリ原発事故はドイツ国民に原発廃棄を決定づけたと行って誤りはない。ドイツ政府の事故後の不適切な対応への怒りを含めて反原発デモが数万人規模で繰り返されている。事故翌年に発行されたドイツ人女性教諭グードルン＝バウゼバンク Gudrun Pausewang による青少年対象の小説『雲 Die Wolke（邦訳「みえない雲」）』はドイツが反原発に進む大きな力となった[62]。反原発の実現には，人類愛に基づく高い想像力が必要であり，この小説を通じて，端的にドイツの人々は少なからず原発保有の責任を自覚することを得たと思う。

脱原発の政府決定は 2001 年 9 月である。1998 年 9 月末の連邦議会選挙の結果，社会民主党 298 議席，キリスト教民主社会同盟 245 議席，緑の党 47 議席。10 月には社会民主党と緑の党の連立（赤緑連合）が成立した。社会民主党のゲルハルト＝シュレーダーが首相，緑の党のヨシュカ＝フィッシャー（緑の党々首）が副首相兼外相，ユルゲン＝トリッテン（緑の党）が環境大臣となり，1999 年，連立政権は連立の政策協定書に基づき四大電力会社と，ドイツ全体の発電量の 30% を担う 19 基の原発全廃を巡って交渉を開始する。電力会社側は 2000 年 6 月，シュレーダーとの基本合意に至る。2001 年 9 月，この基本合意を盛り込んだ連邦原子力法改正案が閣議決定され，連邦議会に提出，可決された[63]。

　2005 年 9 月の連邦議会選挙で，キリスト教民主社会同盟が得票率 35.2% で第 1 党，以下，社会民主党，自由民主党，左翼党と続き，緑の党は第 5 党に落ち込んだ。10 月には，キリスト教民主社会同盟と社会民主党の二大政党が連立政権を組み，11 月にはメルケルを首相とする連立政権が発足した。この政権は 2022 年までの原発全廃政策を受け継いだ。

　2009 年 9 月末の連邦議会選挙で，社会民主党は大きく落ち込み，キリスト教民主社会同盟と自由民主党の保守・中道右派勢力が過半数を獲得して，第 2 次メルケル政権が成立した。この政治状況は，ドイツ経済政策史[64]でもみられるように合衆国や日本ほど大きな影響を受けることはなかったにしても，合衆国 2007 年サブプライム問題に始まる世界金融危機の経済状況を反映しているといえるだろう。メルケル政権は金融危機の状況の中，財政赤字を減らすべく，シュレーダー政権が電力会社から勝ち取った脱原発に向けた合意のうちで最も重要な交渉事項だった原発耐用年数について延長する方針を打ち出す。脱原発時期は 2022 年から 2040 年となった[65]。

　2011 年 3 月 11 日の東北地方太平洋沖地震に伴って福島第 1 原発事故が翌日に発生した。メルケルは「日本のような高い技術を持つ国でさえ，巨大な原発事故が起きた」と発言する。事故当日の 12 日には，シュツットガルトで 6 万人の反原発デモが起きる。14 日にはメルケル首相は「フクシマの事故は科学的に起きないと考えられていたことが起こりうることを示した。事故以前と事故以後では，まったく違う状況になった」といい，原発稼働延長政策の三ヶ月凍結を決める[66]。

　3 月 25 日には，欧州連合 EU 首脳会議は福島第一原発事故を受けて域内すべてのストレステスト実施を決定した。これを受けてメルケルは同日，原子炉安全委員会に実施を要請し，併せてドイツの原発の安全性についての助言を求めた。その 2 か月後の 5 月 14 日，「ドイツの原発には高い耐久性がある」という内容の報告書を受け取っている。この間，何十万人に上るデモが各地で生じており，ドイツで稼働中の原発 17 基のうち 4 基があるバーデンヴュルテンベルク州の州議会選挙で緑の党が躍進し首相には緑の党のクレッチュマンが就任した。メルケル首相はこの敗北について「福島原発の大事故をめぐる議論が敗因となったのは明らかだ」と語っている。メルケル首相は 4 月 4 日（～5 月 28 日），首相の諮問機関として「安全なエネルギー供給のための倫理委員会」を設置した。メルケルは，5 月 30 日に倫理委員会から「ドイツのエネルギー転機：未来のための共同作業」Deutschlands Energiewende-Ein Gemeinschaftswerk für die Zukunft[67]という報告書を受け取っている。この時期の週間誌シュピーゲルに掲載された緊急世論調査によると，脱原発を求める市民は 71% に達したという。5 月 22 日，メルケルは 2022 年までに原発を全廃する方針を発表した。連立与党内も 30 日に合意され，倫理委員会提言の 1 週間後の 6 月 6 日に原発の全廃を盛り込んだ原子力法改正案を閣議決定した。以上のドイツ政府と市民の脱原発の流れについて，川名（2013）を参考にさせていただいた。

4.7.2　生きている倫理

　前述の倫理委員会の報告は邦訳[68]されている。この内容は環境問題を捉える手法を学ぶ上のいい教材になると思う。これを読み進めて行くと，学生時代に原語で読もうとしたエマニュエル＝カントの『実践理性批判』を思い出した。ここでは報告書の中味よりも，倫理委員会のメンバーであったミランダ＝シュラーズの「日本の読者のみなさんへのメッセージ」の一部を紹介したい。

　倫理委員会の伝統と役割：　ドイツには原発問題に限らず，国が設置する倫理委員会の長い歴史がある。純粋に技術的な答申以上の，より深い道徳的，倫理的問題を検討するためのものである。同時にアンケート委員会が設置される。ここで精力的に議論されているテーマは，経済成長，環境と資源の限界，社会的平等，生活の質などの相互関連で，GDPに代わる豊かさの指標を探し，環境，社会，経済の面で持続可能な経済システムをいかに促進するか探求している。特定の政策や経済的選択にともなう倫理的次元の問題は，キリスト教会やNGOなどの社会団体や政党，そしてメディアによって十分検討されなければならないという土壌がドイツ社会にはある。これはおそらく，過去のナチズムの体験とも関連している。

　（脱原発の）倫理委員会で議論された内容：私たちが考慮したのは，放射性廃棄物に関連した多くの未解決な問題の扱いが，将来の世代に残されるという問題である。この問題を脇に置いて，エネルギー多消費の生活スタイルを今日愉しむことが正しいのかという疑問である。気候変動のリスクも考慮しつつ，原子力エネルギー利用を止めた結果，化石燃料をより多く使うことになってはならないと考えた。現存の再生可能エネルギーなどや今後の技術の展開の可能性も議論した。化石燃料以外のエネルギーを採用するコストよりも，行動しないことで生じるコストとその結果として将来の世代に残されるリスクを考えた。今日の高コストは，いわば子どもの教育投資のようなもので，将来への投資である。脱原発をどの程度急ぐべきかなどについては委員会で論争にもなったが，ドイツにとってのエネルギー効率化と再生可能エネルギーの大きな可能性について一致をみた。エネルギー大転換は，電力価格の上昇，高価格の輸入エネルギーへの依存度が増すなど，決して安上がりのものではないが，ドイツは2020年までに電力の35％を再生可能エネルギーから得るという目標をもっている。

　日本にはまったく欠落している倫理からの視点で，国の方向性が決定されることに，イデオロギーの国ドイツの深い文明の姿を垣間見る思いがした。倫理委員会報告第4章のはじめ（p.24, 邦訳 p.40）には，「問われているのは，（中略）社会と自然の関係に関する問いです。キリスト教の伝統とヨーロッパ文化からは，自然に対するひとつの特別な，人間の義務が導き出されます。Aus der christlichen Tradition und der Kultur Europas re-sultiert eine besondere Verpflichtung des Menschen gegenüber der Natur.（中略）自分たちの目的のために環境を破壊することなく，有用性を高め，未来においても生活条件の保障を維持できるようにめざすことにあります。従って，後の世代に対する責任は，とくにエネルギー供給や，長期的あるいは半永久的なリスクと不安の公平な分配，これらと結びついたわれわれの行動の諸結果にまで及ぶものです」とある。

【木庭元晴】

注

1) Carbon Dioxide Information Analysis Center（CDIAC）のデータベースに関連論文が公開されている。下記はその代表例。
Andres, R.J., Marland, G., Boden, T., and Bishof, S., 1994. Carbon dioxide emissions from fossil fuel consumption and cement manufacture, 1751-1991; and an estimate of their isotopic composition and latitudal distribution. Snowmass Global Change Institute conference on the global carbon cycle, Snowmass, CO（United States）, 19-30 Jul. 1993, pp. 1~18, 5 figs.

1) Rotty, R.M., and Marland, G., 1984. Production of CO2 from fossil fuel burning by fuel type 1860-1982. Prepared by the Carbon Dioxide Information Analysis Center, Environmental Science Division, Oak Ridge National Laboratory for the U.S. Department of Energy, pp. i~v, 1~15.

2) 木庭元晴：地球温暖化のメカニズム, 木庭元晴編『地球環境問題の基礎と社会活動』古今書院, 2009, p.20.

3) セメント製造工程では，石灰石 $CaCO_3$ を焼成する。この時に使用する石炭や重油の燃焼で二酸化炭素が出る。さらにこの焼成（900℃以上に加熱）の際に次式のように二酸化炭素が発生する。$CaCO_3 \rightarrow CaO$（生石灰）$+ CO_2$。

4) この節は，関西大学北陽中学校の生徒に2012年3月13日に実施した環境講座の資料に手を加え，文体も，ですます調からである調に変更した。

5) 2012年度関西大学「地理」入試問題。

6) 経済産業省資源エネルギー庁　http://www.enecho.meti.go.jp/about/whitepaper/2013html/2-1-1.html

7) http://www.mlit.go.jp/statistics/pdf/23000000x040.pdf

8) アメリカでは，三種類のトンがあります。単にトンというときはショートトン short ton のことが多く，2,000 pounds = 907.18 kg，他にロングトン long ton は，2,240 pounds = 1,016 kg，そしてメトリックトン metric tonne は，1,000 kg です。

9) 独立行政法人 新エネルギー・産業技術総合開発機構，2011.3. 世界の石炭事情調査 － 2010 年度 － http://coal.jogmec.go.jp/result/docs/002.pdf

10)（上記資料）燃焼性の悪い固定炭素と燃焼性のよい揮発分の重量比（固定炭素÷揮発分）。通常，褐炭は1以下，瀝青炭は1~4，無煙炭4以上。

11)（上記資料）無煙炭は，コークス配合用，焼結用，練炭と豆炭製造などに用いられる。原料炭は，粘結性のある瀝青炭であり，製鉄高炉用コークス製造の原料となる。一般炭は，粘結性のない瀝青炭および亜瀝青炭であり，発電用，ボイラー用の燃料となる。

12) GDP 資料：『世界国勢図会 2009/2010』，一次エネルギー供給量資料：『世界国勢図会 2010/2011』。

13) 再掲：独立行政法人 新エネルギー・産業技術総合開発機構，2011.3. 世界の石炭事情調査 － 2010 年度 http://coal.jogmec.go.jp/result/docs/002.pdf

14) 算定・報告・公表制度における算定方法・排出係数一覧　http://ghg-santeikohyo.env.go.jp/files/calc/itiran.pdf

15) 総務省統計局　世界の統計 2015 http://www.stat.go.jp/data/sekai/0116.htm#c05

16) 内閣府ホーム ＞ 統計情報・調査結果 ＞ 国民経済計算（GDP 統計）＞ 国民経済計算とは http://www.esri.cao.go.jp/jp/sna/contents/sna.html

17) 経済産業省　キッズページ 経済 GDP とは？ http://www.meti.go.jp/intro/kids/economy/02.html

18)「バブル/デフレ期の日本経済と経済政策」第1巻『日本経済の記録－第2次石油危機への対応からバブル崩壊まで－』http://www.esri.go.jp/jp/prj/sbubble/history/history_01/history_01.html

19) 内閣府ホーム ＞ 統計情報・調査結果 ＞ 景気統計 ＞ 景気動向指数 ＞ 景気基準日付 http://www.esri.cao.go.jp/jp/stat/di/140530hiduke.html#container.　日本の景気循環 1950 年（昭和 25 年）～ 2009 年（平成 21 年）http://www.geocities.jp/sundayvoyager/trade_cycle.html

20) 内閣府　戦後日本の経済成長　8. 経済成長率　http://www5.cao.go.jp/2000/e/1218e-keishin-houkoku/shihyou1.pdf

21) 経産省　主要経済指標 時系列チャート集 平成 27 年 1~3 月期 GDP1 次速報（H27.5.20 公表）反映　実質 GDP 成長率（前期比年率％）http://www.sangiin.go.jp/japanese/annai/chousa/keizai_prism/backnumber/h27pdf/201514106.pdf

22) 国土交通省国土政策局 , 2013. 国土政策関連データ（過去 50 年間の推移等）12. 名目 GDP（総額，1人あたり）の推移　http://www.mlit.go.jp/common/001020274.pdf

23) 為替レートの変動カーブの基図：金相場・プラチナ相場の動向分析 Let's GOLD の 1971~2015 年 6 月のカーブ，の縦軸を上下逆転させて使用。http://lets-gold.net/chart_gallery/chart_usdjpy_long_term.php

24) エネルギー白書 2013 第 2 部 エネルギー動向 第 1 章 国内エネルギー動向 第 1 節 エネルギー需給の概要 http://www.enecho.meti.go.jp/about/whitepaper/2013html/2-1-1.html

25) 資源エネルギー庁 TOP＞ 資源エネルギー庁について＞ エネルギー白書＞「平成 24 年度エネルギーに関する年次報告」（エネルギー白書 2013）HTML 版＞第 2 部 エネルギー動向 第 1 章 国内エネルギー動向 第 1 節 エネルギー需給の概要。上図は，【第 211-1-1】最終エネルギー消費と実質 GDP の推移から，下図は，【第 211-3-1】一次エネルギー国内供給の推移から。http://www.enecho.meti.go.jp/about/whitepaper/2013html/2-1-2.html

26) 上掲

27) 上掲 資料：【第 212-1-2】製造業のエネルギー消費と経済活動，【第 212-2-3】家庭部門におけるエネルギー消費の推移，【第 212-2-7】業務部門におけるエネルギー消費の推移，【第 212-3-2】GDP と運輸部門のエネルギー消費，のエクセルファイルを使って編集。

28) 世界経済のネタ帳　原油価格の推移（月次）http://ecodb.net/pcp/imf_group_oil.html

29) ウィキペディア「オイルショック」

30) 内閣府消費動向調査に基づくが，この図を作成するのに下記の 3 件のうち，金貸しコムとセンテンスの市場展望の丘，の図を使用させていただいた。矢野恒太記念会編：『数字でみる日本の 100 年』改訂第 6 版 .p. 499, 2013. 図 12-3 耐久消費財の普及率と保有台数，

金貸しコム：物的需要の限界は 1970 年頃　http://www.kanekashi.com/blog/2006/11/52.html

センテンスの市場展望の丘：主要耐久消費財の普及率（全

31) 資源エネルギー白書 2013 第 2 部 エネルギー動向 第 1 章 国内エネルギー動向 第 1 節 エネルギー需給の概要 1. エネルギー消費の動向 第 2 節 部門別エネルギー消費の動向 http://www.enecho.meti.go.jp/about/whitepaper/2013html/2-1-2.html
上段の図は、【第212-2-4】世帯あたりのエネルギー消費原単位と用途別エネルギー消費の推移エクセルデータ。下段の図は、【第212-2-5】家庭部門におけるエネルギー源の推移エクセルデータから加工。

32) BP Statistical Review of World Energy, June 2015 3 2 （2015 年 7 月初旬現在）

33) Energy Balances of OECD Countries/Non OECD countries （2012 年版）に基づく、世界国勢図会 2013/2014。

34) National Accounts Main Aggregates Database http://unstats.un.org/unsd/snaama/dnllist.asp

35) グローバルノート http://www.globalnote.jp/post-1409.html

36) King World News: West Troubled By Latest Russian Move & Where Sovereigns Are Bidding The Gold Market http://kingworldnews.com/west-troubled-latest-russian-move-sovereigns-bidding-gold-market/

37) 数値元資料は本文とその脚注に示す。

38) 図 4-9 の数値資料から計算。

39) Statistical Review of World Energy 2015 http://www.bp.com/en/global/corporate/about-bp/energy-economics/statistical-review-of-world-energy.html

40) 朝日新聞 6 月 19 日朝刊, 被災地負担 220 億円－復興予算 6.5 兆円 来年度から 5 年間－。

41) 朝日新聞 6 月 18 日朝刊, 東電賠償計 6.5 兆円－終了時期提示 3100 億円を追加－。

42) 会計検査院 , 2015.3. 東京電力株式会社に係る原子力損害の賠償に関する国の支援等の実施状況に関する会計検査の結果について http://www.jbaudit.go.jp/pr/kensa/result/27/pdf/270323_zenbun_01.pdf

43) 環境省中間貯蔵施設情報サイト https://josen.env.go.jp/chukanchozou/about/

44) https://ja.wikipedia.org/wiki/ 六ヶ所再処理工場

45) http://www.dailymotion.com/video/x1aw9iu_ どうする核のゴミの処分場－下北半島を取材_tech?start=29

46) 朝日新聞 2015 年 5 月 23 日朝刊「原発の保管プール 近づく限界－再稼働・廃炉に課題－」。

47) 朝日新聞 2015 年 5 月 26 日朝刊「原発ゴミ処分－増やさないが前提だ－」。

48) NUMO http://www.numo.or.jp/

49) 朝日新聞 2015 年 7 月 10 日朝刊「原発回帰 再稼働を問う 3 －地ならしへ国が本腰－」。

50) 朝日新聞 2015 年 5 月 27 日朝刊「原発維持へ国関与強化－ 2030 年度電源割合 20~22% 案－」。

51) 朝日新聞 2015 年 7 月 10 日朝刊「原発安全対策 2.4 兆円－電力 11 社 新基準 工事費膨らむ－」。

52) 朝日新聞 2015 年 6 月 30 日朝刊「社説 日本の財政再建－やはり先送りは危うい－」。

53) 財務省 平成 25 年度 一般会計歳入・歳出決算の概要 http://www.mof.go.jp/budget/budger_workflow/account/fy2013/ke2611b.htm

54) Let's GOLD 主要国の国債価格付けランキング http://lets-gold.net/sovereign_rating.php

55) 橋本淳（解説委員）, 2015 年 5 月 28 日（木）. NHK 時論公論「原発事故の集団訴訟"ふるさとの喪失"の償いは」http://www.nhk.or.jp/kaisetsu-blog/100/217703.html

56) 会計検査院 , 2015.03, 前掲報告 p.39。

57) http://www.bp.com/en/global/corporate/about-bp/energy-economics/statistical-review-of-world-energy.html

58) http://www.bp.com/en/global/corporate/about-bp/energy-economics/statistical-review-of-world-energy.html

59) http://www.bp.com/en/global/corporate/about-bp/energy-economics/statistical-review-of-world-energy.html

60) http://www.jttk.zaq.ne.jp/bachw308/page036.html

61) Goussios, K., T. Pfau, B. Schilling, A. Wolf, 2006. Bericht über die Veränderungen der Radioaktivität in Böden seit dem Reaktorunfall von Tschernobyl vor 20 Jahren Eine Bestandsaufnahme der seitdem in Bayern durchgeführten Untersuchungen. Bayerisches Landesamt für Umwelt, Augsburg, 66p.

62) 木庭元晴, 2015.9. チェルノブイリ事故直後に書かれた『見えない雲』からのメッセージを受け取ることのできる人々. 書評（関大生協）, No.144,pp.4~13.

63) 川名英之：なぜドイツは脱原発を選んだのか 巨大事故・市民運動・国家. 合同出版. 第 6 章 全原発の廃止が決まる, 2013.

64) Falk Illing, 2012. Deutschland in der Finanzkrise: Chronologie der Deutschen Wirtschaftspolitik 2007-2012. Springer VS（German Edition）Taschenbuch 29.

65) 上掲の川名（2013）, 第 7 章 フクシマで破綻した原発延命策, メルケル政権の脱原発期限延長政策.

66) 上掲の川名（2013）, 第 7 章 福島事故で揺れるメルケル政権.

67) Bundesministerium fur Umwelt, Naturschutz, Bau und Reaktorsicherheit http://www.bmub.bund.de/bmub/parlamentarische-vorgaenge/detailansicht/artikel/abschlussbericht-der-ethikkommission-sichere-energieversorgung からダウンロード。

68) 安全なエネルギー供給に関する倫理委員会 , 2011,（吉田文和，ミランダ＝シュラーズ編訳）:『ドイツ脱原発倫理委員会報告：社会共同によるエネルギーシフトの道すじ』大月書店, 2013.

第5章
地球環境保護条約と国内環境法

　日本において，地球環境の保護が一般的に注目されるようになったのは，1992（平成4）年のブラジルでの「環境と開発に関する国連会議」の開催以来といってよかろう。そこで採択されたリオ宣言の第七原則は，つぎのように規定している。「各国は地球の生態系の健全性および完全性を保全，保護および修復するグローバル・パートナーシップの精神に則り，協力しなければならない」。ここで環境保護の対象とされた地球は，無機的な物体としてではなく，有機的に関連した生態系としての全体である。

　この宣言の邦訳では「保全」と「保護」，さらに「修復」という言葉が使われていて，とりわけ「保全」と「保護」とが紛らわしいが，前者は環境の維持として，また後者は侵害からの保護として理解できよう。本章ではこれらを総称して，「保護」という言葉を使うが，では，このような生態系としての地球はどのように保護されるのか。ここで問題にするのは，条約や法律といった法的な対応措置であり，しかも，国際的な条約も国内法による地球環境保護のための施策から捉えた概観である。そして，そうした枠組みのもとで，最初の節では地球環境保護の課題を問うことにする。

　その際に，とりわけ注目すべきなのは，1993（平成5）年に制定された環境基本法である。これは，国内法が地球環境の問題にも対処すべく，その基本的な姿勢の転換を示した画期的な法律である。それは，ブラジル国連環境会議に日本が参加することによって，やっと地球環境保護の国際的な流れに合流したことの国内的な表現でもあった。つまり，日本は戦後の行政施策において，それなりの環境保護への対策を進めてきた。とりわけ周知の1970（昭和45）年の公害国会を中心に，立法の分野において国際的にも評価できる環境保護法制を確立した。しかし，その後の動向も含めて，その環境保護は公害対策に焦点を合わせる公害法に傾斜していて，環境法に向かうものではなかった。そうした姿勢が，ブラジル国連環境会議の開催を契機に転換するのである。

　それでは，公害法と環境法はどのように異なり，そのことは地球環境保護とどのように関係するのか。このことは，環境基本法を通じて知ることができる。というのは，地球環境の保護に向かう部分が，これまでの公害対策法を継承した部分との対比で，その特徴を浮かび上がらせているからである。これをみたうえではじめて，地球環境保護の課題の意義を明らかにすることができよう。以下では，これらについて説明する5.1節に続いて，その課題に対応した法的な現状を，5.2節で分野を分けて紹介することにしたい。

5.1　地球環境保護の法制と課題

　1993（平成5）年に制定された環境基本法は，法制度の基本的な枠組みを公害法から環境法に転換するものであったが，そのことは地球環境の保護を法の目的のひとつに掲げたことによる。それまでの日本は，70年代の環境保護においてたし

かに先進的な地位にあったが，それは公害対策の分野に限定されていた。同年代の後半からの世界的なオイルショックが自然資源の有限性を認識する国際世論を喚起し，とりわけ先進国において自然環境に配慮すべきとする「緑の運動」を展開させることになったが，日本においては，経済的な資源の調達が問題にされるだけで，政府も含めてそうした意識が盛り上がることはなかった。しかし，ブラジル国連環境会議への参加を契機に環境基本法が制定され，地球環境保護への国内法体制の礎石が置かれたのである。

5.1.1 環境基本法における地球環境の保護

前述のように，環境基本法は地球環境の保護をその目的のひとつに組み入れている。つまり，同法には二つの目的があって，もうひとつは公害に対する措置である。それは，環境基本法がそれまでの公害対策基本法をそのまま受け継いでいるからであって，その規定が同法のほぼ半数を占めていることによる。ということで，この法の内容は公害対策基本法の規定に地球環境保護の規定を加えたものであって，公害対策の部分と地球環境保護の部分から構成されている。

そこで，地球環境の保護に焦点を合わせ，それを公害対策に関連づけつつ，この法の内容を検討してゆくことにするが，地球環境の保護が最初に明言されるのが第2条（定義）第2項の規定においてである。そこでは，第1項「環境への負荷」と第3項「公害」との間に第2項「地球環境保全」が位置している。しかしさしあたり，そうした第2条は第1条（目的）からの展開として理解できる。というのは，第1条の規定が「現在及び将来の国民の健康で文化的な生活の確保に寄与するとともに人類の福祉に貢献することを目的とする」とされているからである。つまり，環境基本法は生活環境の保護の範囲を，「国民」のみならず「人類」全般にも及ぼしているのである。

こうした第1条後段の「人類の福祉」が第2条第2項「地球環境の保全」として具体化される。その規定は以下のとおりである。

「この法律において『地球環境保全』とは，人の活動による地球全体の温暖化又はオゾン層の破壊の進行，海洋の汚染，野生生物の種の減少その他の地球の全体又はその広範な部分の環境に影響を及ぼす事態にかかわる環境の保全であって，人類の福祉に貢献するとともに国民の健康で文化的な生活の確保に寄与するものをいう」。

定義規定であるとはいえ，ここでは具体的な課題も言及されていて，地球環境の保護の内容が明確に示されている。その基本は，地球の全体的なあるいは広範な部分の環境に影響を及ぼす事態であって，それが「人類の福祉」や「国民の健康で文化的な生活」を損なう事態を対象にして，地球環境の保護を行うことにある。そして，その具体例として，地球の温暖化，オゾン層の破壊，海洋の汚染，野生生物種の減少が列挙されている。

この地球環境の保護は，環境基本法において「第2章 環境の保全に関する基本的施策」として展開されるが，「第1節 施策の策定等にかかわる指針」の第14条のうちに，とりわけ第2号に盛り込まれる。このような基本的施策の策定のための指針には3項目が掲げられ，それらは簡略化していえば，

- 第1号 生活環境の保全と自然環境の体系的な保全，
- 第2号 生態系の多様性の確保と自然環境の体系的な保全，
- 第3号 人と自然との豊かな触れ合い，

というものである。この第2号は地球環境にかかわる施策を規定しているが，地球環境という言葉は使用していない。またそこでは第1号において

と同様に，自然環境の保護が生活環境の保護から明確に区別して言及されていて，そうであれば自然環境と地球環境との違いが問題にされよう。

第1号の規定では，「自然環境が適性に保全されるよう，大気，水，土壌その他の環境の自然的構成要素が良好な状態に保持されること」とされていて，いわゆる環境メディアに注目した保護規定となっている。これに対して，第2号の規定は以下のとおりである。

「生態系の多様性の確保，野生生物の種の保存その他の生物の多様性の確保が図られるとともに，森林，農地，水辺地等における多様な自然環境が地域の自然的社会的条件に応じて体系的に保全されること」。

この規定によれば，地球環境の保護は生態系と生物の多様性の確保に限定されているが，生物の多様性は生態系の多様性の重要な要素であるので，ここでの保護の基本的な内容は「生態系の多様性の確保」ということになる。そして，保護対象となる具体的な自然環境として，森林，農地，水辺地が例示され，地域的な条件のもとでの保護施策が要請されているということである。

こうした地球環境の保護にかかわる施策策定の指針は，「第2章第6節　地球環境保全等に関する国際協力等」にも関連する。この節には第32条から第35条までの4か条が含まれている。これらは主として，地球環境保護のために必要な国際協力を推進するための措置を講じる，国の努力規定である。そこでは，地球環境一般の他に，発展途上国の環境と国際的に高く評価された環境が保護の対象とされている。また，地球環境保護のための直接的な措置だけでなく，監視や観測などの国際協力への，さらに国際協力に向けて活動する地方公共団体や民間団体への支援への国の努力が規定されている。

以上のように，地球環境保護に関して，環境基本法を概観することができるが，そこからは目的の面でも課題設定の面でも，地球環境保護についての法的に整理された規範内容が浮かび上がってこない。目的の面では，生活環境と地球環境の相違をどのように捉えるかが明らかではなく，自然環境という言葉の導入によって，両者のつながりが見出せるようではあるが，その意味合いは概念的に示されているとはいえない。すでに述べたように，環境基本法には二つの目的があるが，その両者はいまだひとつには成りきっていない接ぎ木のようなものである。つまり，環境基本法は従来の公害対策基本法に，以下で取り上げるブラジル国連環境会議でひとつのピークに達した，国際的な地球環境保護のための規定を継ぎ足しているといえる。

しかしながら，環境基本法のレベルでの両目的の整合性の問題から目を転じるなら，地球環境保護については，日本は不十分とはいえ条約の面でも国内法の面でもそれなりの実績を積んできている。ということでは，環境基本法は地球環境保護の課題をそうした実績を踏まえて提示していると考えられる。前述のように，第2条第2項では，地球の温暖化，オゾン層の破壊，海洋の汚染，野生生物種の減少が列挙されており，また，第14条第2項では，これらのうちの野生生物種にかかわる生態系の多様性の確保が，とりわけ強調されているのである。このように整理されているとはいいがたい課題設定を体系的に検討するには，ブラジル国連環境会議の成果と，地球環境保護に対する日本の環境基本法前後の取り組みをみておくことが必要となる。

クイズ1
環境基本法にみられる二つの目的は何か。また，その目的の規定の仕方にどのような問題があるのか。

5.1.2 リオ宣言と地球環境保護の課題

　ブラジルのリオ・デ・ジャネイロで1992（平成4）年に開催された，国連環境会議はその会議名称「環境と開発に関する国連会議」が示すように，先進国の環境保護の優先と発展途上国における開発の優先とをどのように調和させるかを，主たる懸案事項とするものであった。その前史をひもとくなら，地球環境の保護への国際的に明白な取り組みは，1972（昭和47）年のストックホルム会議においてである。

5.1.2.1　前史としての人間環境宣言

　ストックホルム会議では「かけがえのない地球」というスローガンのもとに「人間環境宣言」が採択され，環境保護のためには共通の認識のうえに立って国際的な原則を維持することが必要であるとされた。その認識の第1は，「人は環境の創造物であると同時に，環境の形成者である」とし，「自然のままの環境と人によって作られた環境は，ともに人間の福祉，基本的人権ひいては，生存権そのものの享受のため基本的に重要である」ことをまず確認する。そして，認識の第3の後半は，人間の環境形成力が地球を侵害していることに警告する。

　　「われわれは地球上の多くの地域において，人工の害が増大しつつあることを知っている。その害とは，水，大気，地球，および生物の危険なレベルに達した汚染，生物圏の生態学的均衡に対する大きな，かつ望ましくないかく乱，かけがえのない資源の破壊と枯渇および人工の環境，とくに生活環境，労働環境における人間の肉体的，精神的，社会的健康に害を与える甚だしい欠陥である」。

　このように，科学技術の進歩にともなう，つまり人間の形成力による地球環境への侵害は，とりわけ人間の生活環境を悪化させているという認識が，この宣言の基本にあった。科学技術の進歩にともなう現在と将来の世代がより良い生活環境を享受できるためには，まず第一に生活環境を保護すべきであるという見解であり，そこには，より良い環境を将来世代に残すという世代間倫理や，環境を公共のために信託された財産とみる公共信託論といった，今日の環境保護論にも通じる議論が見出される。しかし，そこでとりわけ重視されたのは上記の生活環境であったため，開発途上国の生活水準の低さを是正することが優先されて，途上国を含む各国は「それぞれの環境政策にもとづく資源開発主権」をもつという結果になった。

　こうした環境意識は，その後の石油危機，さらには熱帯林の減少や砂漠化の進行といった自然資源への侵害という事態によって，修正が求められるようになる。1980年に世界自然保護連合（IUCN）は「世界自然保全戦略」を発表するが，そこでは，自然環境に配慮した「持続可能な開発」という考えが登場する。つまり，その考えによれば，生態系に負荷を与える開発はその構成要素である生物資源の再生を勘案して実施すべきであるということになる。しかし，そうした自然保護に向かう姿勢は，途上国の開発を重視する立場との矛盾を改めて問われることになる。

5.1.2.2　リオ宣言と地球環境保護

　このような脈略のもとにブラジル国連環境会議において，環境保護と開発との矛盾をどう解くかという懸案事項が検討される。この会議の結果として採択されたリオ宣言は地球環境の保全の基本理念として27原則を掲げるが，それらの基本にあるのは，これまでの国際的な環境保全において展開されてきた目標理念である。第1原則が，「持続可能な開発という課題の中心は，人類である。人類は自然と調和した健康で生産的な生活をおくる権利を有する」と規定するように，その基本の第1は人類に対して自然環境を享受する権利を保障することである。ここでの自然とは大きくみれ

ば地球環境であるが，それは前文で指摘されているように「統合的かつ相互依存的性向」を持ったものとして認識される。したがって，第7原則の前段が規定するように，「各国は，地球の生態系の健全性と統合性の保全，保護および修復するグローバル・パートナーシップの精神に則り，協力しなければならない」。

また，基本の第2は，第1原則でも唱えられている「持続可能な開発」である。それは，一方では各国の開発主権を認めるものである。第2原則の前段によれば，「各国は，国連憲章及び国際法の原則に則り，自らの環境及び開発政策に従って，自らの資源を開発する主権的権利を有する」とされる。しかし他方では第3原則において，「開発の権利は，現在及び将来の世代の開発及び環境にかかわるニーズに合致するよう行使されなければならない」とされる。つまり，世代間の公平を考えた自然環境の持続可能な開発が奨励される。さらに第3には，上記のとりわけ発展途上国に向けられた規定との対比で，先進国には差異ある責任が要請される。第7原則の後段によれば，「地球環境の悪化に対する異なる寄与の程度に鑑み，国家は共通だが差異ある責任を有する。先進国は，自らの社会が地球環境に与えた窮境及び自ら有する技術と資金に鑑み，持続可能な開発の国際的追求において，自らが有する責任を認める」とされる。

このように，リオ宣言は地球を無機的な物体としてではなく，有機的に連関した生態系として把握して，その統合的な保護を目指すべきであるとする。そして，懸案の環境と開発の矛盾に対するこの宣言の回答は，将来世代への地球環境の継承を念頭においた「持続可能な開発」というキーワードのもとに，環境保護に配慮した開発を奨励し，先進国に技術と資金の面での寄与を求めるのである。ブラジル国連環境会議は，こうした主張を基本にした諸原則をリオ宣言として公表するとともに，21世紀においてこれにどう取り組むかという行動計画を示した「アジェンダ21」を採択する。全40章からなるこの計画書のうちここで注目したいのは，ひとつが環境と開発を統合化するための手法であり，もうひとつが地球環境保護のための課題である。

前者については，4つの領域でその統合のための枠組みが指摘されている。第1は，政策，計画，管理の各レベルにおいて，環境と開発の統合化を行うということであり，第2は，そのための効果的な法的枠組みを確立するということである。また第3には，経済的手段や市場的インセンティブを有効に活用すること，第4には，環境会計の統合システムを確立することが提示されている。持続可能な開発というリオ宣言の基本的な目標は，こうした環境保護と国土開発との統合化によって具体的な実現の方向に向かうということになるが，ここで改めて注意を要するのは，このような統合化による持続的な開発は発展途上国だけの問題ではないということである。先進国もなお開発を進める以上はその面での持続可能性に配慮する必要があり，発展途上国での開発や援助のみが問題になるわけではない。つまり，環境と開発を持続可能な開発ということで統合するという基本的な目標は，一般化すべきものであって，先進国には相対的に環境保護を重視した，また発展途上国には国土開発を重視した「差異のある責任」が課せられるということである。

後者の地球環境保護の課題として挙げられるのは，大気の保全，森林の減少への対策，砂漠化と旱魃の防止，生物多様性の保全，海洋などの保全，有害廃棄物の適正管理などである。このような課題は，国際的な公害問題と狭義の地球環境問題とに分けることができる。最初の課題とされる大気の保全には，いまや国際的に最優先の課題とされる地球温暖化やオゾン層の破壊への対策が含まれることはもちろん，酸性雨や黄砂への対策もこれに分類される。しかし，前2者は上記の狭義の地球環境問題であり，後2者は国際的な公害問題で

ある。後者は一定の汚染源と現実の被害者とが存在する公害が国際的規模に広がったものであり、海洋汚染もさしあたりこれに属するといえる。それに対して前者は、汚染源が一般的に存在し、将来に被害を及ぼす可能性がある環境破壊の問題であり、これには森林の減少、砂漠化や旱魃が含まれる。ただ、森林の保全は生物多様性の保全と同様に、将来への被害の可能性ではなく地球生態系の保全という観点から地球環境問題に帰属させるべきものであろう。

5.1.2.3　リオ宣言後の『環境白書』と課題

　前述のように、日本はブラジル国連環境会議後に地球環境に目覚め、環境基本法を制定し、そこにおいて、地球環境保護の課題として、地球の温暖化、オゾン層の破壊、海洋の汚染、野生生物種の減少を例示した。さらにその後、1995（平成7）年度の『環境白書』には、以下の項目がその種の課題として挙げられている。それは、地球温暖化、オゾン層破壊、酸性雨、森林・熱帯林破壊、海洋汚染、種の多様性の破壊、砂漠化、有害廃棄物の越境移動、開発途上国の公害問題という、9つの項目である。これらはアジェンダ21に示された地球環境保護の課題を日本の事情に照らして再編成したものといえる。上記の熱帯林の破壊と有害廃棄物の越境移動は、日本に固有の問題ではないが国際関係のもとでの課題と見なされる。また、開発途上国の公害問題はこれらの課題の一般化として捉えうるものであり、次年度の環境白書では削除されている。

　本章は地球環境問題を、国際的な法制度と国内法との関連のもとで取り上げようというもので、上記の『環境白書』の9つの項目から開発途上国の公害問題を除いた8つの項目が課題として注目される。これらの項目を保護の対象物あるいは汚染源の面から整理すると、大まかには大気と海洋、そして生態系への被害と、有害廃棄物による汚染が問題にされているのである。前3者が上記でい

う狭義の地球環境問題であり、後者が国際的な公害問題である。人間を含む生物種が生存するのに不可欠な環境媒体として、大気と水、そして土地が考えられるのだが、人間にとっては植物や動物を含む生物圏、つまり生態系も保護すべき環境となる。前述の国際的な環境課題と同様に、上記の8つの課題のうち、地球温暖化とオゾン層の破壊、そして酸性雨は大気の汚染の具体化であり、海洋汚染はまさに水の汚染である。また、森林・熱帯林破壊、砂漠化、種の多様性の破壊は、生態系の破壊である。さらに、有害廃棄物の越境移動は汚染源からみた国際的な公害問題である。

クイズ2
地球環境の保護に向けた国際的な取り組みを概観するとき、保護の目標として何がもっとも重要であると考えられるか。

5.2　地球環境条約と国内法による具体化

　地球環境保護のための国際的な法制度はその具体的な発展を通じて、とりわけリオ宣言との関連でみたように、将来世代への責任を含意した「持続可能な開発」と「差異のある責任」といった理念を明確にしてきた。そして、それらを基礎に展開される法制度にはさまざまな種類がありうるが、その典型は条約であり、それは国と国との間において文書の形式により締結され、国際法によって規律される国際的な合意であり、締結国に対してのみ効力をもつ。地球環境の保護にかぎらず、国際的な合意としては多種多様な法形態があるが、宣言や憲章など理念についての合意も「ソフトロー」と称され国際司法の法源となる。

　地球環境の保護との関連で注意すべき法形態として、宣言や憲章のほかに議定書が挙げられる。それは、条約の目的に関しては合意が得られるものの、各国において発展の程度が異なることや環境被害の因果関係について科学的な知識が不十分

であることなどで，さしあたり条約を締結するが，具体的な規制内容を規定するまでには至らないといった状況に対処する法形態である。先行する枠組み条約に対応して，議定書は法的拘束力のある規制内容を定めるが，しかもそこでは，その点も含め先進国と発展途上国との間に差異を設けることも可能である。さて以下において，法制度の詳細をみてゆくが，前述のような項目を基本にして分類するなら，第1が大気関連，第2が海洋関連（これに関連して有害廃棄物越境移動関連），そして，第3が自然保護関連となる。

5.2.1　大気関連条約

この分類のもとで，もっとも重要視されるのは「気候変動枠組み条約」であり，地球温暖化に対処して温室効果ガスの大気への排出を規制しようというものである。また，「オゾン層の保護のためのウィーン条約」はオゾン層を破壊する物質の排出規制をめざしている。さらに，「長距離越境大気汚染条約」は酸性雨への対策を内容としているが，この条約にはヨーロッパ諸国，そしてアメリカとカナダが加わっている。日本はこれに参加していないが，「東アジア酸性雨モニタリングネットワーク」の構想を発表し，その整備体制を構築している。ここでは，国内法化されている前2者の条約を取り上げる。

5.2.1.1　気候変動枠組み条約

この条約は，地球の温暖化をもたらす温室効果ガスの排出削減を世界全体で達成するために，1992（平成4）年のリオ会議で締結されている。その目的は第2条で規定されているが，規定から読み取れるのは，地球の温暖化による気候変動が生物圏における種の絶滅や食糧生産の地域的な破壊をもたらすという前提から，温室効果ガスの排出を抑制して温暖化を防止し，再生可能な生態系にもとづいた持続的な開発（発展）を計ろうという，目的設定である。ここでは，食糧生産が植物や動物といった生物の生育を基本にしていて，経済発展がそれに立脚することを企図する以上，人間の持続可能な開発の基準は生態系の循環的な再生可能性に求められることになる。

目的規定には重要なキーワードが含まれているが，それらは第1条「定義」で意味合いが説明されている。「気候変動」というのは，地球の大気の構成に変化を及ぼす人間活動によってもたらされた，相当な期間において見られる気候変化であり，自然的変化に付け加わったものを指す。こうした気候は「気候系」と総括されるが，それは大気や水圏，地圏のみならず，有機的な生物圏やこれらの圏域の相互作用をも包括するものとされる。また，これに悪影響を及ぼす「温室効果ガス」については，赤外線を吸収・再放出する気体であるとされるが，それは具体的には炭酸ガスやメタンなどである。これらの温室効果ガスはもともと赤外線の吸排で地表の温度を上昇させて，地球の現状の表面温度を維持しているが，その濃度が高くなったために温度を上昇させる。その結果，海面の上昇や生態系の変化など，自然環境の変化が人間に悪影響を及ぼすことにもなる。

こうした事態を避けるために温室効果ガスの排出削減が目指されるのだが，本条約の第3条では，取り組みの原則が5つにわたって掲げられている。ここには，リオ宣言にみられた「世代間の公平性」と「差異のある責任」が含まれているが，それ以外で重要なのは「予防原則」である。その規定は同条第3号に，以下のように規定されている。

> 「締結当事者は，気候変動の原因を予測し，予防し，又は最小限にするための予防措置をとり，かつその悪影響を緩和すべきである。重大又は回復不可能な損害のおそれのある場合，十分な科学的確実性の欠如をそのような措置を延期するための理由とすべきでない」。

この予防原則は後述する5年前のモントリオー

ル議定書で明言されているが，国際環境法だけでなく，環境法一般の分野で重要な原則である。それは，科学的知識が不十分であって予測が不確実であっても，将来に予測される損害が重大であったり，回復不可能である場合には，予防的な措置が取られるべきであるという原則である。

これを受けて本条約は第4条で「誓約」を，上記の「差異のある責任」の原則のもとに締約当事者に課する。その際，当事者である国家は3つのグループ，先進国と発展途上国，そして中間段階としての市場経済移行国に分類される。すべての締約国に共通する責務としては，温室効果ガスの排出削減に努力すること，また，排出と吸収に関する目録を作成し報告することが規定されている。先進国と市場経済移行国に対しては，温室効果ガスの排出を2000（平成12）年までに1990（平成2）年のレベルにまで低下させることを努力目標とすること，そして，そのための計画を公表して締約当事者会議で達成状況を報告して審査を受け，改善措置を検討することが求められる。さらに先進国には，開発途上国への資金援助と技術移転が追加誓約として課せられる。

このようにかなりハードな目標設定にとって，重要なのは締約当事者会議だということになる。第7条の規定によれば，会議においては，締約当事者の全締約国による条約上の措置について評価が行われる。そして，先進国には上記の報告書に審査が加えられ，改善措置が検討される。また，この会議でとりわけ注目すべきなのは，議定書の策定である。第17条では，この会議は通常会合において議定書を採択することができるとしているが，本条約が実現目的の枠組みのみを規定するものだけに，議定書の役割はきわめて大きいといえる。

5.2.1.2 京都議定書と国内対応

1997（平成9）年に京都で開催された第3回締約当事者会議は京都議定書を採択したが，その会議は温室効果ガスの排出削減の目標値を設定したことで，条約の目標実現に向かってかなりの進展を示した。先進国と市場経済移行国は全体として，二酸化炭素やメタン以下，6種類の温室効果ガスの排出について，2008（平成20）年から2012年の間に1990（平成2）年のレベルの少なくとも5％を削減すべきものとされた。また，それらの国の多くに個別的な削減目標が割り当てられたが，EUは8％，アメリカは7％，日本は6％である。日本は相対的に低い目標値であるが，1990年の段階ですでに省エネルギーの政策が進展していたので，値としてはかなり厳しいといわれている。そして，この議定書が基本的に合意されたのは，2001年にアメリカが京都議定書から離脱したのち，同年7月のボンでの第6回締約当事者会議においてであった。

議定書で注目されるのは，多様な形態での削減効果を柔軟に認める京都メカニズムである。これには，共同達成，共同実施，クリーン開発メカニズム，排出権取引がある。「共同達成」（第4条）は，先進国がグループを組み，その全体として数値目標を達成することであり，「共同実施」（第6条）は，先進国が排出削減のためのプロジェクトを他の先進国に移転しても，またそこから獲得しても目標達成に換算できることである。「クリーン開発メカニズム」（第12条）とは，先進国が発展途上国において排出削減のためのプロジェクトを実施して，自ら数値目標を達成することである。このことによって，発展途上国にはエネルギー効率の改善がもたらされる。「排出権取引」（第17条）は重要であるが，これは先進国が自国の排出割り当て量の一部を他国に譲渡することである。

地球変動枠組み条約の締結以前に，日本政府は温暖化に対処するため，1990（平成2）年に「地球温暖化防止行動計画」を決定し，省エネルギーへの対策と温暖化抑制のための代替エネルギーの開発に努めることとした。さらに省エネルギーについては，省エネ法（エネルギー使用の合理化に

関する法律）が1979（昭和54）年の段階ですでに制定されていたが，京都会議後の1998年に改正され，エネルギー使用の合理化の徹底とともに，省エネ基準の強化が図られた。これによって，エネルギー管理指定工場の範囲は拡大され，それらの工場にはエネルギー管理員の選任が義務づけられ，省エネ計画の作成と提出が求められた。また，省エネ基準値の設定にあたっては，該当する業界でエネルギー効率のもっとも良い数値を基準にして設定するという，トップランナー方式が取られている。省エネ法は2002年に強化の方向で，さらに改正されている。

　前記と同年の1998年に，地球温暖化対策推進法（地球温暖化対策の推進に関する法律）が制定されている。同法は国，地方公共団体，事業者，国民のそれぞれの責務について，温暖化対策のための枠組みを提示するもので，前述の枠組み法であるといえる。これも2002年に改正されたが，それは，京都議定書に向けて地球温暖化対策推進大綱が策定されたが，その2002年新版の目標値に沿うものにされた。また，1997年に制定された新エネ利用法（新エネルギー利用等の促進に関する特別措置法）が注目される。同法によれば，政令で規定された新エネルギー，すなわち，風力発電，太陽光発電，クリーンエネルギー自動車，廃棄物発電などを事業者が利用する場合，主務大臣による利用計画の認定を経て，国からの債務保証や金融支援を事業者が獲得することになる。さらに，2002年に制定された新エネ発電法（電気事業者による新エネルギー等の利用に関する特別措置法）がある。この法律によって，電気事業者は自然エネルギーの利用を義務づけられるようになった。

5.2.1.3　オゾン層保護条約

　大気は層を成しているが，地球を取り巻く最下層の部分は対流圏であり，その上に順次，成層圏，中間圏，熱圏が重なる。中緯度の標準大気では，成層圏は高度11〜47 kmに位置していて，オゾン層はこの成層圏に属している。地上の生物にとって，オゾン層は重要な役割を果たすが，それは細胞内の核酸を破壊する紫外線を吸収する機能による。紫外線はビタミンDの生成という人体に有益な面ももたらすが，その量の増大によって皮膚ガンを発症させる。このことが1974（昭和49）年にアメリカの学者によって発表され，そこでは早急に，オゾン層を破壊する物質の使用に関して規制立法が行われた。国連環境計画（UNEP）では，1976年から検討を始め，オゾン層に関する世界行動計画やフロンガス規制勧告が理事会で採択されたが，その主導のもとに，オゾン層保護基本条約(オゾン層の保護のためのウィーン条約)が1985年に締結され，1987年にモントリオール議定書が調印されるに至った。

　この条約は前文で，ストックホルム宣言の原則21を援用して，自国の活動が他国あるいは他の地域の環境に損害を与えないように措置する責任を負うものと規定している。また，これは前述の気候変動枠組み条約の先駆けであって，オゾン層の保護のための義務を締約国に対して抽象的に課するものである。という意味では，重要なのは議定書である。当該のモントリオール議定書はまず前文で，オゾン層を変化させる「おそれ」のある人間の活動に対して「予防的な」措置をとることを明言していて，予防原則の採用という点でも気候変動に関する条約の先駆となっている。また本文では，フロン（クロロフルオロカーボン），ハロンなど5種類の規制対象物質を列挙して，その生産量と消費量の限度を定め，段階的な削減を求めている。議定書への違反に対しては，その状況に応じて，遵守確保に最適と考えられる措置が，履行委員会によって決定される。

　日本もこの条約，さらに議定書に調印しているが，それを実施するための国内法として1988（昭和63）年にオゾン層保護法（特定物質の規制等によるオゾン層の保護に関する法律）を制定す

る。この法は上記の議定書の規制物質を対象に，製造量の規制と輸出入の規制とを行っている。その後，2001（平成13）年にフロン回収破壊法（特定製品にかかわるフロン類の回収及び破壊の実施の確保等に関する法律）が制定され，オゾン層保護はかなりの進展をみせた。これの規制対象は，フロンの他，HCFC（ハイドロクロロフルオロカーボン）とHFC（ハイドロフルオロカーボン）の3種である。これらすべてが温室効果ガスであるが，前2者はモントリオール議定書の規制対象物質であるため，HFCのみが京都議定書の対象にされている。そして，前記のオゾン層保護法はフロンの生産を禁止し，HCFCは将来の生産禁止を確定している。しかし，いずれにしてもこれらのフロン類物質が冷媒用に用いられて，その機器の廃棄にともなって大気中に排出されるおそれがある。それに対処すべく同法は，これらの物質の回収と破壊の仕組みを構築している。

クイズ3
大気関連条約に登場する予防原則とは何か。また，予防原則にはどのような意義があるのか。

5.2.2 海洋関連条約と有害廃棄物越境移動関連条約

しばしば報道される大型タンカーの事故では，つねに海の油濁汚染が問題となり，海鳥の油濁被害の姿がメディアに流される。こうした海水への油濁を防止することについては，比較的早くから取組みが行われてきた。また，海洋投棄による汚染もまた問題となるが，対象は産業廃棄物から放射性廃棄物へと拡大される。その他，海洋汚染の原因は多様であるが，国際的に対応が進んでいるのは，こうした船舶と海洋投棄に起因する汚染である。

5.2.2.1 海洋油濁防止条約などと国内法

この条約は1954（昭和29）年に調印され日本も署名していて，船舶から排出された油による海洋汚染の防止を目的としている。日本は1967年に批准し，同年に「船舶の油による海水の汚濁の防止に関する法律」を制定した。また，この年にはトリー・キャニオン号事件が起こって，リベリア船籍の船舶の座礁による大規模な油濁汚染が問題となった。その結果，1969年には「油による汚染を伴う事故の場合における公海上の措置に関する条約」が締結され，油濁の場合での公海上の緊急措置についての規定が設けられた。ストックホルム宣言後の1973年になって，海洋油濁防止条約を全面改正するMARPOL条約（1973年の船舶による汚染の防止のための国際条約）が採択されたが，これは船舶による有害物質の排出や輸送を規制しようとするものである。

油濁に対する民事責任に関しては，1969年に「油による汚染損害についての民事責任に関する国際条約」が採択されている。これは油濁事故に対して，タンカー所有者の無過失責任を定め，責任限度額を設定している。その際，環境損害が汚染損害としてどの程度に賠償額に含めて認められるかが問題となる。この点，回復費用への賠償が基準となっていて，回復不可能な生態系破壊については賠償の対象にならないことが，今後の課題である。これに関連して，1971年には「油による汚染損害の補償のための国際基金の設立に関する国際条約」が締結され，損害賠償が不十分であった場合に拠出できる基金が設立されている。さらに，1995年に発効したOPRC条約（1990年の油による汚染にかかわる準備，対応及び協力に関する国際条約）は，大規模な油濁をもたらしたバルディーズ号事件を契機にして，防災のみならず海洋環境の面でも国際協力を強化しようというものである。

5.2.2.2　ロンドン海洋投棄条約などと国内法

　ロンドン海洋投棄条約（廃棄物その他の物の投棄による海洋汚染の防止に関する条約）は，廃棄物に起因する海洋汚染を防止することを目的としている。この条約は1972（昭和47）年に採択され3年後に発効しているが，日本は1973年に署名し，1980年に批准している。これによって，廃棄物の海洋投棄や洋上焼却による汚染が防止されることになる。規制の対象となる廃棄物は付属文書ごとに3種類に分類され，付属文書Ⅰに掲載された，有機ハロゲン化合物，水銀，カドミウムなどは投棄が禁止される。ヒ素や鉛など付属文書Ⅱの廃棄物は事前に個別の特別許可が求められ，付属文書Ⅲの廃棄物には一般的な許可が必要とされる。その後，ロシアによる放射性物質の海洋投棄が国際的課題を投げかけたが，1993（平成5）年の締約当事者会議は付属文書Ⅰを改正し，放射性物質の海洋投棄を禁止した。また，1996年の議定書では付属書とは異なり，原則として投棄が禁止され，個別の許可が認められうる廃棄物が掲載されるという逆リスト方式が採用されている。これは予防原則に立脚する方式だといえる。

　この間の1982年に国連海洋法条約が採択されたが，それは国際海洋法の法原則を定める枠組み条約であり，海洋投棄による汚染を防止するために国内法を整備することなどを規定している。また，一般的な理念の提示としては，公海が「人類の共同財産」であるとされ，海洋の生態系の保護やそれに対するアセスメントについての措置が定められているものの，なお努力規定に留まっている。日本についていえば，1976年に前記の海洋汚染防止法に代えて，油濁防止をも包括する形で「海洋汚染及び海上災害の防止に関する法律」を制定し，船舶からの油，有害液体物質，廃棄物等の排出の規制と原状回復について全体的な規定を設けるに至っている。その後，日本はロンドン海洋投棄条約を1980年に批准したが，この年に，前述の趣旨に沿って同法を改正している。

5.2.2.3　バーゼル条約と国内法

　有害物質の廃棄は，1980年代になってから環境保護制度が充実することによって国内では困難になり，有害廃棄物の越境移動が始まる。最初は先進国間であったものが，発展途上国への移動に転じるのは，先進国での環境法の強化と途上国の外貨需要の点から当然の流れであった。この状況に対処するのが，1989（平成元）年に締結されたバーゼル条約（有害廃棄物の国境を越える移動及びその処分の規制に関するバーゼル条約）である。この条約は規制対象とされた有害廃棄物の越境移動を，それへの対応措置の如何にかかわらず，それ自体として規制するものである。この条約によれば，対象となる有害廃棄物は，輸出先国で環境的に適正な処分がなされない場合には，輸出が許可されない。また，そうした有害廃棄物が輸出されたのち予定通りに処分されなかったり，不法取引が発覚した場合には，輸出国の再輸入が命じられる。こうした規制は，1999年の議定書によって損害賠償の面で補完されることになった。ここでは，賠償すべき損害として環境損害が含まれていて，それに該当する場合には，環境的利益の賠償や，原状回復さらに予防措置の費用をも求められることになる。また，処分者の所有に帰したのちの損害については，処分者の無過失責任となる。

　この条約に対応して，日本では1993年にバーゼル国内法（特定有害廃棄物等の輸出入等の規制に関する法律）を制定したが，これにより特定有害廃棄物の輸出入は承認制とされた。その後，1999年にフィリピンへの医療廃棄物の不正輸出事件があり，輸出者の倒産で国が処理費用を負担したが，負担の仕組みの工夫は今後の課題である。

クイズ4

海洋関連条約や有害廃棄物越境移動関連条約の国内法化において，今後，改善すべき課題は何か。

5.2.3 自然保護関連条約

前述のように，大気関連条約でもっとも重要な気候変動枠組み条約については，温室効果ガスの排出抑制という条約の目標は，地球の温暖化による気候変動が生物圏における種の絶滅や食糧生産の地域的な破壊をもたらすという前提から出発している。そして，この食糧生産も植物や動物といった生物の生育を基本にしている。であるとすれば，こうした前提となる危機意識を導く根本的な理念としての「人間の持続的な開発（発展）」は，その基準を生態系の循環的な再生可能性に求めることになる。このことは，同時に，人間を生態系の構成員としてとらえ直すことを意味していて，その脈絡からすれば，地球環境条約にとってこの関連条約は核心に位置しているといえる。

5.2.3.1 ワシントン条約と国内法

人間からみれば，生態系のうちの生物圏で近しい関係にあるのが動植物であるが，それらの存続の危機は野生生物の個体群の減少という事態によって周知のものとなった。とりわけ，それは20世紀後半からの野生生物に対する需要の増大にともなって，乱獲や密猟が盛んになったことによる。こうした危機に野生生物の国際取引でもって対処するため，1973（昭和48）年にワシントン条約（絶滅のおそれのある野生生物の種の国際取引に関する条約）が採択され，1975年に発効している。この条約は前文において，「美しく多様な形体を有する野生動植物が，現在及び将来の世代のために保護されなければならない地球の自然の系のかけがえのない一部をなすものである」がゆえに，「野生生物の一定の種が過度に国際取引に利用されることのないように，これらの種を保護するために国際協力が重要である」としている。

第2条の定義規定では，取引対象である野性生物を指す「標本」というのは，生死の別を問わない動物または植物の個体であり，その部分もまた含意するとされ，かなり広範囲に規制の網をかけている。規制対象の種は付属書により3つのカテゴリーに分類されるが，付属書Ⅰは絶滅のおそれのある種を規制している。これについては原則的に取引が禁止であり，学術目的でのみ輸出入が許可されるが，これにはゴリラやサイなどが含まれる。付属書Ⅱは北極グマやカメレオンなどの絶滅のおそれはないが将来そうなる可能性の高い種を規制する。それらについては商業目的での取引が認められるが，輸出入における輸出許可証の提示が求められる。付属書Ⅲは締約国が自国内での規制と国際的な協力が必要であると認めた野生種であり，これにはカナダのセイウチやガーナのカバが挙げられる。これらについても，付属書Ⅱと同様に輸出許可証の提示が必要である。こうした輸出許可証の発給要件はⅠが厳しく，順次，緩和されている。この条約は，生息地の保護について規定が不十分であることや，この条約が一方で重視している持続的な利用につながる実質的な規定がないことに課題を残すものであって，次項の生物多様性条約にその対応が委ねられることになる。

日本がこの条約を批准したのは7年後の1980（昭和55）年であり，さらにその7年後の1987年に「絶滅のおそれのある野生動植物の譲渡の規制等に関する法律」が制定されたのだが，これは国内産業に配慮したためといわれているが，保護対象についても留保権を行使して，取引規制の対象を狭めている。また，規制をかいくぐって国内に入ってきた場合，輸出国への返送の規定がないなど法律に不備があり，次項の希少種保存法に課題への対応が引き継がれることになる。輸出入規制に関しての他の一般的法律では，外国為替及び外国貿易法により，場合に応じて，貨物の輸入に関して承認を受ける義務を課すことができる。関税法は貨物の輸出入について，貨物の品目や数量について申告して，許可を受けなければならないとして，輸出入品の内容をチェックしている。

5.2.3.2　生物多様性条約と国内法

　生物多様性条約（生物の多様性に関する条約）は1992（平成4）年のリオ会議で採択され，翌年に発効した枠組み条約である。この条約は前文の冒頭において，生物多様性が内在的価値をもち，そして生態学上，遺伝学上，美学上，科学上の，また社会上，経済上，教育上，文化上，レクレーション上の価値をもつこと，そして，進化と生物圏の生命維持にとって重要であることを明言している。さらに前文では，そうした生物多様性が人間による活動によって減少していることを懸念して，締約国は自国の生物多様性を保全するとともに，持続可能な方法で生物資源を利用する責任を有するとしている。また，生物多様性の著しい減少や消失が生じている場合には，十分な科学的確実性がないことを根拠に回避措置をとることが延期されてはならないとの，予防原則が宣言される。そして，生物多様性の保全の基本は，生態系と生息地の自然状態での保全であるとされる。さらに，先住民の伝統的な社会様式の多くが生物多様性に依存していることを認識し，その持続可能な利用の知識を知るとともに，利用から生じる利益を公正に配分すべきであるとする。

　このような前文を受けて，第1条は，生物の多様性の保全，その構成要素である生物資源と遺伝資源の持続可能な利用，そして，遺伝資源の利用から生じる利益の公正な配分を目的として規定する。第2条はこの条約の用語を定義していて重要であるが，ここでいう「生物の多様性」は種としての生物の多様性のみならず，生息環境の多様性をも意味し，また個体群さらには遺伝子の多様性をも意味している。この条約でとくに注目される「遺伝物質」とは，遺伝の機能的な単位を含む植物，動物，微生物その他の生物の物質であり，「遺伝資源」とは，実際に価値があるかその可能性のある遺伝物質である。「持続的な利用」ということについては，生物多様性の長期的な減少をもたらさない方法と速度で生物多様性の構成要素を利用することであるとしている。

　保全と利用に関しては，第6条以下で締約当事国は，生物多様性の保全と持続的利用のための国家戦略，総合計画や計画を策定しなければならないとされる。ここで重要なのは自然状態での保全であるが，生態系と自然の生息場所を保護すること，また，種を構成する個体群の自然環境における存続を促進することが求められる。その際，生物多様性の保全とその持続可能な利用に関しては，先住民の伝統的な社会ないし生活様式がそれらを取り入れている場合には，そのような知識や慣行を尊重し維持することや，その利用の利益の公正な配分が奨励される（第8条ｊ）。さらに持続的な利用に関して，保全や持続可能な利用の要請と両立する伝統的な文化的慣行に従い，生物資源の慣習的利用を保護し奨励するものとされる（第10条ｃ）。

　日本はこの条約を採択された翌年に批准しているが，採択の1992年に希少種保存法（絶滅のおそれのある野生動植物の種の保存に関する法律）を制定し，翌年に施行している。この法律は前項のワシントン条約をも継承発展させるものであって，保護対象となる希少野生動物種の指定を行い，それに対する取引規制，捕獲規制，そして生息地保護を規定する。これ以外に多様性条約に対応する法律としては環境基本法が挙げられるが，関連する法律としては，自然環境保全法，自然公園法があり，1918（大正7）年に制定された鳥獣保護法（鳥獣の保護及び狩猟の適正化に関する法律）がある。この法律は，2002年の大改正で原則として野生鳥獣と鳥類の卵の捕獲を禁止し，狩猟可能な鳥獣を逆に指定する制度を採用している。また，これによって鳥獣保護区，さらにそのうちで特別保護区が指定され，とりわけ後者では開発行為が規制される。生物種の保全に関しては，法律の運用の側面で保護対象種や保護区の指定がとりわけ重要となる。

　これらの生物多様性関連法の基幹になるものと

して，2008年6月に公布されたのが生物多様性基本法である。本法は生物多様性条約に倣う形で，多様性の意味を種間の多様性のみならず，生息環境である生態系の多様性，また種内の多様性として定義し，その持続可能な利用を広い範囲に義務づけている。基本原則を定める第3条では，第3項において以下のような法規程があり，明確に予防原則を採用している。

「生物の多様性の保全及び持続可能な利用は，生物の多様性が微妙な均衡を保つことによって成り立っており，科学的に解明されていない事象が多いこと及び一度損なわれた生物の多様性を再生することが困難であることにかんがみ，科学的知見の充実に努めつつ生物の多様性を保全する予防的な取組方法……により対応することを旨として行われなければならない」。

第11条は政府に「生物多様性国家戦略」を定める義務を課していて，それは環境基本計画を基本として策定されるが，地方自治体にも定めることへの努力を規定している。2002年に決定された「新・生物多様性国家戦略」は，人間活動による生物や生態系への影響や人間活動の変化に伴う里山の荒廃等の影響，また，外来種や化学物質の生態系への影響を3つの危機として捉え，それに対して，保全の強化，自然再生，そして持続可能な利用を3つの基本方針に掲げている。2007年その「第三次生物多様性国家戦略」は第4の危機として地球温暖化を加えるとともに，より具体的な基本戦略として，生物多様性の社会への浸透，地域における人と自然の関係の再構築，また森・里・川・海のつながりの確保，さらに地球規模の視点による行動を掲げている。

生物多様性基本法についてその他で注目すべきは，環境影響評価である。その第14条以下で，保全と持続可能な利用に関して基本的施策が掲げられているが，第25条は，環境影響評価法より踏み込んで事業計画の立案段階における環境影響評価を規定していて，いわゆる戦略的環境影響評価に相当するものである。

5.2.3.3 ラムサール条約と世界遺産条約

1971（昭和46）年に採択されたラムサール条約（とくに水鳥の生息地として国際的に重要な湿地に関する条約）は，生物多様性の重要な地域としての湿地の保護を目的としている。その前文では，条約締結国は，湿地が水循環の調整者として，また，特有の植物や動物，とくに水鳥の生息地としての基本的な生態的意義をもつことを考慮し，経済上，文化上，科学上，そしてレクレーション上の大きな価値の源泉であり，それを失うのは取り返しがつかないということを確認し，湿地で進行中の破壊と喪失を食い止めることを願うものであるとされる。注意すべきだが，ここでいわれる湿地は第1条において，湿原に留まらずかなり広範囲に定義され，「沼沢地，泥炭地又は水域をいい，低潮時における水深が6メートルを超えない海域を含む」とされている。これによれば，湖，貯水池，河川，運河，用水路だけではなく，水田や汚水処理，さらに干潟やサンゴ礁も含意することになる。

締約国は国際的に重要な湿地を指定して，登録簿に記載する（第2条）。登録された湿地に対しては，締約国はその保全と利用のための計画を策定し，実施することになるが（第3条），それを廃止あるいは縮小する場合は，新たな自然保護区を創設するなどして，湿地の喪失が補償されるべきであるとされる（第4条第2項）。こうした登録への指定の基準としては，水鳥にとっての重要性のほかに，生態学，植物学，動物学，湖沼学，水文学，これらの学問的な観点からの国際的重要性が挙げられている。ただ，これの具体化はなお課題とされる。また，締約国には登録湿地だけでなく，湿地一般に対して自然保

護区を設けて保全することが求められていて（第4条第1項），締約国会議によって保全や利用に関して個別的あるいは一般的に勧告が出される（第6条第2項）。日本のラムサール条約登録湿地は11である。

1972（昭和47）年の第17回ユネスコ総会で世界遺産条約（世界の文化遺産及び自然遺産の保護に関する条約）が採択され，1975年に発効した。この条約は前文において，文化遺産や自然遺産が社会的また経済的な状況の変化によって損傷や破壊をこうむっていることに留意し，顕著な普遍的価値を有するものを人類全体のための世界の遺産として保存すると表明している。文化遺産には工作物や建造物群，また遺跡が含まれ（第1条），自然遺産には生物の生成物や地質学的な形成物，また動植物の生息地や自然の風景地が含まれる（第2条）。締約国はこうした一覧表に掲載すべき世界遺産の一覧表を世界遺産委員会に提出し（第11条第1項），世界遺産委員会はこれにもとづいて「世界遺産一覧表」を作成し，つねに最新のものとして公表するが（第11条第2項），保存の難しい世界遺産に関しては「危険にさらされている世界遺産一覧表」に掲載される（同条第4項）。日本の批准は遅く1992（平成4）年であり，現在の世界遺産の数は19（文化遺産15．自然遺産4）である。

これらラムサール条約と世界遺産条約はこれに特別に対応する国内法をもたない。両者の制度の趣旨からして，国内法によってすでに保護の対象になっている物件，つまり，すでに国内でもその保存に努力されている物件がそもそもの選定の対象になるといえる。前者であれば自然公園法や鳥獣保護法の，後者であれば文化財保護法や古都保存法，また自然公園法の管轄下にあるということである。いずれにしても，湿地や遺産のある地域の住民のイニシアティブが重視されるのであるが，そのことは環境問題一般にみられる特徴の環境法への反映の一例とみることができ，これらの条約においてはそれが鮮明になっているにすぎないということができる。

クイズ5
地球環境保護条約のうちで，自然保護関連条約がもっとも重要であると考えられるが，その理由は何か。

以上，地球環境条約の主だったものを概観したが，地球環境の保護に向けての国際法的な取り組みに日本が参入するのは，すでに冒頭でものべたように1992（平成4）年のリオ会議という，かなり出遅れた時点であった。公害法を発展的に解消した環境法という視点からいえば，地球環境の保護への問題意識が公害法を環境法へと進展させる要因となるのであって，しかもその問題意識は，人間を生態系としての有機的な連関の一部を構成する存在として自覚することを意味している。しばしば登場するキーワードとしての「持続可能性」は，前半部分で言及したように，「開発」と「環境」との間の対立を調整する意味合いをもつ。環境問題への取り組みが遅かった日本の事情が，開発に傾斜しすぎであったことにあるとすれば，持続可能性の意義を理解することが，開発に環境をつなげるためにまず必要とされる。

こうした持続可能性は基本的には開発と環境の両立であり，人間の生存を自然の環境のなかで維持することである。私は地球環境条約のうちで最後の自然保護関連条約がもっとも重要なものであると考える。それは，大気や海洋への汚染は生物圏の基礎的な層への侵害であり，人間にとって生物圏より遠い層である。それに対して，生物圏は人間にとって親しみのある層であって，われわれはその層への破壊を問題視することから，「開発」から「環境」へと目線を転じなければならない。自然保護関連条約との関連で，持続可能性とは結局，生態系の循環的な再生可能性を意味している

とのべたが，生態系にとって大気や水，そして大地は重要な骨格をなすが，生態系を実感できるのは動物や植物，また生物を介してなのである。とはいえ，ここに紹介した地球環境条約のそれぞれが，そうした生態系への侵害という問題意識の切実さから出発しているのであって，それを読み取ることによって，環境意識を養っていただきたい。

［竹下　賢］

参考文献
水上千之・西井正弘・臼杵知史編：『国際環境法』有信堂高文社，2001．
大塚 直：『環境法　第3版』有斐閣，2010．
富井利安・伊藤護也・片岡直樹：1999『環境法の新たな展開　第3版』法律文化社，1999．
山村恒年：『検証しながら学ぶ環境法入門　全訂版』昭和堂，2001．

第6章
環境の世紀を生きる市民の役割

6.1 市民の環境保全活動

1960年代以降,市民は,ライフスタイルなどの面において多様な価値観を持つことにより,行政に対して多様なニーズを持つようになってきた。国,都道府県,市町村などの行政は,基本的には過半数の賛同を得た施策しか実施できないため,多様なニーズに由来する市民の個々の問題に対応することが困難になってきた。そこで,市民は自ら行動を起こした。公益的なことでも市民の手でできることがある。しかも,市民がすれば,早くでき,その場のニーズにあったことができる場合も多い。そのようにして形成されたボランティア団体はNPO[1]と呼ばれ,1995年の阪神淡路大震災を機に市民活動や個人的ボランティアがクローズアップされたことに伴い,社会的に認知されてきた。さらに1998年に特定非営利活動促進法(NPO法)が公布されたことによって,NPO法人という法人格を取得できるようになった。

1950年代から起こったごみ戦争[2]や,大気汚染による健康被害,水俣病などに代表される公害病などの深刻な環境問題に市民は反対運動によって対処した。70年代には開発から自然を守ろうとする自然保護運動,80年代には歴史的建造物や歴史的まちなみなどを歴史的環境とみなす保全運動が展開されてきた。以下,いくつかの団体の経緯をみる。

発電所建設計画でダムの底になる予定だった尾瀬を守るために,1949年に「尾瀬保存期成同盟」が結成された。「(公財)日本自然保護協会」はこの尾瀬保存期成同盟を前身としていて,日本の自然保護活動の基礎を築いたともいえる。

1960年代には,鎌倉にある鶴岡八幡宮裏山の宅地造成計画反対運動が展開された。この運動を担った「(公財)鎌倉風致保存会」[3]の活動は,反対運動から買い取り運動に発展した日本のトラスト運動の始まりといわれている。1970年代以降,日本でもイギリスの「ザ・ナショナル・トラスト」[4]に倣って,反対運動だけではなく,自分たちでお金を出しあい,土地を買い取る運動が広がった。ここで市民は,反対運動だけでなく,自分たちの力を少しずつ集めて自分たちの活動を現実的に展開することを学んだ。

全国的な広がりとなったトラスト運動としては,他に次のようなものがある。和歌山県田辺市の天神崎を宅地開発から守ろうと1974年に設立された「(公財)天神崎の自然を大切にする会」[5]は開発予定地を少しずつ買い取り,今も保全運動を続けている。知床半島のある北海道の斜里町では,離農した人々の跡地をリゾート開発から守ろうと,1977年に行政が「知床100平方メートル運動」を開始し,全国から募金を集めて対象の土地を買い取り始めた。現在,対象地のすべてが買い取られ,運動は買い取り地を原生林に戻すための活動である「しれとこの森トラスト」に移行している。また1990年頃から「(公財)トトロのふるさと基金」は,アニメ「となりのトトロ」の舞台といわれている埼玉県所沢市狭山丘陵周辺の森

を保全しようと，トラスト運動を行っている。これらの運動は，単に買い取るだけではなく，その地を利用して観察会など様々な活動を展開し，保全している。各地のトラスト運動の団体が加入している「(公社) 日本ナショナル・トラスト協会」は情報交換と中間支援の場として機能しており，協会自身も土地の買い取りや借地契約などの活動をしている。このように，市民自らが寄付をしたり，お金を出し合ったりして保全したいものを守っていく運動が全国的に広がっていった。

次節以降は，筆者らが参加している環境保全活動「NPO法人すいた市民環境会議」の具体的な活動や他団体の活動を通して，市民はどのような想いで活動をしているのかを紹介する。

6.2 NPO法人すいた市民環境会議

6.2.1 発足と理念

吹田市内で環境保全に関わる活動をしている団体は複数存在しており，それらのひとつである「NPO法人すいた市民環境会議」(以後，当会と記述) は1997年に発足した。当時吹田市が主催していた「吹田環境フェア」を通して知り合った活動団体の中心メンバー[6]が集まって作ったものである。この新たな団体は，行政や企業と対等のパートナーシップ[7]を築き，ともに活動することでよりよい吹田を作りたいと考えた。これは，協働の理念の先取りであった。当会の目的は「よりよい吹田を次世代に引き継ぐために，こころに潤いとゆとりをもてるようなまちづくりを考え，身近な自然環境・歴史的文化的環境・生活環境などの保全，回復，創世のために活動すること」である。活動は次の5つの委員会と事務局に分かれている。自然観察や，自然環境調査などを担当する生き物委員会，まちの景観やまちづくりなどを担当するまちなみ委員会，環境講座などを担当する学習研修委員会，生活が引き起こす汚染を課題としている生活環境委員会，広報を担当する会報委員会である。事務局は会の運営と活動を支えている。しかし，大きな事業の場合はプロジェクトチームを作り別個に活動している。

2015年現在の会員は，約170名であり，ほとんどが吹田市民であるが，京都市や，津市など他市在住の会員も若干名いる。

6.2.2 身のまわりの自然環境を知る取り組み

1990年代まで，吹田市内には大企業や大手銀行などの運動施設や社宅が多く，緑が豊かであった。しかし，1990年代後半，それらが次々と売却されて高層集合住宅や一戸建て住宅などになり，田畑が開発されたことが加わり，市内の身近な自然環境が急速に変化していた。1997年，当会発足当初の理事会で「近所の大きな木が伐られてしまった」という市民からの報告が話題になった。そこで吹田市には自然環境調査の記録がほとんどないことに気がついた。吹田市内には大きな企業の社宅や運動場などの施設が多くあり，吹田の緑の一端を担っていたが，バブル崩壊後はそれらが次々と売却され，高層・低層の住宅になっていった。そこで当会は，せめて現状を記録する必要があるとの想いのもと，生きもの委員会を中心にして様々な自然環境の調査を行った。調査は専門家ではなく，市民が行うことを大切にした。

行政に現在の自然状況を把握し記録するよう要望書を出し，かつ吹田市内の大木の調査を行った。せめて記録として残しておきたい自然環境は多い。少しずつ調査していくこととした。

市民が自分の住むまちを自分たちで調べることは，①市民が環境問題に目を向ける，②市の事業に目を向ける，③市民活動が活性化する，という3点の契機になる。さらに結果が自分たちのものであるため，市民の関心を呼んで活動が広がる。当会の自然環境調査では，なによりまず市民に自然環境への興味・関心を持ってもらうために，見てわかりやすいマップの作成を基本とした。当初，この自然環境調査は，当会が出した「自然環境の

記録が少なくその重要性を訴える」要望書を受け取った行政が必要性を認識したことから、市の委託事業と位置づけられ、市から調査費用が支出された。しかし、受託事業としての調査は市の財政難のために3年間で終了し、現在は当会独自の取り組みとして調査を継続している。当会が行った自然環境調査のうち、大木調査、ツバメの巣調査、野草分布調査について紹介する。

6.2.2.1　吹田市内の大木調査

当会が発足した当時、環境庁（現環境省）が行った「巨樹・巨木林調査」（1990年）の結果から、吹田市内にはこの調査が対象とする幹周り300 cm以上の樹木が5本存在することが判明した。そこで、当会では、これよりも少し小さい幹周り200 cm以上を対象とした「大木調査」を行うこととした。樹木のことをまったく知らない会員もいたが、樹種が限られていたことと、グループで行動することで問題は解決された。その結果、吹田市には幹周り200 cm以上の大木が予想を上まわる420本もあることが判明した。当会はこの結果を地図化した。さらに神社や寺に大木が残っていることから、歴史と大木を見てまわる散策ルートを作り、1998年に冊子『吹田の古木・大木』を発行した。この冊子は市民に人気があり、つねづね地域を知る必要性を感じている私たちにも確信が得られた。それが後述する市民のための観光マップ作成に繋がった。また、この大木調査結果をもとに、行政は保護樹木制度を創設し、個人の所有する大木に助成金を出すことにした。

1997年の調査から10年経った2007年には、当会独自の「断面積法」（図6-1）を採用した再調査を実施した。幹周り200 cm以上と判断できる樹木は928本になっていた。前回の2倍以上である。増えた理由は、公園に植えられているポプラ、メタセコイア、ヒマラヤスギなどの外来種の生長が著しかったためである。在来種のクスノキも生長が早く、新たに大木となった本数が最も多く、幹周りが最大の木を含んでいた。一方、2007年の調査のまとめ作業中に伐採された木も10本以上あった。この調査でも冊子とマップを作成した（図6-2）。

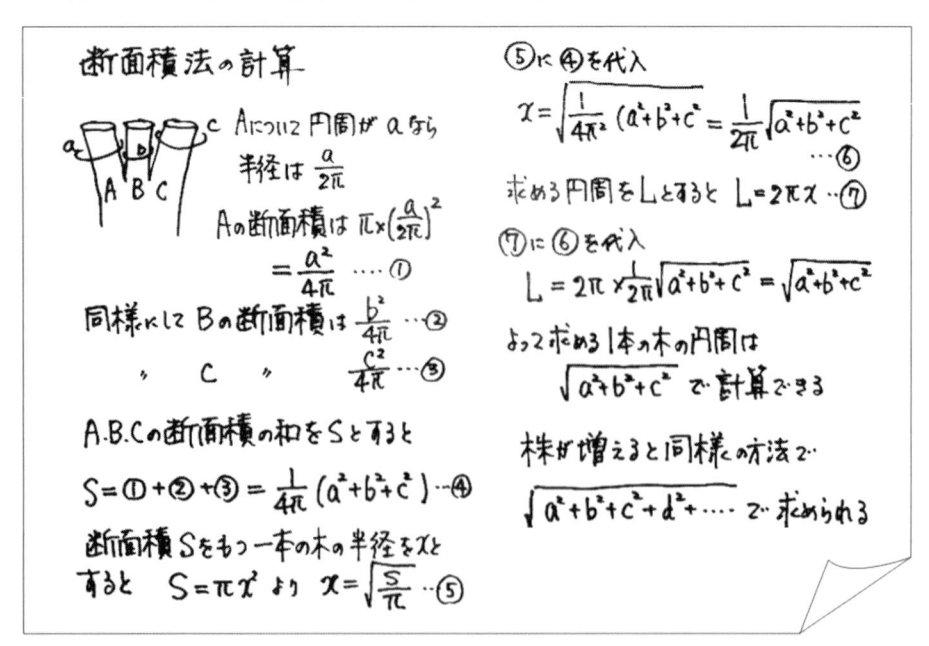

図6-1　断面積の計算

肩の高さで幹が何本かに分かれているときは、個々の幹周りを測り、個々の断面積を計算し、その合計値を1本の断面積として円周を出す。当会独自の計算方法である。

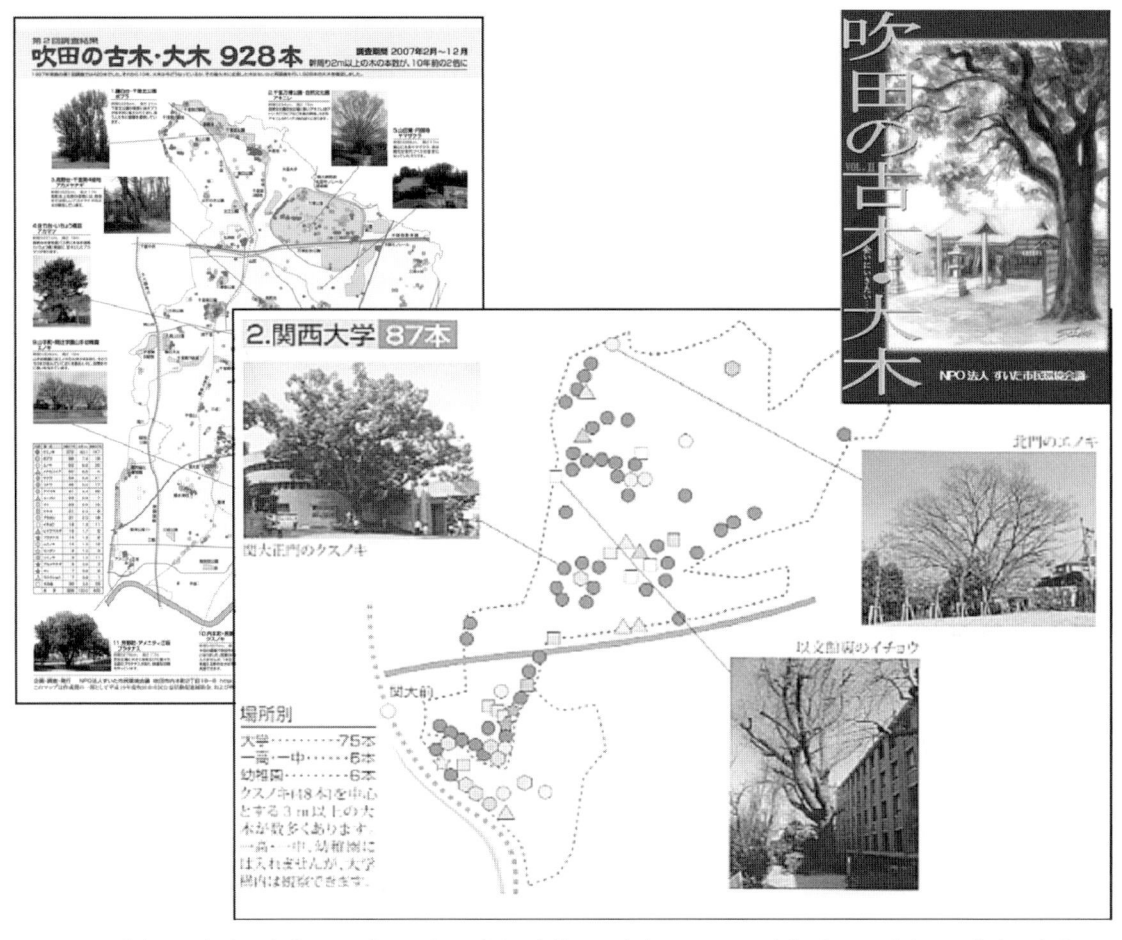

図 6-2 『吹田の古木・大木マップ 2007 年』（関西大学千里山キャンパスの例）と冊子『吹田の古木・大木』
千里山キャンパスの大木は 1997 年の調査では 47 本，2007 年には 87 本だった。関西大学博物館付近のクスノキ（株立ち 9 本）は幹周り 435cm で，吹田市内 2 番目の大木である。マップは NPO 法人すいた市民環境会議のホームページから見ることができる。

6.2.2.2 吹田市内のツバメの巣調査

1998 年，吹田市内のツバメの巣がどこにいくつあるかを調査した。この調査は，吹田市の委託を受けたため，市報で市民に情報提供の呼びかけをすることができた。市民から受けた情報については，調査スタッフがその年の繁殖に使用しているものか，古いもので放棄されているものかを確認した。集計は繁殖中の巣と放棄された巣の別に集計してマップに記載した。通常，ツバメの巣は民家の軒先にあるとされていたが，吹田のような都市では，電車の駅やマンションのガレージ駐車場などでも見つかった。おおむね，巣は大切に見守られていた。12 年後の 2010 年，再度行った調査では，繁殖に使われている巣の数が 1 / 3 弱に減少していた。このような減少傾向は全国的な現象のようだが，吹田のように複数回の調査によって数値にして明らかにした例が少ないため，調査結果は日本野鳥の会の報告にも使用された。

6.2.2.3 吹田市内の野草分布調査

2005 年に市内の野草の分布を調査した。私たちのまわりでは，田が減ったことで春の七草（七種とも書く）など多くの野草が見られなくなっていた。今残っている在来の野草が消えてしまう前

に記録しておこうとの想いで調査をした。できたのが『吹田の野草マップ』（図6-3 口絵参照）である。できあがったマップからわかったのは，昔からの土が残っている，あるいはかろうじて田畑が残っている所に多くの種類の野草が見られたことである。日本を含む世界中で絶滅危惧種が話題になるが，コオニタビラコやツリガネニンジンですら吹田では消えようとしている。レンゲの花を摘んで冠を作ること，ツクシを摘んで食べること，これら春の遊びや味も，今の子どもたちにとってはめったに体験できないことになりつつある。

6.2.3　自然環境課題への取り組み
6.2.3.1　観察会
　身近な自然を感じることが少なくなった今，観察会は自然に触れたい，知識を得たい，ということにとどまらず，子どもたちの発達段階で心の豊かさを育む大切な手段である。当会では，大木や野草など調査をした自然を見てまわり歩く観察会を実施している。このような観察会はより身近な資料を参考にするため，参加者には理解がしやすいようである。

　他にも市内で自然観察をしているグループを紹介する。当会より歴史があり，1989年に設立された「吹田自然観察会」は紫金山公園を中心に吹田市内を活動の場としている。毎月，身近な自然に触れてもらおうと自然観察会を開催し，子どもたちには自然の素材を利用したクラフトなど体験・参加型の会を催している。毎年10月に開催する「吹田どんぐり祭り」は盛況である。さらに，吹田市内に少なくなったベニイトトンボの生息調査，里山の桜であったカスミザクラなどの調査を実施している。このように行政が行っていない自然環境調査や記録を市内の団体が地道に続けているのである。野鳥の会が実施する観察会を探鳥会という。吹田には万博自然公園で月一度の探鳥会を長年続けている全国組織の「日本野鳥の会」だけでなく，1998年設立の「吹田野鳥の会」がある。

吹田の市街地でも秋から冬にはメジロや時にはウグイスの声も聞くことができる。春と秋には紫金山公園や万博自然公園をはじめ市内の公園や池に渡り鳥がやってくる。

6.2.3.2　保護活動
　観察会をしていると自然環境保護のためには何らかの動きが必要と気づくことがある。調査や観察会などから保護活動に広がっていった例を3件紹介する。

a. ヒメボタル（図6-4 口絵参照）

　吹田市内にはホタルが生息する。ただし，ゲンジボタルやヘイケボタルのような水生ではなく，陸生のヒメボタルである。千里第4緑地にヒメボタルがいるとの噂を聞いて，当会は近隣で観察会をしていたグループと一緒に調査を始めた。数少ない生きものを守るには，公表せず，そっと見守るのも保全の方法のひとつである。以前から近隣の人々だけがホタルを楽しんでいたが，当会は，より多くの人にホタルを知ってもらうことで，その生息環境を維持する方向を選択した。近隣のグループとともに「吹田ヒメボタルの会」をつくり，1998年から毎年，5月から6月中旬まで毎日，発光数の調査を続けている。いまや，ヒメボタルの光る時期には大勢の人たちが鑑賞に訪れている。最も数多く生息するこの第4緑地以外に市内の他の地域も調査し，3か所での生息を確認している。また，長年の要望が実り，2011年にヒメボタルはその生息環境を含めて吹田市の天然記念物に指定された。

b. スイタクワイ（図6-5）

　大阪の伝統野菜の一つスイタクワイ[8]は一時絶滅したと考えられていたが，ある農家から種が見つかり「吹田くわい保存会」がいくつかの公園やメンバーの自宅で栽培してきた。1998年，当会は苗の一部を譲り受け，生産緑地の一部を借りて，保存していくだけでなく食べることを目的に

図 6-5 スイタクワイの収穫作業（左上：スイタクワイの花と葉，右下：塊茎）
かつては正月用として珍重され，12月に泥水中から収穫し，仙洞御所へ献上していた記録がある。写真は 2000 年 12 月 3 日，NPO 法人すいた市民環境会議が当時活動していた「紫金山メダカの田んぼ」での収穫風景。

栽培を開始した。収穫したスイタクワイは，近くの中学校の環境学習の材料に供し，調理方法の研究をしながら食べ，美味しさを確認した。また，当時の市の農業政策担当者が当会の考えに賛同し，農家での栽培が広まることで，わずかではあるが販売もできるようになってきた。今では「吹田くわい保存会」が，学術的な記録を残しつつ吹田特産の食材として広めることを目的に，様々な活動を広げている。

c. 絶滅危惧植物の発見から保護へ

2005 年の野草調査のあと，毎年野草の観察会を実施してきた。その活動の際中，2011 年夏，大阪府域にはないものとして扱われてきた野草であるヤマサギソウの自生を発見した。緑色の目立たない花をつけるラン科の植物である。公表して多くの眼で守っていく方法もあるが，植物の場合は盗掘されてなくなってしまうこともありうる。そのため，当会は公表を控え，保全の対策を模索した。そこで，観察会を継続しつつ，大阪市立自然史博物館など多くの専門家の協力を得て植生調査をした。その結果，同年秋には，イヌセンブリ，2013 年夏にはスズサイコとアイナエという大阪府の Red List[9] に記載されている植物も見つかった（図 6-6 口絵参照，表 6-1）。保全対策としてはその場での育成，移植，種の採取と増殖などが考えられている。これらの保全には，もはや非公開での活動はできないと考え，公表して地域の人々とともに守っていこうと新たな模索を始めている。そのひとつとして，SAVE JAPAN プロジェクト[10] に参加し，一般市民に呼び掛け，保全体験としての個体数調査を加えた観察会を実施した（図 6-7）。これらの絶滅危惧種は生育地が大阪府有地と吹田市有地であるため，その保全には行政に動いてもらうことが不可欠である。そのためには条例の裏付けが必要であり，生物多様性地域戦略[11] の成立が望まれる。

6.2.4 生活環境課題への取り組み

1997 年，当会が設立された年，京都で気候変動枠組条約第 3 回締約国会議（COP3，京都会議）が開催された。当会では，生活環境委員会を立ち

表 6-1 吹田の希少種・絶滅ランク

吹田で発見種	大阪府（RL2014）	大阪府（RDB2000）	環境省
ヤマサギソウ※1	絶滅危惧Ⅰ類	―	ランク外
アイナエ※2	絶滅危惧Ⅰ類	絶滅	ランク外
イヌセンブリ	絶滅危惧Ⅱ類	絶滅危惧Ⅱ類	絶滅危惧Ⅱ類
スズサイコ	絶滅危惧Ⅱ類	絶滅危惧Ⅱ類	順絶滅危惧

※1 ヤマサギソウは，2000年の大阪府RDB（レッドデータブック）でもともとないものとして記載そのものがなかった。
※2 アイナエは2000年の大阪府RDBで絶滅となっていたが，2010年大阪市立大学付属植物園(交野市)で発見されたことを契機に2014年のRLに載った。

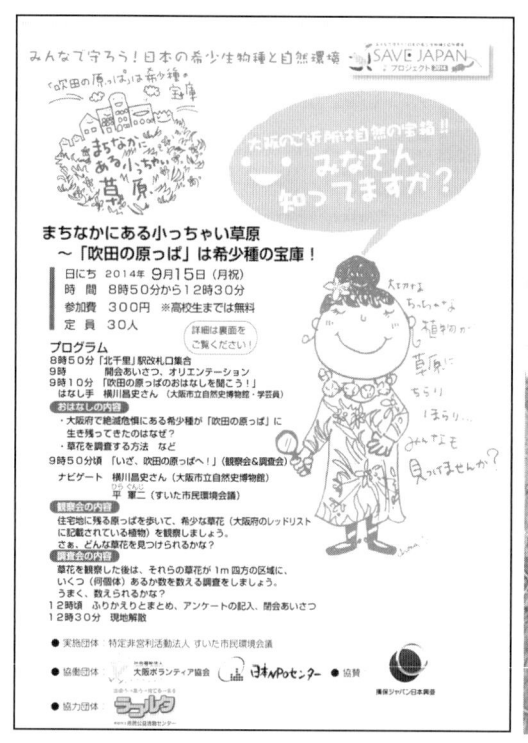

図 6-7 SAVE JAPAN プロジェクト
まちなかにある小っちゃい草原〜「吹田の原っぱ」は希少種の宝庫！

上げ，地球温暖化防止に向けて，市民としてできることは何かを模索し，実行に向けて活動を開始した。生活環境委員会は，人間が命を繋いでいくために，また活動するために行う様々な行為，つまり生活が引き起こす汚染への取り組みを取り上げた。ごみ減量や水質汚染防止なども課題としてきたが，主には地球環境を視野に入れたライフスタイルの見直しである。活動の中には，行政への提言や，市の公的審議会への参画などもあるが，主な活動は生活に即し，誰でもすぐに実行できることに重点を置いた。それは，活動に参加した会員が家庭を持つことから，生活者としての経験と視点を活かそうとしたためである。生活を取り巻く環境問題の解決のために活動することは，親としての自覚による。今を生きる人間として次世代や未来に対しての責任であり，「誰か」ではなく「私」がすべきことと考えたからである。

内容やテーマには，当会に集った理事および会員らの生協や任意団体などでの活動経験が活かされた。活動は，まず課題を見つけ，大いに学び，

協働の相手を探し，生活に即した具体的なアクションを起こすというパターンである。また，当会のポリシーの中に，「楽しく活動する」とあるとおり，市民が活動を継続していくためには活動の中に楽しさを見出すことが必須条件と考えた。「楽しい」という思いは市民ひとりひとりの「こうであってほしい環境と社会」を実現するために行動する時の原動力であり，満足感である。この満足感が次につながる。共通の「こうであってほしい環境と社会」を確認し，そのための市民ができる活動を準備することが私たちの役目であると考えた。

以下，環境家計簿，グリーンコンシューマー，エコクッキング，市民共同発電所，みどりのカーテンについて述べる。

6.2.4.1 家庭の環境マネジメント

1997年当時，地球温暖化が問題だといわれ，南の島が沈むといわれても，日本に住む私たちにとって，その脅威は実感を伴うものではなかった。また，地球温暖化の原因は科学的に証明されていないのではないかという見方もあった。しかし，私たちは遠い島の人と暮らしを思い，孫や子の未来の暮らしを想像してみた。そして，われわれのライフスタイルを変え，化石燃料の消費を減らす必要があることは間違いないことであり，今行動するべきだと考えたのである。大量生産と大量消費に踊らされた暮らし方によって，今に生きる私たちが子孫に残すべき資源を使い尽くしてはならない。さらに，水や大気などの循環を考えれば，私たちが生活から排出する汚染がいずれは巡り巡って自らを汚してしまう。生活をとりまく環境でも，地球規模の環境においても，私たちは被害者にも加害者にもなりたくないと考えたのである。そこで，私たちは具体的に実行可能でCO_2削減に有効なツールとして「家庭の環境マネジメント」（環境家計簿）に取り組むことにした。

a. 家庭の環境マネジメントとは何か

環境家計簿とは，電気やガスなどのエネルギーや水を節約したり，限られた資源を大切に使ったりしながら，健康で安全な暮らし方を考え，無駄のないお金の使い方と環境に配慮した生活のスタイルを身につけるために行うものである。具体

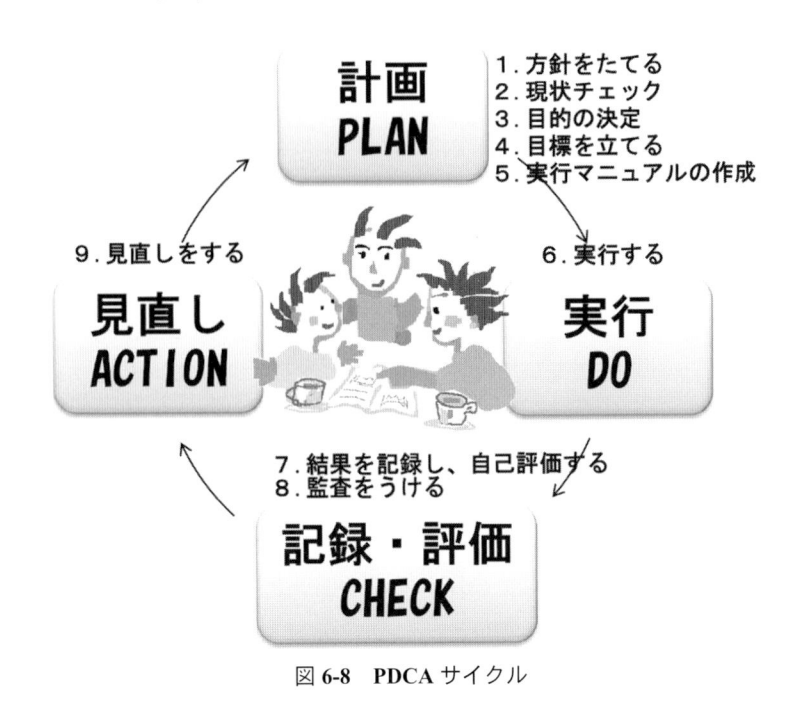

図6-8 PDCAサイクル

な行動としては，家庭の中で環境に配慮した行動を日々実行し，毎月使用した電気やガス，水道，ガソリンなどの使用量を記録する。継続するためのシステムは，ISO14000 シリーズの中心である環境マネジメントシステムを元にした家庭版[12]といわれるものを採用した。目標を立てて実践・記録し，記録した結果を評価し，改善して，さらに実績を積み上げていくもので，計画（Plan）→ 実行（Do）→ 記録・評価（Check）→ 是正処置（Action）を基本とした継続的改善のためのマネジメント（管理）（図 6-8）である。一定期間の結果（測定可能な数値）だけを重視するのではない。企業や団体であっても，とくに家庭では，様々な事情によって目標値を達成でき，減らせるとは限らない。このシステムがあることで，要因を見つけ次の改善へと繋ぐことができるのである。

環境マネジメントに取り組むメリットは以下のように多岐にわたる。

① 環境への関心向上とライフスタイルの見直しができる：自分の家庭からどのような汚れをどれほど出しているかが把握でき，地球や地域の環境問題を身近な家庭生活から考えたり理解したりすることができる。
② 家庭の環境管理能力が身につき，自己管理ができる：環境への負荷を減らすために具体的に何をすべきかわかってくる。
③ 家計と環境に寄与する。
④ 人間関係が豊かになる：この取り組みには，家族の納得と協力が不可欠であり，家庭のその時々の状況に合わせた無理のない方法をとっていくことが肝要である。また，仲間，地域社会との共通の話題を持つことによって情報交換の機会を得る。
⑤ 社会的評価が受けられ，企業，自治体に対して環境改善の提案ができる：市民としての社会性・公共性の高い取り組みであり，環境改善を要求するための有効な道具である。
⑥ 金銭家計簿よりも簡単で数値が把握しやすく，成果を実感できる：他人の監査を受けることで，自分の気がつかなかったことに気づき，自分の行動を評価して貰うことが次の励みにもなる。なにより，使用量が把握でき，節約すれば「得」が返ってくる。環境への取り組みとして具体的に成果が見えるので，「楽しい」「次もやろう」というモチベーションを生む。家庭の環境マネジメントの取り組みは決して必要を我慢することではない。家庭内のエネルギーと資源をいかに効率的に使うか工夫することであり，無理無駄を省くことである。

b. 手法

家庭の環境マネジメントの基本手法は以下のとおりである。

① 大きな環境方針を立てる：決意を明らかに理想・理念を掲げ，文章化する。
② 現状把握として認識チェックをする：自分の環境認識度をチェックすることで，現状を把握する。取り組み後再チェックしてみることで，改善点が明確になる（表 6-2）。
③ 目的を決定する：省エネルギー・節水・汚濁防止・ごみ減量・ガソリン減量などのうちどれに取り組むかを決定する。
④ 目標を立てる：目的ごとにどのぐらい減量するかを数値で決定する（事情によっては増える場合も，現状維持もありうる）。
⑤ 実行マニュアルの作成：目的ごとにマニュアルを作成する（チェックリストから選んでもよい）。
⑥ 実行する：家族それぞれができることを決めて実行する。継続するためには無理をせず，気楽に，気長に取り組むことが肝要である。
⑦ 記録する：「毎月の使用量のお知らせ」などを保存し，シートに記録する（図 6-9）。

表 6-2　エコライフ度チェック

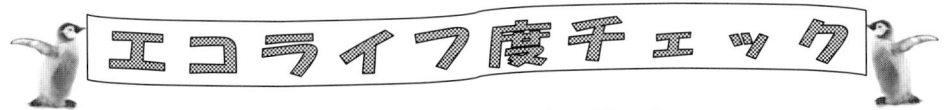

エコライフ度チェック

各チェック項目について、あてはまるところに○印をつけましょう。
上から下まで○印をつけた点数を合計したものが、あなたのエコライフ度です。
合計したら、下段を見てください。あなたのライフスタイルはどれ？

よくできている：10点　　まあまあできている：5点　　できていない：0点
★該当しない項目（クーラーを持たない など）は10点です。

省エネルギーチェック

10	5	0	部屋を出るときは照明器具やテレビなどのスイッチを消す
10	5	0	冷蔵庫の管理を適切にする（ドアの開閉回数、内容物の量、温度設定）
10	5	0	冷房は28℃、暖房は20℃に室温を設定する
10	5	0	クーラー使用時は扇風機を併用する
10	5	0	エアコンのフィルターはこまめに掃除する
10	5	0	電灯をLEDなどに切り替える
10	5	0	住宅の断熱をする　夏は日射を防ぐ（二重窓、すだれ、みどりのカーテンなど）
10	5	0	風呂は家族が続いて入る
10	5	0	使わない時はガス給湯器の電源を切る
10	5	0	建物の多少の昇り降りにはエレベーターを使わず階段を使う
		点	合計

節水・汚濁防止チェック

10	5	0	洗濯には石けんを使用し、合成洗剤を使わない
10	5	0	洗濯の洗浄剤は適量を守り、使いすぎない
10	5	0	お皿の油汚れは、ボロ布などで拭いたうえで洗う
10	5	0	食器洗いの時、水を流しっぱなしにしない
10	5	0	米のとぎ汁や雨水等を有効利用する
10	5	0	歯磨きや洗顔中は水を出しっぱなしにしない
10	5	0	入浴時シャワーを出しっぱなしにしない
10	5	0	風呂の残り湯は洗濯や掃除や打ち水に利用する
10	5	0	殺虫剤を使わない
10	5	0	化学薬品（殺菌剤・芳香剤・塩素系漂白剤など）を使わない
		点	合計

ごみ減量チェック

10	5	0	買い物には買い物袋を持参する
10	5	0	不用品を買わないように計画的にものを買う
10	5	0	リユースびん入りの飲料、調味料などを購入する
10	5	0	外出時はペットボトルの飲料を買わずに、水筒を持参する
10	5	0	再生紙使用のものやリサイクル品を購入する
10	5	0	料理は作りすぎず、食材は使い切る
10	5	0	食品の保存は蓋付き容器に入れて、ラップの使用を減らす
10	5	0	食油は使い切って、廃油はなるべく出さない
10	5	0	生ごみは水分を切る、または堆肥化する
10	5	0	家具や電化製品は修繕をして長く使う
		点	合計

あなたのライフスタイルは

300点～240点
あなたは・・・環境に配慮した生活をされています。これからもこのライフスタイルを続けてね！

235点～150点
あなたは・・・もう少しで環境に配慮した生活スタイルに。できそうなことをもう一つ二つ試みてみませんか？

145点～0点
あなたは・・・資源浪費型？できそうなことを一つみつけてみませんか？環境に配慮した生活が見えてくるはず・・・。

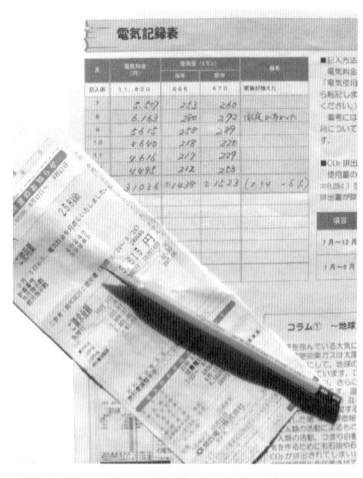

図 6-9　電気使用量記録表と電気使用量のお知らせ

⑧監査を受ける（取り組み者同士のグループ監査，グループ内の監査人による二次監査，第三者に依頼する三次監査もある）：一年間の記録ができたら，無駄遣いや課題を発見し話し合う。目標が達成できたか，システムが機能しているかなどの評価を受ける。

⑨結果を見直し，次年度の目標の設定をし継続する。

c. 本会の取り組み

当会は，まず 2001 年 11 月から 2003 年 10 月にかけて，家庭の環境マネジメントに取り組む関連講座として，2002 年 1 月「新しいライフスタイルの提案　グリーンコンシューマーになろう」，2002 年 5 月「みんながんばってる会～おしゃべりから知恵が生まれる」，2002 年 10 月シンポジウム「私たちに何ができるか in 吹田」を開催した。2 年間の取り組みの結果，平均電気使用量が前年より 8％減った。この取り組みによって私たちは多くの手法を蓄積し，それを活用することによって，大阪府や吹田市での活動展開に関わっていった。2003 年から 2005 年は，大阪府が省エネライフ促進事業として実施する「おおさかエコアクション」（府民対象の家庭の環境マネジメント）に参画した。これは，7 月から 12 月まで半年間の取り組みで，府下の市町村において，一般市民対象に行政とその地域の NPO との協働で実施するものであった。私たちは吹田市に呼び掛け，グループを立ち上げてこれを実施した。その後 2005 年には，吹田市独自の取り組みとして「暮らしの CO_2 ダイエット」を作成した。2006 年から現在にいたるまでは，任意団体「アジェンダ 21 すいた[13] エネルギー部会」が継続実施している。ここでは取り組みに役立つ情報をニュースレター「エコプレス」[14] として年 4 回発行し参加者に届けている。

6.2.4.2　グリーンコンシューマー

環境マネジメントに取り組む当会の生活環境課題は，新しいライフスタイルを確立することであった。環境配慮型の生活のために，指針となったのはグリーンコンシューマー（Green-Consumer）[15] の視点である。1980 年代後半，地球規模の環境破壊が問題となり，環境問題が地球上のすべての生き物の問題であることが明らかになってきた。それが地球規模でも，地域に限られているものであっても，このような環境問題を解決するために，グリーンコンシューマーの視点が求められるようになってきた。グリーンコンシューマーとは，みどりの消費者，つまり環境配慮商品を購入し，使い捨てでなく循環型のライフスタイルを選択する消費者のことである。グリーンコンシューマーという言葉が最初に使われたのは，1988 年にイギリスで出版された『ザ・グリーンコンシューマー・ガイド』であり，イギリスのスーパーの環境配慮度を 5 段階のマークで評価したものである。その後，環境にやさしい店や商品を選ぶ運動として世界各国で取り組まれるようになった。日本でも京都の NPO が，1999 年に『グリーンコンシューマーになる買い物ガイド』[16] を出版した。このガイドのアイデアはイギリスの方式と違い，環境に配慮している店舗を紹介するというもので日本独自のスタイルである。これによれば，グリーンコン

シューマー10原則は以下のとおりである。

1) 必要なものを必要な量だけ買う
2) 使い捨て商品ではなく，長く使えるものを選ぶ
3) 包装はないものを最優先し，次に最小限のもの，容器は再使用できるものを選ぶ
4) 作るとき，使うとき，捨てるとき，資源とエネルギー消費の少ないものを選ぶ
5) 化学物質による環境汚染と健康への影響の少ないものを選ぶ
6) 自然と生物多様性を損なわないものを選ぶ
7) 近くで生産・製造されたものを選ぶ
8) 作る人に公正な分配が保証されるものを選ぶ
9) リサイクルされたもの，リサイクルシステムのあるものを選ぶ
10) 環境問題に熱心に取り組み，環境情報を公開しているメーカーや店を選ぶ

この10原則は，環境配慮型の買い物の指標であり，環境マネジメントのチェックリストと重複する項目もあるが，グリーンコンシューマーには，社会的不平等から生じる社会環境の破壊という視点を強く認識することが求められている。さらに今，消費者の中には，エシカルコンシューマー（ethical-consumer）[17]の視点が育っている。エシカルとは倫理的なという意味であるが，自分たちの生活の安全・安心を確保する運動からさらに視野を広げ，人権，社会的公正，環境の観点から，商品の生産・流通・消費・廃棄までのすべての段階における影響を考慮する消費者のことである。消費者運動としては，買う，買わないに込められた積極的な選択だけでなく，行動を起こし社会を変えていこうという動きでもある。この例として，農薬づけで多国籍企業のプランテーションのバナナでなく，無農薬かつフェアトレードで，フィリピンの生産者の生活を支えるバランゴンバナナ[18]がある。これは，消費者と，生産・流通

図 6-10 保温調理
カレーやシチュー，おでんなど煮込み料理に向く省エネルギー調理法。煮汁が沸騰したら火を止め，キルトや新聞紙で包む。そのまま30分から1時間置く。煮汁の温度が約80℃で持続するので，コトコト煮たのと同じ効果が生じて，煮崩れもなくおいしくできあがる。

に関わる人々の双方の生活と健康と環境を守る仕組みの上に成り立っている。その運動の意味に賛同した市民が仕組みづくりに参加し，買って支えている。

6.2.4.3 エコクッキング

環境問題の解決のために，自分ができることは何か，どんな方法があるのか，この問いに答えようとして，いままでの活動を生活の重要な場面である食から俯瞰して組み立てたものがエコクッキングである。食材の購入・保存・調理から廃棄，後始末にいたるすべての場面で環境に配慮した行動を示し体験する。それはすぐに自分の生活で実践することができ，誰でも，簡単に，楽しくできるというのがこの活動のポイントである。

メニュー例としては，保温調理（図6-10）による一鍋で作るゆで鶏の温野菜添えとスープ，フェアトレードの砂糖を使ったマスコバド糖プリンとコーヒーなどがある。添加物について考え，添加物の少ないソーセージやハムとそうでないものとの食べ比べを実施することもある。また，保温調理の時間を利用して，くらしのチェックシートを実施し，ワークショップを行うなど，多彩なプログラムがある。2015年からは購入行動を取り入れ，実際にスーパーなどでの買い物を通して，買い物のポイントを考えるプログラムも始めた。さらに各場面での行動の「Better Best」を表にした（表6-3）。エコクッキングのポイントは以下

表 6-3　エコクッキング Better Best シート

エコ・クッキング Better Best
環境に配慮した暮らし方

場面	現状 ⇒	Better ⇒	Best
購入：産地はどこか・安全か・旬のものか・容器はリユースできるか・ごみにならないか			
食材	一般栽培	減農薬 減化学肥料	無農薬 無化学肥料
食材	外国産	国内産	地場
食材	季節はずれのもの		旬のもの
食材	添加物の多いもの	少ないもの	無添加のもの
道具	使い捨てのもの		長く使えるもの
道具	化学物質		自然素材
道具	エネルギー消費が大きいもの		エネルギー消費が少ないもの
包装など	過剰包装	簡易包装	無包装・容器持参
包装など	ペットボトル	ワンウェイびん	リユースびん
包装など	レジ袋をもらう		マイバッグを持参する
包装など	買いだめする		買いすぎない
保存：省エネルギーか・食品にあった保存の方法か・ごみにならないか			
冷蔵庫の使い方	詰め込む		詰め込みすぎない　＊1
冷蔵庫の使い方	雑然		整理整頓
冷蔵庫の使い方	ドアを開ける時間＝長		短＝さっと閉じる
冷蔵庫の使い方	ラップを使う		皿などでふたをする
調理：省エネルギーか・食材を最大限利用しているか			
水の使い方	水の量は全開		エンピツの太さにする
調理の仕方	洗ってから皮をむく		洗う前に皮をむく　＊2
調理の仕方	煮こむ		保温調理をする
ガスの使い方	全開にする		鍋底から炎がはみ出さないようにする
あと片付け：水を使いすぎていないか・洗剤を使いすぎていないか			
食器洗い	そのまま洗う		ふき取ってから洗う
食器洗い	合成洗剤で洗う	石けんで洗う	水で洗う
廃棄：ごみにするか・ごみにしないか			
生ごみ	そのまま捨てる	乾かして捨てる	土に埋めたり コンポストを利用して堆肥にする
とぎ汁	捨てる	洗い物などに再利用する	土に返す
道具など	捨てる	再利用する フリーマーケットに出す	不要なものは買わない 修理して使い続ける　＊3

＊1.　冷凍庫はきちんと詰める
＊2.　捨てる皮が水気で重くならないようにする。
＊3.　環境の３Ｒ＋１

NPO法人　すいた市民環境会議

のとおりである。

<購入>
・グリーンコンシューマー10原則に沿って，表示をよく見て購入する。
・食材の産地はどこか：輸送にかかるエネルギーの少ないもの，また，農薬の使用など不安はないか，フェアトレードであるかなどを考慮して選ぶ。
・安全か：添加物や農薬の使用が少ないもの，また，肥料遺伝子組み換えの原料を使用しているかどうかなどを考慮して選ぶ。肉，養殖魚，卵などは，遺伝子組み換えの餌や，ホルモン剤・抗生物質などを投与しないなどの配慮をされて育てられ，薬剤処理などをされていないものを選ぶ。調味料などは，原料が上記のもので，不必要な添加物を使っていないものを選ぶ。
・旬のものか：季節はずれのものハウス栽培のものはエネルギーを大量に使用して作られるので，露地栽培や旬のものを選ぶ。
・容器はリユースできるか：包装はごみになる。包装は必要最小限にし，買い物袋を持参する。調味料や飲料はできればリユースびんを選ぶ。
・ごみにならないか：食材は消費期限・賞味期限内に使用する量を把握し，買いだめしない。道具や食器は自然素材で長く使えるものを選ぶ。電化製品は省エネラベル（図6-11）を参考にして，省エネルギーのものを選ぶ。

<保存>
・省エネルギーか：冷蔵庫の使い方で省エネルギー効果を上げる。
・食材にあった保存の方法か：食品にあった方法で保存する。たとえば，長期間直射日光に当たると油類は酸化，変質し，病気の原因ともなる。
・ごみにならないか：食材の保存が悪ければ腐敗し，捨てざるを得なくなり，ごみが増える。冷蔵庫・冷凍庫内の整理整頓をして，消費期限，賞味期限を把握し，食品を無駄に捨てないよう

図 6-11 統一省エネラベル
環境省 policy/hozen/green/ecolabel/a04-26html
家電販売店で展示してある製品に，個々の省エネ性能を表す省エネルギーラベルとともに家電製品の省エネルギー性能を5段階の星の数で表し，年間の目安電気料金も表示しているラベル。対象物品は，2015年4月時点でエアコン，テレビ，電気冷蔵庫，電気便座，照明器具（蛍光灯器具のうち家庭用のものに限る）の5品目。製品選びに役立てたい。

にする。冷蔵庫を過信せず，早めに食べきる。食品の保存にラップを使用するとラップがごみになる。

<調理>
・省エネルギーか：節水し，ガスなどのエネルギー消費を少なくするために保温調理をする。
・食材を最大限利用しているか：食材の調理方法を知り，最大限に利用する。

<あと片付け>
・水を使いすぎていないか：水道は鉛筆の太さで使用する。
・洗剤を使いすぎていないか：汚れた食器などは，まず，ヘラや使用済みカード，ぼろ切れなどで汚れを拭きとる。その後水洗いし，なるべく洗剤を使わないようにする。必要であれば石けんで洗う。石けんは紀元前3千年から人間が使用してきたもので，第一次世界大戦中ドイツで開発された合成洗剤に比べ，はるかに長い歴史を持ち，

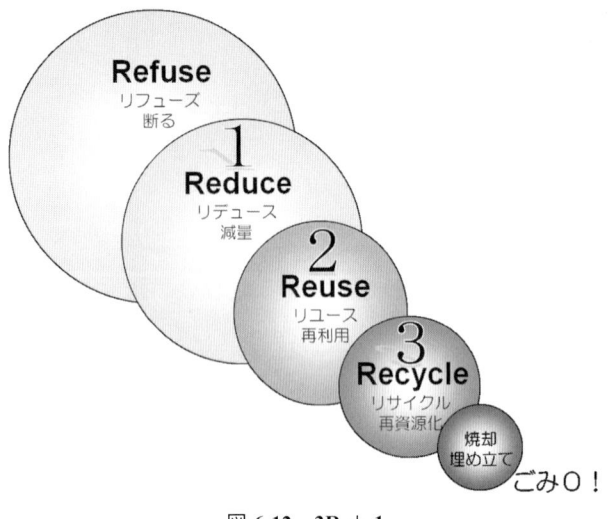

図 6-12　3R ＋ 1

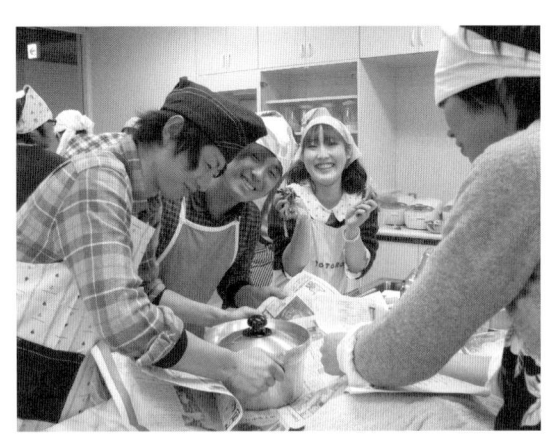

図 6-13　関大生のエコクッキング
2012 年 2 月 25 日撮影。

安全性への信頼があり，自然界での分解性も高い。それでも適量を使用し，河川と海の生態系，下流の人々への負担を避けるべきである。

＜廃棄＞
・ごみにするか，ごみにしないか：焼却への負荷を少なくするため，生ごみは乾燥させる。庭があれば土に埋めて土にもどす。コンポスト（生ごみを堆肥化する容器）があれば，生ごみを投入して堆肥化する。
・3R は，Reduce（リデュース 減量）→ Reuse（リユース 再利用）→ Recycle（リサイクル 再資源化）であるが，これに Refuse（リフューズ ごみになるものの購入を拒否）を最初に追加し，3R+1 として実行する（図 6-12）。より多く断り，より多くリユースすれば，リサイクル量はより少なくなり，焼却や埋め立て量は減る。

エコクッキングは，食べ物という人間の命にとって欠かせないテーマを取り上げたために，関連する範囲が広く，なにより身近で楽しい活動となった（図 6-13）。そのため実施要請が多く，対象は一般市民ばかりでなく，小中学生，大学生，スーパー内の子ども環境グループなどに広がった。また生活協同組合でもこのプログラムを活用している。

6.2.4.4　市民共同発電所

私たちは，省エネルギーを呼びかけ，温暖化防止活動を展開しているうちに，市民の手でエネルギーをつくりたいと願うようになった。2004 年，「太陽の塔のある吹田をソーラータウンに！」を合言葉に市民共同発電所設置活動を開始した。

私たちが日々便利に使っている電気の主な源である火力発電は大量の化石燃料を消費して CO_2 を排出している。一方，原子力発電は放射性物質を含む廃棄物の問題が解決されていない。「市民共同発電所」とは，自分たちが使う電気は自分たちの手で，しかも，化石燃料や原子力エネルギーでない再生可能なエネルギーからつくり出そうという運動である。自宅に取りつける場所や資金がなくても，NPO や自治会など地域の有志が資金を出し合って，身近な施設（公民館・学校・保育所などの公共的なもの）に，自然エネルギー設備を設置する。今の吹田市内で自然エネルギーの利用を考える時，風力発電は風力不足，騒音，維持管理など難しい問題がある。私たちにとって簡単で効率的な自然エネルギーは太陽光発電であると考えた。しかし，設置には多額の資金が必要であ

図 6-14　市民共同発電所設置のための広報活動
左：おひさま広場活動。2005 年 11 月 13 日撮影。
右：吹田市北千里駅でのカンパ活動。
　　2005 年 12 月 3 日撮影。

る。私たちは、いつものように、自分たちのできる所から始めることにし、まず、吹田市の助成金を獲得して「おひさま広場」と名づけた啓発活動を始めた。おひさま広場はイベントや祭りなどに出かけ、太陽の力を体感し、遊びながら市民共同発電所設置への共感を得る場である（図 6-14）。2005 年、私たち NPO の呼びかけに中学校長が応じ、市立中学校への太陽光発電システムの設置活動を開始した。

a. 市民が作る太陽光発電システムの効果

降り注ぐ太陽の光で電気を創り出す……太陽光発電システムは自然の恵みである。装置は 20 年もつといわれるが、機材の製造から廃棄にいたるまでには、エネルギーも使い CO_2 も出す。しかし発電方式によっては 1～3 年程度で回収されるというデータ[19]があり、順調に発電し続ければ、ほぼ 17 年間は環境保全に効果をもたらしてくれるはずである。システムとしての効果を列挙してみる。

① 省エネルギー効果がある。地理的条件や気象条件で異なるが、太陽光発電システム 1 kW あたり、年間約 1,000 kW 発電する。
② CO_2 排出量や石油消費量の削減効果がある。火力発電による電気を使用しなかった分だけ、太陽光発電システム 1 kW あたり、CO_2 の排出量を炭素量換算年間 180 kg、石油の消費量を 243 ℓ 削減できるといわれている。
③ 発電も電気の売り買いも自動的に行われ、機器のメンテナンスがほとんど必要ない。
④ 風力発電のような可動部分がないので機械的な摩擦もなく、静かで無公害な設備である。

また、中学校に設置することで自然エネルギーの利用にとどまらず、次のことが期待できる。

① 生徒の環境教育に役立つ。
② 地域や市民の環境意識の向上に役立つ。
③ 募金活動を通して地域コミュニケーションの活性化を促進し、安全なまちづくりと、子どもたちの安全に寄与することができる。
④ 災害時の避難先であるため、地域の災害時非常用電源確保の端緒になる。

設置には多額の資金が必要だが、私たちは少数の理解者による多額の出資より、多くの市民の理解と協力を得ることを目指した。そのためには「楽しい」活動展開やお得で「ハッピー」な仕組みが必要である。

b. 市民共同発電所設置の仕組み

まず、学校、PTA、地域教育協議会、商店会、市民、NPO などが集まって、「実行委員会」を作った。設置するシステムの規模は 2.2 kW。この規模に決めたのは、ポンプで使用する電力は充分にまかなえ、かつ大阪府が 05 年度から実施した補助金制度の最小条件だったためである。なにより私たち NPO が市民の力（カンパ）を合わせて設置するには、費用が大きな壁だったからである。

設置費用は 200 万円。50 万円は大阪府の補助金を得られたが、あと 150 万円が必要であった。私たちは、多くの市民と対話し理解を得ながらカンパを募ることを目指して「おひさま広場」を展開した。ソーラーカーなどのおもちゃや、ソーラー

図 6-15　吹田市初の市民共同発電所
（古江台中学校）の点灯式
2006 年 2 月 15 日撮影。

クッカー，説明用パネル，カンパ箱などを準備して，地域のまつり，サッカー応援イベントなどに出かけた。約 4 か月の活動中に話をし，協力を得た人々の数は実に 2,000 人以上になる。また実行委員会メンバーでもある商店会からの提案で，商店会の買い物で発行されるシールを集めれば，通常の還元金の 10 倍が実行委員会に寄付される独自の仕組みを活用することができた。PTA や生徒たちによるシール集めが始まり，たちまち大量のシールが実行委員会に集まった。活動の持続が可能になり，皆がハッピーになれるこの仕組みは

大変ありがたいものとなった。この活動のメリットである環境教育，災害時非常用電源，安全な地域づくりに，商店街活性化が加わったというわけである。こうして，2000 人以上の市民の力によって，2006 年 2 月 15 日に点灯式を迎えた。わずか 2.2 kW のシステムだが，吹田市初の市民共同発電所の誕生である。これは，吹田をソーラータウンに！と思いを掲げた私たちの，ささやかでも確実な一歩となった。設置後年間約 2,000 kWh を発電し続け，学校施設の電力源の一部となっている（図 6-15）。

この活動で，市民活動のキーワードの一つが人のつながりであることを実感した。私たち NPO の呼びかけに中学校長が応じ，PTA 役員，教育委員会へとつながった。実行委員会には地域教育協議会に加えて，地域コミュニケーションを大切にしてきた商店会も参加した。これは，以前から当会のメンバーが商店会主催の地域交流研究会に参加し，連携を深めていたからである。また，実行委員会は市民と市民，市民と行政との協働の実験の場でもある。顔が違う，得意技が違う人々が集まって力を合わせた。楽ではなかったが，活動ポリシーどおり楽しい活動であった。この経験を活かし，翌年 2007 年には，生活クラブ生活協同

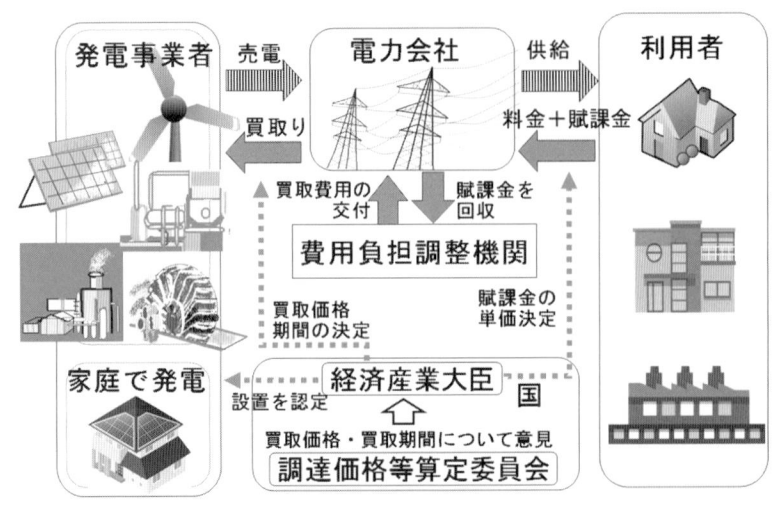

図 6-16　固定価格買取制度のしくみ
参考：省エネルギー庁 HP。

組合大阪の茨木本部の太陽光による市民共同発電所 10.5 kW の設置に協力し，2008 年 1 月に点灯した。しかし，当時は設置費用を上まわる利益は望めず，CO_2 削減をすることが目的であった。

その後，2011 年 3 月 11 日東日本大震災とそれにともなう福島第一原子力発電所の事故が起こり，2012 年 7 月，固定価格買取制度[20]（図 6-16）が施行された。この制度により，市民共同発電所はもとより，団体，企業による巨大発電施設の設置が相次いだ。2014 年には各地で地域分散型の再生可能エネルギーによる電気供給事業がスタートした。なかには，地域自立経済の創造と持続可能な地域社会の実現を目的とした，地域主体の再生可能エネルギー事業も生まれている。

地震など自然災害が多い日本での原子力発電所は，一旦事故を起こしたら取り返しのつかない負荷を子子孫孫まで残すことになり，また廃棄物の処理についての方法と安全が確定していない。ドイツは，日本の原発事故，「フクシマ」を契機として 2022 年の脱原発を決定し，再生可能エネルギーによる発電にシフトしている。一方，2014 年 4 月，日本では原発を重要なベースロード電源とするエネルギー基本計画を閣議決定した。原発事故は放射能性物質による環境や人体への直接の被害のみならず，社会生活にも大きな影響を与え続ける。経済性よりも持続可能性を重視する価値観への転換が必要なのではないか。

6.2.4.5 みどりのカーテン

大阪では，郊外に比べて平均気温が高くなるヒートアイランド現象が起こっている。都市は道路やビル，マンションなどによって，地面の大部分がアスファルトやコンクリートでおおわれているため，日中の太陽熱を蓄積し，夜に放散しているからである。また，自動車やクーラーなどから排出される熱の量も多いことなどが原因である。大阪の気温はこの 100 年間に，温暖化で 1℃，ヒートアイランド現象でさらに 1.1℃上昇している。吹田市も原因といわれるビルやマンション，道路が多く，大阪府ヒートアイランド対策推進計画の優先対策地域[21]に含まれている。

ヒートアイランド対策の一つとして「みどりのカーテン」が推奨されている。みどりのカーテンとは，ヘチマやゴーヤなどの蔓性の植物を窓の外に這わせて，夏の日差しを和らげ，室温の上昇を抑える自然のカーテンのことである。陽が当たると，葉の気孔からの水分蒸散作用により，葉の表面の温度が下がり，葉の間から涼しい風が流れ込む。みどりのカーテンの効果（図 6-17）は下記のとおりである。

図 6-17 みどりのカーテンの効果とベランダに設置されたみどりのカーテン

①みどりのカーテンの内側は涼しい。
②クーラーの稼働率を下げ，省エネルギーになる。
③みどりを見ることで心が癒される。
④植物を育てる楽しみを味わうことができる。
⑤ゴーヤを植えれば，栄養豊かなゴーヤを食べて暑い夏を乗り切ることができる。

公共の施設で大掛かりに実施する事例が多い中，市民がみどりのカーテンに取り組むことは，ヒートアイランド現象緩和に役立つほかに，ライフスタイルの転換や，環境問題への認識を深めるきっかけとなるものである。プランターを利用し，蔓性植物を縦に育てるこの方法なら，マンションのベランダでも，建てこんだ住宅街でも，充分その役割を果たす。そう考えて，2007年，当会は大阪府からの助成金を得て，みどりのカーテンの効果を確認した。日中の最も暑い時間帯である13時から14時頃に，みどりのカーテンの裏と，みどりのカーテンのない場所との温度差は1～10℃だった（15か所のデータ）。温度差の幅が大きいのは植栽の設置場所，繁り方などに差があったためと思われる。事務所の外壁にみどりのカーテンを作った参加者からは，「みどりのカーテンを設置後は省エネになった」との感想があった。

その後ゴーヤによるみどりのカーテン普及活動を開始し，同時に「アジェンダ21すいた」との協働で活動を拡大した。また，収穫したゴーヤを使用して「ゴーヤでエコクッキング」として調理実習講座を実施，好評を得ている。環境にさほど興味がないが，植物を育てるのが好き，家庭菜園で安心な野菜を作りたいという目的の参加者も多く，結果的には環境問題への関心の裾野を広げることになった。講座を開催した公民館の外壁にもゴーヤのみどりのカーテンを設置し，夏の日差しを遮り，涼しげな景観をつくり出した。これによって，地域の市民や来館者に環境問題の話をするきっかけができた。この取り組みは，植物を育てて，涼しさを取り戻し，かつ，おいしく食べるという点で人間の感性に合っている。みどりのカーテンを設置する市民が増えており，この取り組みの定着と広がりを実感している。

6.2.5　情報の取得・提供・交換

市民が得られる情報というと，新聞，雑誌，ラジオ，テレビ，インターネットなどからだが，NPOの活動にとって情報の収集は大切なものであり，当会はさらに他団体との交流や，メンバー個々のネットワークにより情報を得ている。情報は市民から発信するものでもある。NPOによる発信手法には紙媒体での情報誌・リーフレットなどのほか，活動の成果としての本やマップなどがある。当会では設立当初から「会報誌」（年6回発行12～16ページ）を発行し，2000年からはインターネットを利用したホームページ（http://www3.big.or.jp/~sskk/sskk.htm）やブログ（図6-18）を作成している。情報には旬があり，インターネット上では常に新しいということが求められているため，当会でも活動のつど更新している。

最近，市民によるまちづくり手法の一つとして，情報発信・収集の場づくりが有効であるといわれている。たとえば，吹田市の北千里駅にある専門店会が中心となって開催している「北千里地域交流研究会」についてみると，地域の団体・学校などと交流することによって，情報を交換し，地域の商店街活性化などのまちづくりに貢献している。ここは一定の目的を持つ会議ではなく，自由な意見交換の場として，あたかも井戸端会議のように顔を見ながら，情報を発信収集しあう場となっている。

行政の市民活動支援の一つとして，2012年から千里ニュータウンプラザ内に吹田市が開設した吹田市立市民公益活動センター（ラコルタ）がある。ラコルタは市民活動の中間支援活動を担い，その手段の一つとしてメールマガジンなどで情報発信をしている。そこにはロビーがあり，団体や

図 6-18　NPO 法人すいた市民環境会議の広報活動
左：ブログ　右：会報。

市民が自由に集える場となっており情報交換が行われている。

6.3　環境の世紀を生きる市民の役割

6.3.1　協働

6.3.1.1　協働の概念

　NPO が行政や企業とともに活動するときに，対等の立場（パートナーシップ）で行うことを「協働」という。つまり，組織と組織が主体的・自発的に特定の課題解決のために，相互の立場や特性を認識・尊重しながら，目的を共有して，互いに資源を持ち寄って，相乗効果をあげながら，協力して取り組むことをいう。決して行政が主導して実施するものではない。

　協働は新しい概念であるため，誤解や理解不足による行き違いがよく起こっている。協働を効果的に行うには，NPO と行政や企業の行動や特性の違いを理解しておく必要がある。NPO は，有志によって構成され，メンバーは自発的で共感をもって機敏に動き，活動は自由かつ多様で地域に密着したものもあり，先駆性と創造性をもち，ときに専門性をもつ。活動の目的は狭義に特定される。それに対し，行政は全市民を対象として，公平・中立・平等を基本とし，法によって行動する。企業は利益を得ることを目的とし，株主の意向にも左右される。

　協働する時には，①対等の立場に立つ，②個々の長所，短所や立場を理解しあう，③目的・目標を共有する，④透明性が確保されて情報公開される，⑤公の資金を使う自覚と責任を持つ，⑥行政や企業は NPO が自立化する方向で協働をすすめる，⑦企画段階から協働する，ことに留意する。

　このようにして協働した場合，①行政や企業ではできない創造的・先駆的企画や取り組み，きめ細やかで多様なサービスを提供できる，②行政や企業にはない NPO の専門性や独自のネットワークを活かすことができる，③協働の相手と信頼関係を築くことができる，④ NPO が関わることで継続性が得られる場合が多い，といった効果が得られる。

　また，NPO にとっても協働した場合に，①行政や企業の情報を得ることにより，活動に可能性や幅が広がる，②協働したことで社会的信用性が高まり，活動への市民の理解が深まることが期待できるなど，得るものが多い。

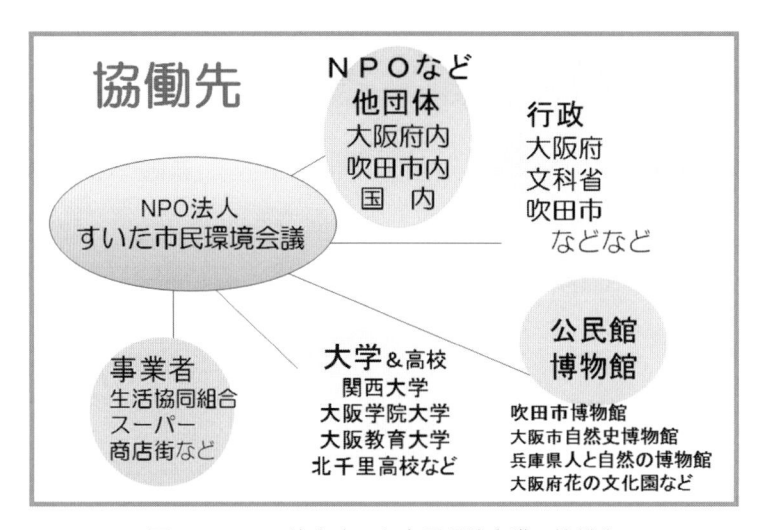

図 6-19　NPO 法人すいた市民環境会議の協働先

6.3.1.2　協働の課題

　当会の協働先は行政が多い。NPO からみた行政の課題は，①協働に対する行政担当者の理解不足，②行政の単年度予算・人事異動などで継続的な協働が難しい，③行政が主導しようとすることである。

　一方，行政からみると，NPO には，①他の地域や団体との連携が不十分，② NPO の力不足，人材不足，③ NPO が行政に依存的になりやすい，などの課題がある。行政が NPO と協働する場合，行政には，協働の目的や協働相手の選別理由などを明確にして，市民，議員に説明する必要もある。

　協働とは力を合わせて，人が動くと書く。行政・市民・企業が，ともに計画段階（政策決定）から参画し，合意形成のなかで学習していくことが，その後の活動の基盤となる。協働相手の特性を理解し，尊重し，粘り強く話し合い，互いに学びつつ進んでいけば，双方にとって納得のいく成果が得られるはずである。協働の良い事例を知り学ぶことで理解が進んでいくと思われる。

　当会の協働先は図 6-19 のとおりであり，吹田市行政との具体的協働は下記のものがある。

①吹田歴史文化まちづくりセンター協議会の立ち上げと活動
②市民のための観光マップ『あルック吹田』の作成（図 6-20）
③ピアノ池の環境を良くする会の立ち上げと活動
④環境教育フェアの実施
⑤「アジェンダ 21 すいた」の活動（図 6-21）
⑥市立博物館での夏季展の実施
⑦千里ニュータウン情報館ニュータウン自然展の実施

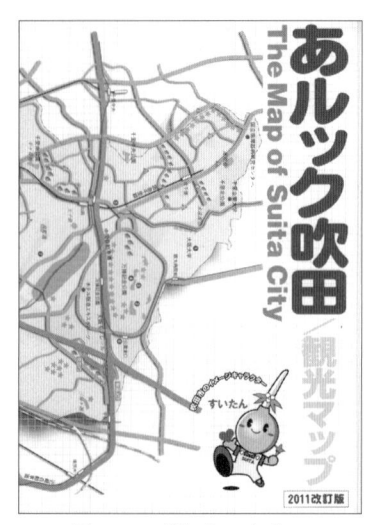

図 6-20　『あルック吹田』

図 6-21 アジェンダ 21 すいた・自然部会の活動の一つ，特定外来種の啓発パネル（オオキンケイギク）

　吹田市と協働して作成した『あルック吹田』を例として説明する。私たちは，市内を歩いて大木調査を実施し，1998 年大木冊子を作成した段階で，市民の多くが自分の住むまちをよく知らないことに気がついた。吹田の環境を考えるためには，もっと自分のまちを知る必要があり，そのための地図や案内が不可欠である。そこで，市民がつくる市民のための観光マップを作成しようと考え，吹田市との話し合いを開始した。担当職員から上司へと話し合いを重ね，必要性を理解してもらい，ついに予算計上され，実現へこぎつけた。多くの市民が調査やマップ編集に関わり 2001 年，案内つきマップ『あルック吹田』が完成した。行政と手を携えて市民が手づくりした成果であり，これこそが協働だと実感したのである。私たちはできあがった『あルック吹田』の冊子を片手に散策会を開催し，多くの市民と幾度も市内を歩いた。やがて『あルック吹田』を持って歩くグループもできた。この『あルック吹田』から派生した活動として，吹田歴史文化まちづくり協会が吹田のまちを有料で案内する「まち案内人」を養成している。さらに，観光地の意識が少なかった吹田市が「観光」に力を入れる動きも出ている。このように，市民と行政が協働で仕事をすることで，マップ活用に幅ができ，継続性が加わり，さらなる発展が期待されるのである。

　また当会とは別の NPO，「アジェンダ 21 すいた」の活動例がある。2007 年，吹田市が地球温暖化防止対策実行のため立ち上げた組織である。市民，事業者，行政の 3 者で計画を策定し，実行していこうというもので，行政は協働例としてあげている。しかし，行政が資金分担と事務局機能を受け

持ち，事業者は資金提供と幹事会という場での発言のみにとどまっている。活動するのは主に市民であり，市民もまた事務局である市に多くを頼っている。3者がそれぞれ対等の立場で発言し協働するには，時間をかけて多くの活動を共有していくしかないと思われる。

6.3.2 市民活動の課題

市民活動の担い手は社会的問題解決に意欲を持った人であり，それに賛同し応援する人たちである。問題意識を持って活動する時，最初は強い意識と意欲によって時間的制約，金銭的制約をなんとかクリアしても，その活動を持続していくためには，時間，場所，資金が必要となる。しかし，NPOには資金源が乏しい。また賛同する人々がいても，ともに活動するには集まる場が必要であり，集まることが可能な範囲に居住する人が活動の中心にならざるを得ない。今の多くのNPOは，①資金不足，②人材不足（マネジメント・情報収集・金銭管理の能力不足），③高齢化，④広報不足，といった課題を抱えている。

人材不足により，特定の人間に労働が集中すると，疲労困憊して活動を止めてしまういわゆる「燃え尽き症候群」になる人もいる。能力があり，よく動く人に多い。また，構成員の移動が少なく，そのまま年を経てゆき，高齢化が起きて活動休止に追い込まれているところがある。

また，定年退職をした人たちが，ボランティア活動に参加するようになった時，縦組織の中で長年働いてきたためにNPO組織を命令系統で動かそうとして諸所で摩擦を起こす人もいる。地域に根づいたボランティア活動を長年続けている人たちは，自発的に活動し，お互いが平等で，年長者には敬意をもって接するのは当然と考えている。その中に命令系統が入ると，NPOの特性になじまず，摩擦が起こるのはあたりまえといえる。

6.3.3 予防原則と市民の役割

私たち市民が環境問題を発見し，解決のために行動しようとしたとき，何を根拠に行動を起こしたのか。問題の発見は，身近な事象であったり，学習であったり，メディアによる報道であったり，行政との話し合いの中からであった。市民は自らの関心に従って，学び考え，自分たちができる行動を起こしてきた。しかし，それがどういう事例であれ，もちろんその問題の確かな根拠が必要である。正確にいえば，科学的根拠に基づいた報告に自分自身の身近な事象や，また，感覚をすら加味して問題点を確認し，その解決のための活動を組み立ててきたのである。

しかし，科学者が立証できない不確実なものであっても，身体に悪い影響があると疑われるもの，環境によくないと思われることは，使わない，利用しない，取り入れない，食べない，作らないなどの行動をとりたいと考えている。

人間は環境や健康に対して多くの過ちを犯してきた。放射性物質などによる汚染の拡大，地球規模の気候変動の進行，公害や，薬害，農薬，環境ホルモン（内分泌かく乱物質）による健康被害や環境破壊が進行している。これは，人間が作ったものが環境や生物や人間に将来どのような影響を与えるか，予測も，立証もしてこなかった結果である。

1992年「環境と開発に関する国際連合会議」(UNCDE) リオデジャネイロ宣言の第15原則[22]には「環境を防御するため各国はその能力に応じて予防的取り組みを広く講じなければならない。重大あるいは取り返しのつかない損害の恐れがある所では，十分な科学的確実性がないことを，環境悪化を防ぐ費用対効果の高い対策を引き伸ばす理由にしてはならない。」とある。また，1998年の「予防原則に関するウィングスプレッド宣言」[23]でも，因果関係が科学的に完全に解明されていなくとも，予防的方策をとるという予防原則が謳われている。

今を生きる私たち市民は，自らの感性と知性を研ぎ澄まし，自分の生活と社会，身のまわりの自然といのちを見つめ，危険を回避するために行動するべきである。それは私たちの役割であり，未来への私たちの責任である。

［小田信子・喜田久美子］

注
1) NPO：Non profit Organization の略。ボランティア活動などの社会貢献活動を行う営利を目的としない団体の総称。このうち「NPO法人」とは，平成10年公布の特定非営利活動促進法（NPO法）に基づき法人格を取得した「特定非営利活動法人」の一般的な総称である。NPOは法人格の有無を問わず，さまざまな分野（福祉，教育・文化，まちづくり，環境，国際協力など）で，社会の多様なニーズに応える役割を果たすことが期待されている。日本では，海外を活動の場としているNPOをNGOと呼ぶことが多い。
2) ごみ戦争：東京都における廃棄物（ごみ）の処理・処分に関する紛争（ごみ問題）のこと。とくに1950年代後半から1970年代にかけて江東区と杉並区の間で起きたごみの処理・処分に関する紛争のことをさすことが多い。当時の美濃部東京都知事が「ごみ戦争宣言」を行ったことで「ごみ戦争」の名がクローズアップされ，これ以降，類似の事案についてごみ戦争と言われるようになった。
3) （公財）鎌倉風致保存会：1964年，風致地区であった鶴岡八幡宮裏山の「御谷」の宅地造成計画に対し反対運動が起こり，地元住民が中心となって設立した。この運動には鎌倉在住の多くの著名人が参加し，作家大佛次郎がイギリスのザ・ナショナル・トラストを紹介した。
4) ザ・ナショナル・トラスト：英国の環境保護団体で，1895年にオクタヴィア・ヒル，キャノン・ハードウィック・ラウンズレイ，サー・ロバート・ハンターの3人の社会活動家によって，自然と文化遺産を残す運動として設立された。国民的財産である美しい自然風景や貴重な文化財・歴史的景観を保全し，後世に継承していくことを目的にしている。「1人の100ポンドより100人の1ポンド」というスローガンが知られている。
5) （公財）天神崎の自然を大切にする会：1974年に田辺・南部海岸県立自然公園天神崎地域に別荘地造成の許可申請が和歌山県に出されたことを機に設立された。半島の山を削り宅地にすると，土が海に流れ込み，多様な生き物の棲む天神崎の磯が破壊されるとして署名運動，募金運動をかさね，76年には第一次の買い取りをした。1986年に財団法人になる。2004年まで17回にわたり買い取りを続けた。

6) 活動団体：1997年発足当時，理事たちの所属団体は，千里山，北大阪，淀川の3生協のほか，吹田自然観察会，吹田野鳥の会，北千里自然観察会，暮らしの会，旧庄屋屋敷保存活用会，吹田青年会議所などであった。
7) パートナーシップ：パートナーシップで取り組む考え方は，1992年地球サミットの「環境と開発に関するリオ宣言」と「アジェンダ21」のなかで「持続可能な発展のために各主体（政府・地方自治体・女性・こども・青年・先住民・NGO・労働者・労働組合・農民・産業界・科学的技術団体）がグローバルパートナーシップで果たす役割」としてはじめて出てきた。世界各国の共通合意となっている。
8) スイタクワイ：野生植物が栽培植物になる過程にあるオモダカ科の半栽培植物。なにわ伝統野菜のひとつとして，吹田の特産品となっている。植物学者牧野富太郎によって見出され，吹田原産という意味のsuitensis（スイテンシス）を入れた学名 Sagittaria trifolia L. var. typical Makino forma suitensis Makino が付いた。
9) レッドリスト（RL）：環境省では野生生物の保全のために，日本の絶滅のおそれのある野生生物の種のリストを作成，公表するとともに，これを基にしたレッドデータブック（RDL）を刊行している。大阪府では2000年『大阪府における保護上重要な野生生物－大阪府レッドデータブック－』を作成し，2014年に新たにレッドリストを公表した。
10) SAVE JAPAN プロジェクト：全国の環境団体やNPO支援センター，日本NPOセンターと損保ジャパン日本興亜が協働で市民参加型の屋外イベントを開催し，全国各地で「いきものが住みやすい環境づくり」を行うプロジェクト。
11) 生物多様性地域戦略：2008年制定の生物多様性基本法では，都道府県及び市町村は生物多様性地域戦略の策定に努めることとされている。
12) 家庭版：山田國廣『一億人の環境家計簿』（藤原書店，1996）で紹介された手法。「ISO14000シリーズ」の家庭版として開発された。
13) 任意団体アジェンダ21すいた：アジェンダ21とは，21世紀への課題という意味。1992年に開催された地球サミットで，「21世紀に向けた持続可能な開発のための人類の行動計画」であるアジェンダ21が合意され，これを受けて，全国の自治体で行動計画の策定が進められた。吹田市で市民・事業者・行政が協働で策定したのがアジェンダ21すいた計画（ローカルアジェンダ21）である。この計画を実行していくために，2006年に設立されたのがアジェンダ21すいたという任意団体で，持続可能な社会づくりをめざして活動する市民・事業者・行政のパートナーシップ組織である。
14) エコプレス：企画・編集は，関西大学経済学部良永康平教授のゼミ生たちである。
15) グリーンコンシューマー：http://ja.wikipedia.org/wiki/

16) 『グリーンコンシューマーになる買い物ガイド』：グリーンコンシューマー全国ネットワーク，小学館（1999）
17) エシカルコンシューマー：地球環境への配慮を表す以上に，貧困救済，フェアトレード，地域再生，社会貢献といった人道的な倫理観に基づいた広範な問題意識や物，ライフスタイル全般を表すキーワードとなっている。1980 年代，イギリスのマンチェスター大学の学生達が中心となって創刊した雑誌『エシカルコンシューマー』が始まりと言われる。
18) バランゴンバナナ：フィリピンの人々の暮らしを応援し，共生の地球環境づくりにつながるバナナとして 1989 年から（株）オルター・トレード・ジャパン（ATJ）によって輸入されている。ATJ は，生産と消費の場をつなぐ交易を通じて，現状とは違うオルタナティブな社会のしくみ，関係をつくり出そうと，生協や産直団体，市民団体により設立された。
19) データ：『新エネルギー技術研究開発，太陽光発電システム共通基盤技術研究開発，太陽光発電のライフサイクル評価に関する調査研究，平成 19 年度～平成 20 年度』のうち平成 19 年度分中間年報（作成者：みずほ情報総研（株））による。
20) 固定価格買取制度：FIT（Feed-in Tariff）ともいう。エネルギーの買取価格を法律で定めるという制度。主に再生可能エネルギーの普及拡大と価格低減のための助成制度として一般的手法となっている。日本では再生可能エネルギー特別措置法によって制定され 2012 年 7 月導入された。再生可能エネルギーで発電された電気を，電力会社に 10 年から 20 年間，同じ価格で買い取ることを義務づける。風力，地熱，太陽光，水力のほか，廃材などを利用するバイオマスが対象となる。買取費用は電気利用者で協力して再生可能エネルギーの導入を支えるとして，電気料金へ上乗せされたサーチャージ（賦課金，電力会社の買取費用の原資となる負担費用）によって賄われる。買取価格は各電源ごとに通常必要となるコストや適正な利潤を勘案して毎年見直しが実施される。
21) 大阪府ヒートアイランド対策推進計画の優先対策地域：2004 年，大阪府ヒートアイランド対策推進計画で 2000 年 8 月の人工衛星データから推定した地表面温度 33℃以上の地域で，大阪市を中心とした周辺地域を優先対策地域と指定した。
22) リオデジャネイロ宣言の第 15 原則：http://www.env.go.jp/council/21kankyo-k/y210-02/ref_05_1.pdf
23) 予防原則に関するウィングスプレッド宣言：http://www.env.go.jp/policy/report/h16-03/mat15.pdf

編著者：吉田 宗弘

執筆者：
第1章, 第3章
吉田 宗弘　（よしだ むねひろ）
京都大学大学院農学研究科博士課程後期課程（食品工学専攻）修了．農学博士（京都大学），医学博士（関西医科大学）．
現在，関西大学化学生命工学部生命・生物工学科（教授）．

第2章
武田 義明　（たけだ よしあき）
神戸大学農学部畜産学科卒業．博士（学術，神戸大学）．
現在，放送大学兵庫学習センター　客員教授．神戸大学名誉教授．

第4章
木庭 元晴　（こば もとはる）
東北大学大学院理学研究科博士課程後期課程（地理学専攻）修了．理学博士（東北大学）．
現在，関西大学文学部総合人文学科地理学・地域環境学専修（教授）．

第5章
竹下 賢　（たけした けん）
京都大学大学院法学研究科博士課程単位取得．法学博士（京都大学）．
現在，関西大学法学部法学政治学科（教授）．

第6章
小田 信子　（おだ のぶこ）
大阪市立厚生女学院（現・大阪市立大学医学部看護学科）卒業．
現在，NPO法人 すいた市民環境会議（理事）．

喜田 久美子　（きだ くみこ）
昭和女子大学文家政学部日本文学科卒業．
現在，NPO法人 すいた市民環境会議（副会長）．

書　名	**ヒト社会と環境** ── ヒトは環境とどのように向き合ってきたか ──
コード	ISBN978-4-7722-7140-0
発行日	2015（平成27）年10月15日　初版第1刷発行
編著者	**吉田宗弘** 　　Copyright ©2015　Munehiro YOSHIDA
発行者	株式会社 古今書院　　橋本寿資
印刷所	株式会社 太平印刷社
製本所	株式会社 太平印刷社
発行所	**古今書院**　〒101-0062 東京都千代田区神田駿河台2-10
TEL/FAX	03-3291-2757 / 03-3233-0303
振　替	00100-8-35340
ホームページ	http://www.kokon.co.jp/　　検印省略・Printed in Japan

いろんな本をご覧ください
古今書院のホームページ

http://www.kokon.co.jp/

- ★ 700点以上の**新刊・既刊書**の内容・目次を写真入りでくわしく紹介
- ★ 地球科学やGIS, 教育など**ジャンル別**のおすすめ本をリストアップ
- ★ **月刊『地理』**最新号・バックナンバーの特集概要と目次を掲載
- ★ 書名・著者・目次・内容紹介などあらゆる語句に対応した**検索機能**

古 今 書 院

〒101-0062　東京都千代田区神田駿河台 2-10

TEL 03-3291-2757　FAX 03-3233-0303

☆メールでのご注文は order@kokon.co.jp へ

災害を科学する1
地震と火山のメカニズム

木庭元晴 編著
関西大学教授

B5判　150頁
2600円
2014年発行

★日本は災害大国！　誰もが知っておきたい地震と火山の話

　地震と火山の活動は地球内部に起因し，途方もなく動的であり，そのエネルギーは巨大だ。それはどのような内部構造を持ち，どのようなメカニズムで活動しているのか。来たるべき大地震に備え知っておきたい基礎的事項について，カラフルな図版や写真を多用してビジュアルかつ丁寧に解説。プルームテクトニクスと古地磁気，日本列島の生い立ち，活断層とは，有珠山の火山噴火予知などのコラムも理解を助けます。
［目次］地震と火山のプレートテクトニクス／地震のメカニズム（地震と災害，地震の基礎，津波の基礎）／火山のメカニズム（有珠山2000年噴火と前史，火山の基礎，火山と災害，噴火予知）

ISBN978-4-7722-4175-5　C3044

災害を科学する2
東日本大震災と災害周辺科学

木庭元晴 編著
関西大学教授

B5判　200頁
2800円
2014年発行

★大震災の教訓をどのように活かすのか？　科学的視点からの警鐘

　東日本大震災を引き起こした巨大地震や大津波，液状化被害の特徴と発生プロセス，原発事故による被曝・環境汚染，活断層・火山噴火と原発立地などについてビジュアルに解説。天文学・考古学・生態学・建築学など関連諸科学からの災害事例と防災への提言も貴重です。
［目次］第Ⅰ部　東日本大震災（東北地方太平洋沖地震，大津波，液状化，福島第一原発事故による被曝，原発事故起因の放射性物質による環境汚染，活断層と原発立地，火山噴火と原発立地）／第Ⅱ部　災害科学の周辺から（天文学から見た天災，考古遺跡からの警鐘，淀川の水災，火山体の崩壊による生態系破壊，災害による建物倒壊）

ISBN978-4-7722-4176-2　C3044